计算机应用技术规划教材

Oracle数据库应用与开发

石彦芳 李丹 主编
赵占坤 赵滨 薛玉倩 副主编
周檬 苏默 高秀艳 石建国 参编

Oracle Database Application and Development

机械工业出版社
China Machine Press

本书是作者在多年从事数据库教学和开发的基础上编写而成的，书中全面介绍了 Oracle 数据库应用和开发的知识，内容涵盖关系型数据库、Oracle 数据库的体系结构、用户与方案的创建与管理、表的创建与管理、SQL 基本查询、SELECT 高级查询、PL/SQL 编程基础、存储过程与函数的创建、索引与视图的创建、序列和同义词的创建、触发器的创建与应用、事务处理与并发控制、数据库安全性管理、数据库的备份与恢复以及数据库综合实训。通过本书的学习，读者能够快速掌握 Oracle 的相关知识并进行数据库的开发。

本书适合作为普通高校计算机及相关专业数据库应用的教材，也可供数据库开发和应用人员参考阅读。

图书在版编目（CIP）数据

Oracle 数据库应用与开发 / 石彦芳，李丹主编．—北京：机械工业出版社，2012.3（2015.6 重印）

（计算机应用技术规划教材）

ISBN 978-7-111-37463-3

Ⅰ. O…　Ⅱ. ①石…　②李…　Ⅲ. 关系数据库-数据库管理系统，Oracle-高等学校-教材　Ⅳ. TP311.138

中国版本图书馆 CIP 数据核字（2012）第 022418 号

机械工业出版社（北京市西城区百万庄大街 22 号　邮政编码　100037）
责任编辑：刘立卿
中国电影出版社印刷厂印刷
2015 年 6 月第 1 版第 4 次印刷
185mm × 260mm · 17.75 印张
标准书号：ISBN 978-7-111-37463-3
定价：35.00 元

凡购本书，如有缺页、倒页、脱页，由本社发行部调换
客服热线：（010）88378991；88361066
购书热线：（010）68326294；88379649；68995259
投稿热线：（010）88379604
读者信箱：hzjsj@hzbook.com

前　言

Oracle 数据库是当今应用广泛的关系型数据库系统，它由 Oracle 公司 1977 年推出，是 Oracle 公司的核心产品，至今已有 30 余年的发展历史，目前在市场上占有主要份额。作为一种大型网络数据库管理系统，Oracle 数据库功能强大，能够处理大批量数据，主要应用于商业和政府部门。

Oracle 10g 是 Oracle 公司在 2004 年 2 月正式发布的，从这一版开始，Oracle 数据库有了一个新的后缀 g（g 即 grid，网格），主打网格计算。本书以 Windows XP 操作系统为平台，基于 Oracle 10g 版本，由浅入深地介绍了 Oracle 数据库系统的使用方法、标准 SQL 语言的应用、Oracle 数据库专用编程语言 PL/SQL 的应用、数据库的备份和恢复知识。在本书的最后还以一个基于 Web 的音乐网站项目的开发为案例，综合介绍了数据库的分析、设计、实现和使用方法。

本书是作者在多年从事数据库教学和开发的基础上编写而成的，采取理论和实践相结合的方式，全面介绍了 Oracle 数据库应用和开发的知识，使读者在学习之后能够快速掌握 Oracle的相关知识并进行数据库的开发。

本书适合作为普通高校计算机及其相关专业数据库应用的教材，也可以作为 Oracle 数据库开发和应用人员的参考资料。

本书由石彦芳、李丹担任主编，赵占坤、赵滨、薛玉倩担任副主编，周檬、苏默、高秀艳、石建国参编。其中，第 1 章由石彦芳编写，第 2 章由苏默编写，第 3、7、8 章由薛玉倩编写，第 4、5、6 章由李丹编写，第 9、10、11 章由赵滨编写，第 12 章由周檬编写，第 13、14、15 章由赵占坤编写，本书所有章节的实验和习题由高秀艳和石建国编写。全书的整理和审稿工作由石彦芳、李丹负责。

在编写过程中，参考了大量的相关技术资料和程序开发源码资料，在此向资料的作者深表谢意。书中全部程序都已上机调试通过。由于作者水平和时间有限，书中难免有错误和疏漏之处，敬请各位同行和读者不吝赐教，以便及时修订和补充。

另外，如果读者在使用本书的过程中有什么问题可直接与作者联系，E-mail：shiyanfang_123@163.com。

教学建议

本书共分 15 章，主要内容和教学建议如下：

教学内容	学习要点及教学要求	课时安排
第 1 章 关系型数据库及 Oracle 10g 介绍	本章介绍了关系型数据库和 Oracle 数据库的基础知识，为以后的学习奠定基础。主要内容包括：关系型数据库的相关概念、数据库设计的 E-R 模型、数据库范式的应用；Oracle 数据库的发展过程；Oracle 10g 数据库的安装、主要管理工具的使用方法；Oracle 数据库的启动与关闭。	4 ~ 5
第 2 章 Oracle 数据库的体系结构	本章介绍了 Oracle 数据库的体系结构，这有助于读者了解 Oracle 数据库的整体结构并有助于数据库的维护和优化工作。主要内容包括：物理存储结构的介绍；逻辑存储结构的介绍；数据库实例结构的介绍；Oracle 服务器和客户端的网络配置。	4 ~ 5
第 3 章 用户、方案的创建与管理	本章介绍了 Oracle 数据库用户与方案的概念、使用方案组织数据库对象的思想以及 Oracle 中数据库用户的创建和管理。	3 ~ 4
第 4 章 表的创建与管理	本章介绍了数据表的创建、管理和使用。表作为关系型数据库中存储数据的基本单元，是用户操作数据库的基础。主要内容包括：表结构的创建、修改和删除；根据业务规则为表添加各种约束；对表中的数据执行插入、更新与删除操作。	5 ~ 6
第 5 章 SQL 基本查询	本章介绍了关系型数据库中最常用的 SQL 语句——SELECT 查询语句的基本语法。主要内容包括：SELECT 语句及其各子句的作用与格式；SQL * Plus 中经常使用的函数；在 SQL * Plus 中格式化查询结果；SQL 脚本文件的创建与执行。	5 ~ 6
第 6 章 SELECT 高级查询	本章介绍了 SELECT 查询语句的高级应用。这部分内容在实际数据处理中应用非常广泛。主要内容包括：在 SELECT 语句中执行多个表的连接查询；SELECT 子查询在各种 DML 命令中的使用；查询结果的集合操作。	5 ~ 6
第 7 章 PL/SQL 编程基础	本章介绍了 Oracle 数据库专用的编程语言 PL/SQL 的基础知识。主要内容包括：PL/SQL 程序块的基本结构；常见 SQL 语句在 PL/SQL 程序块中的使用规则；PL/SQL 中的数据类型和流程控制语句；游标和异常的应用。	5 ~ 6
第 8 章 存储过程与函数的创建	本章主要介绍了 PL/SQL 中命名程序块的创建、调用和管理。命名程序块包括被永久存储在数据库中的过程和函数。	4
第 9 章 索引与视图的创建	本章主要介绍了索引和视图两种方案对象的概念、优点、创建和使用，以及利用视图更新数据源表的方法。	3 ~ 4
第 10 章 序列和同义词的创建	本章主要介绍了序列和同义词的概念及作用；序列的创建、应用及管理；同义词的创建、应用及管理。	2
第 11 章 触发器的创建与应用	本章主要介绍了触发器的概念及组成；触发器的类型；创建各种类型的触发器的语法格式；触发器的应用；管理现有触发器的各种操作。	3 ~ 4
第 12 章 事务处理与并发控制	本章介绍了事务处理的相关知识。事务作为数据库操作中的基本单元，有效控制着数据的处理和并发操作。主要内容包括：事务的概念与特性；常见事务管理命令；并发控制与锁。	4

（续）

教学内容	学习要点及教学要求	课时安排
第 13 章 数据库安全性管理	本章主要介绍了 Oracle 数据库中安全性管理的相关措施。数据的安全性管理是任何一种数据库都要解决的问题。在 Oracle 数据库中主要利用权限、用户、角色、概要文件进行安全性的管理和控制。	4 ~ 5
第 14 章 数据库的备份与恢复	本章主要介绍了数据库备份与恢复的概念；数据库备份的种类与策略；数据库的脱机冷备份和联机热备份；数据库的导出/导入操作。	4
第 15 章 数据库综合实训	本章主要通过一个基于 Web 的音乐网站项目，综合叙述了 Oracle 数据库在实际项目中的分析、设计、实现和使用过程。	5 ~ 6
实验和习题课	本书各章最后都附有实验和习题，主要针对每章的重点和难点知识进行练习。任课教师可以根据学生掌握的情况，要求学生选做一些习题来巩固课堂知识。如有时间，也可以安排 2 至 3 次习题课。在习题课上可以由教师讲解以前课外作业中存在的带有普遍性的问题，也可以安排稍难一些的习题让学生在课上做出解答，然后由教师指导进行讨论，最后评出最优的的答案。	4 ~ 6

目 录

第 1 章 关系型数据库及 Oracle 10g 介绍

关系型数据库是当今应用最广泛的数据库，本章主要介绍关系型数据库的相关概念和概述 Oracle 10g 数据库。关系型数据库以二维表为基本数据存储形式，利用 SQL 语句实现对数据的各种操作。E-R 模型是数据库分析与设计的辅助工具，可以使数据库的设计更合理。Oracle 10g 是网络关系型数据库，应用广泛，本章将介绍它的安装过程、主要管理工具、启动与关闭以及连接的基础知识。

本章要点

- 关系型数据库的概念及设计模型
- Oracle 10g 的介绍与安装
- Oracle 10g 的主要管理工具
- Oracle 数据库的启动与关闭

1.1 关系型数据库概述

数据是重要的资源，在生产和生活中起着重要的作用，尤其是全球已步入了信息化时代，各行各业更是离不开数据。数据是用来描述客观事物属性的重要手段，能够表达事物外在或内在的特征。比如，学生有学号、姓名、性别、生日、所在班级等属性；课程有课程编号、课程名称、课时、学分等属性。将这些属性表达并记录下来就成为了数据。当然，也可以用数据描述已发生事件的特征和结果。比如，考试是个事件，我们需要记录每位学生每门课的考试成绩和考试日期，这些也是数据。类似的例子还有很多，我们经常会为了生活或工作的需要收集、存储和使用数据。

既然数据对我们来说如此重要，那么如何收集、分析、存储和加工数据就值得我们关注，因为这些技术或方法直接影响着我们对数据的使用效率和效果。数据管理大致经历了三个阶段：人工管理阶段、文件管理阶段和数据库管理阶段。

1. 人工管理阶段

20 世纪 50 年代中期以前，计算机主要用于科学计算。当时没有磁盘，没有操作系统和管理数据的软件，数据的存储介质主要是纸，如各种档案和书面文件。这种存储介质容易损坏，不易长期保存，不能被有效地管理，数据是面向程序的而不具有独立性，更不能共享。

2. 文件管理阶段

20 世纪 50 年代后期到 60 年代中期，计算机硬件和软件技术得到了发展，这时有了磁盘，操作系统中已经有了专门的数据管理软件——一般称为文件系统。早期的文件系统将数据和程序存储在一起，如 BASIC 语言；后来发展到数据和程序单独存储，用程序文件调用数据文件，二者实现了相对独立，如 C 语言。但是，当时的数据文件主要是受操作系统管理，数据管理功能较少，主要实现数据的存储和简单查询，不能实现更多复杂的数据操作。此阶段的特点是：数据文件可以长期保存、数据冗余度大、程序与数据依赖性强、数据处理操作单一并且数据之间没有联系、数据缺乏统一的管理和控制。

3. 数据库管理阶段

20世纪60年代后期，随着计算机硬件和软件技术的飞速发展，出现了数据库技术，它能更有效地管理和存取大量的数据，避免以上两个阶段的缺点。采用数据库技术可实现数据共享、减少数据冗余、提高数据独立性，能够进行统一的数据管理和控制。

数据库管理技术的发展大致经历了三个阶段：初级阶段、中级阶段和高级阶段。

- 初级阶段：主要以层次型数据库和网状数据库的应用为主。当时IBM公司的IMS（Information Management System，信息管理系统）层次模型数据库发展很快，客户群巨大，直到现在该系统仍在使用和不断发展。网状数据库系统相对来说更复杂也更具有专用性，因此没有得到广泛的应用。
- 中级阶段：主要以关系型数据库的发展与应用为主。1970年，IBM公司的E. F. Codd博士提出了关系型数据库模式，为以后关系型数据库的发展奠定了理论基础。相比以前的层次数据库和网状数据库，关系型数据库实现起来更简单，因此它很快发展起来。20世纪80年代初期，IBM公司的关系型数据库系统DB2问世。而当时的Oracle公司是一家专门做关系型数据库的公司，它将Oracle数据库移植到桌面计算机上，成为占主导地位的主流数据库，并逐渐取代了层次与网状数据库。关系型数据库产品很多，如桌面关系数据库管理系统有FoxBase、Visual Foxpro、Access等；大型关系数据库管理系统有SQL Server、DB2、Oracle、Sybase、Informix等。
- 高级阶段：计算机的应用从传统的科学计算、事务处理等领域逐步扩展到工程设计、人工智能、多媒体、分布式等新领域，这些新领域需要有新的数据库技术来支持。因此各大数据库厂商都开始在遵循标准SQL的数据库基础上添加了提高效率和可用性的新功能。如，Oracle数据库引入了“并行”机制，开始向“关系-对象”型数据库变迁，从而形成新一代数据库系统的萌芽。目前，“关系-对象”型数据库正在发展中。

1.1.1 关系型数据库的相关概念

1. 表（关系）、记录、字段

所谓关系型数据库，是指采用关系模型来组织数据的数据库。关系模型是在1970年由E. F. Codd博士提出的，在之后的几十年中，关系模型的概念得到了充分的发展并逐渐成为数据库架构的主流模型。简单来说，关系模型指的就是二维表格模型，而一个关系型数据库就是由二维表及其之间的关系组成的一个数据组织。

在关系型数据库中，标准二维表是基本的数据存储单元，里边存储了实体的属性和实体间的关系。标准二维表在数据库中通常称为表（table），表中的任一行或一列都是单一的，不能被继续拆分，并且任意两行或两列都不能被合并。表中的每一行保存一个实体的所有属性值，称为一条记录。表中的每一列保存所有实体的同一个属性值，称为一个字段；该字段的首行是实体的属性名，称为字段名；该字段的其他所有行是属性值，称为字段值。如图1-1所示。

在图1-1的学生信息表中有5个字段（学生编号、姓名、性别、出生日期、所在班级），每个字段存储所有学生的某一方面属性值，如“姓名”字段存储了所有学生的姓名。该表中有四条记录，每条记录存储了某个学生的所有属性值，如第一条记录是学生李莉的所有信息。

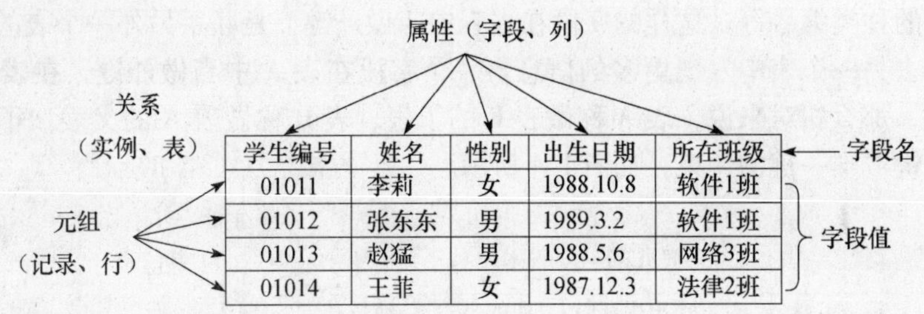

学生编号	姓名	性别	出生日期	所在班级
01011	李莉	女	1988.10.8	软件1班
01012	张东东	男	1989.3.2	软件1班
01013	赵猛	男	1988.5.6	网络3班
01014	王菲	女	1987.12.3	法律2班

图 1-1　学生信息表

2. 主键

二维表中的每一行记录恰好存储了每个实体的属性，为了减少数据冗余，要求表中的记录不能重复存储，也就是说表中的任意两行记录中的数据不能完全相同，因为它们分别代表了不同的实体。为了达到这个目的，在表中一般都有一个叫做主键的字段，该字段的值在整个表中都不能重复，也就是表中任意两行的主键字段的值都不能相同，并且主键字段的值也不允许为空。这样，即使表中的其他所有字段值都相同，主键字段值也不同，因此可以保证表中的任意两行数据不完全相同。

在工作和生活中，我们用到的表通常会包含这样的代表不同数据的字段，如学生信息表的“学生编号”字段、课程信息表的“课程编号”字段、职工表的“职工编号”字段等。实际上，这样的字段并不是实体与生俱来的属性，而是为了管理需要而为实体增加的属性，其目的就是区分两个实体。这些字段就是表中的主键。每个表只能有一个主键，如图 1-2 所示。

在某些情况下，表中的每个字段都有可能重复或者必须重复，这样该表中的单个字段就不能区分任意两行记录，不能充当主键。在这种情况下，需要将多个字段组合在一起充当主键，即组合主键。在组合主键中，字段的组合值不能重复，组合中的任意一个字段值不能为空。如，学生成绩表有“学生编号”、“课程编号”和“成绩”三个字段。如果一个学生可以考多门课程，一门课程可以被多个学生考，那么表中的所有字段值都有可能重复，因此它们都不能单独充当主键。但是将“学生编号”和“课程编号”组合在一起就不会重复，也不应该重复，因此该表的主键就是“学生编号”和“课程编号”的组合主键，如图 1-3 所示。

主键

课程编号	课程名称	课时	学分
C1101	C++程序设计	110	6
C1102	数据结构	80	4
C1103	Oracle数据库	110	6

图 1-2　课程信息表

组合主键

学生编号	课程编号	成绩
01011	C1101	80
01011	C1102	90
01012	C1101	75
01012	C1102	87
01013	C1102	100

图 1-3　成绩表

3. 外键

在某些情况下，一个表中会包含另一个表的主键字段，作为本表中所描述实体的一个属性。如，学生表中包含系部信息表的系部编号、雇员表中包含部门表的部门编号、产品表中包含种类表的种类编号等。这样的字段在本表中叫做外键，是联系另外一个表的纽带，可以通过该字段去另一个表中发现更多的信息。一个字段在表 A 中当做外键，在表 B 中当做主键或唯一键，那么相对来说，表 A 称做表 B 的子表，表 B 称做表 A 的父表。子表中的外键受父表中主键或唯一键的约束，如图 1-4 所示。

雇员表（外键：部门编号）

编号	姓名	性别	出生日期	职称	部门编号
001	张三	男	1970-1-1	副教授	101
002	李四	女	1978-10-5	助教	101
003	王五	男	1974-9-8	讲师	102
004	赵六	男	1967-5-21	副教授	101

部门表（主键：部门编号）

部门编号	部门名称
101	计算机系
102	教务处
103	办公室

图 1-4 父表与子表

4. 表间关系

在关系型数据库中不仅可以存储数据，而且还可以存储两张表之间的关系（联系）。如果两张表具有相同的字段（字段值和含义相同，字段名不一定相同），那么这两张表之间就具有了关系。表和表之间有下列关系：

- 一对一关系（1∶1） 有两个表，表 A 和表 B，表 A 中的一条记录在表 B 中有一条记录与之对应；反过来，表 B 中的一条记录在表 A 中也仅有一条记录与之对应，则称表 A 与表 B 之间有一对一关系。例如，对于雇员表和工资表，一个雇员只有一个工资，而一个工资只能属于一个雇员，则雇员表和工资表之间具有一对一关系。
- 一对多关系（1∶n） 有两个表，表 A 和表 B，表 A 中的一条记录在表 B 中有多条记录与之对应；反过来，表 B 中的一条记录在表 A 中仅有一条记录与之对应，则称表 A 与表 B 之间有一对多关系。例如，对于部门表和雇员表，一个部门有多个雇员，而一个雇员只能属于一个部门，则部门表和雇员表之间具有一对多关系。
- 多对多关系（m∶n） 有两个表，表 A 和表 B，表 A 中的一条记录在表 B 中有多条记录与之对应；反过来，表 B 中的一条记录在表 A 中也有多条记录与之对应，则称表 A 与表 B 之间有多对多关系。例如，对于学生表和课程表，一个学生可以选修多门课程，而一门课程可以被多个学生选修，则学生表和课程表之间具有多对多关系。

由于关系型数据库不能实现多对多的关系，所以在数据库设计时，必须通过增加第三张表将一个多对多关系转化为两个一对多关系。如前面提到的学生表和课程表之间需要增加学生课程成绩表，将原来的多对多关系转换为两个一对多关系，如图 1-5 所示。

5. 关系型数据库的完整性约束

关系完整性是为保证数据库中数据的正确性和相容性而对关系模型提出的某种约束条件或规则。完整性通常包括实体完整性、域完整性、参照完整性和用户自定义完整性，其中实体完整性、域完整性和参照完整性，是关系模型必须满足的完整性约束条件。

- 实体完整性 实体完整性是指表中的主键字段值不能重复也不能为空。表中的每一行描述了一个实体，因此表就是多个实体的集合。现实世界中的实体是可以相互区分、识别的，因为它们具有某种唯一性标识。在表中，也要区分任意两行记录，因为它们分别代表了不同的实体。表中的主键字段作为唯一标识，不能重复并且不能为空，否则表明关系模式中存在着不可确定或不可标识的实体（因为空值是“不确定的”，这与现实世界的实际情况相矛盾，这样的实体就不是一个完整实体）。

学生编号	姓名	性别	出生日期	所在班级
01011	李莉	女	1988.10.8	软件1班
01012	张东东	男	1989.3.2	软件1班
01013	赵猛	男	1988.5.6	网络3班
01014	王菲	女	1987.12.3	法律2班

课程编号	课程名称	课时	学分
C1101	C++程序设计	110	6
C1102	数据结构	80	4
C1103	Oracle数据库	110	6

学生编号	课程编号	成绩
01011	C1101	80
01011	C1102	90
01012	C1101	75
01012	C1102	87
01013	C1102	100

图 1-5 学生成绩关系表

- 域完整性　域完整性是指字段（列）值域的完整性。如，从数据类型、格式、值域范围、是否允许空值等进行约束。域完整性限制了某些属性中出现的值，把属性限制在一个有限的集合中。
- 参照完整性　参照完整性是指子表中的外键字段值受父表中主键字段或唯一键字段值的约束或限制，也就是表的外键约束。关系型数据库中通常包含具有关系的多个表，关系是通过两个表的相同字段（又称两表的公共字段）实现的，并且子表中公共字段的值应参照父表中公共字段的值。
- 用户自定义完整性　实体完整性和参照完整性适用于任何关系型数据库系统，它们主要是针对关系的主键字段和外键字段的取值做出必须而有效的约束；而用户自定义完整性则是根据应用环境的要求和实际需要，对某一业务规则提出数据约束条件。用户自定义完整性主要是针对字段或记录的有效取值范围进行约束，如性别字段值只能是男或女，学生的成绩在 0 到 100 之间。

1.1.2 SQL 命令概述

SQL（Structured Query Language，结构化查询语言）是一种数据库查询和程序设计语言，用于查询、更新和管理关系型数据库。SQL 语言是高级的非过程化编程语言，允许用户在高层数据结构上工作。它不要求用户指定对数据的存放方法，也不需要用户了解具体的数据存放方式，所以具有完全不同底层结构的不同数据库系统，可以使用相同的 SQL 语言作为数据输入与管理的接口。

SQL 语言最早是 IBM 的圣约瑟研究实验室为其关系数据库管理系统 System R 开发的一种查询语言，它的前身是 SQUARE 语言。SQL 语言结构简洁、功能强大、简单易学，所以自从 IBM 公司 1981 年推出以来，SQL 语言就得到了广泛应用。美国国家标准局（ANSI）与国际标准化组织（ISO）已经制定了 SQL 标准。1992 年，ISO 和 IEC 发布了 SQL 国际标准，称为 SQL-92。ANSI 随之发布的相应标准是 ANSI SQL-92（它有时被称为 ANSI SQL）。尽管不同的关系型数据库使用的 SQL 版本有一些差异，但大多数都遵循 ANSI SQL 标准。SQL 语言包含4个部分：

- 数据定义语言（Data Definition Language，DDL），用于定义和管理数据库以及数据库中的各种对象，例如数据库、数据表以及视图。DDL语言通常包括对每个对象的CREATE、ALTER、DROP命令。
- 数据操作语言（Data Manipulation Language，DML），用于对数据库中存储的数据进行插入、修改和删除。DML语言包括INSERT、UPDATE、DELETE命令。
- 数据查询语言（Data Query Language，DQL），用于对数据库中存储的数据执行各种查询操作，包括SELECT命令。
- 数据控制语言（Data Control Language，DCL），用于在数据库中授予或回收某种访问权限，并控制数据库操纵事务发生的时间及效果，对数据库实行监视等。DCL语言通常包括GRANT、REVOKE、COMMIT、ROLLBACK等语句。

1.2 数据库的设计

数据库设计的主要任务是通过对现实世界中的数据进行抽象，得到符合现实世界要求的、能被DBMS支持的数据库模型。在数据库设计阶段应该对需要存储的数据进行详细的调查、分析，识别出真正需要存储的原始数据，并根据这些数据设计出合理的表结构、表间关系以及其他数据库对象。

数据库设计的具体步骤如下：

1）数据需求调查。根据系统的业务需求，对用户需要存储和处理的数据进行详细调查。可以从用户日常的工作入手，调查工作中填写的各种表格、编制的文档资料、上交的报表、传递的各类文件、保存的各类档案等。

2）数据需求分析。根据数据需求调查阶段获取的资料进行分析，找出用户真正需要存储和处理的原始数据。数据确定后，可以请相关用户确认，查找遗漏的、不准确的数据，进一步完善数据资料。

3）概念设计。通过数据抽象，设计系统概念模型。将数据需求分析阶段获得的数据按照物理实体和属性进行分类、归纳，绘制数据库的E-R模型来表达数据库的概念模型，参见1.2.1节。

4）逻辑结构设计。设计系统的模式和外模式，对于关系模型主要是基本表和视图。可以利用前面设计的E-R模型导出表结构及其表间关系。并且根据系统的业务处理要求，设计以表结构为基础的视图结构，参见1.2.2节。

5）优化数据库结构。利用数据库范式理论优化数据库结构，降低数据冗余，增强数据共享，参见1.2.3节。

6）物理结构设计。使用DBMS系统建立数据库、表、表间关系、视图、存储过程等多种数据库对象来满足系统的业务需求。

1.2.1 数据库设计的E-R模型

E-R（Entity-Relationship）模型即实体－关系模型，它是由P. P. Chen于1976年首先提出的。它提供不受任何DBMS（Database Management System）约束的面向用户的表达方法，在数据库设计中被广泛用作数据建模的工具。E-R模型用来描述实体的属性和实体之间的关系，主要包括三种模型元素：实体、属性和关系。

1. 实体

实体是现实世界中各种事物的抽象，是数据的载体。系统中要处理的数据都来自于各种各样的实体。例如，学生管理系统中要处理的学生信息来自于学生实体，图书管理系统中要处理的数据来自于图书实体和读者实体。在 E-R 模型中实体用矩形框表示。

2. 属性

属性是实体的某种特征，一个实体可以包括多个属性，但在数据库设计阶段只获取那些与系统业务逻辑相关的属性。例如，在成绩管理系统中只涉及学生的学号、班级、选修的课程这些属性，而对于学生其他的属性如性别、年龄、籍贯是不需要的。E-R 模型中属性用椭圆表示。

3. 关系

客观世界中事物与事物之间是存在某种关系的，并且关系还可以分为一对一关系（1∶1）、一对多关系（1∶n）和多对多关系（m∶n），其中 m 和 n 表示任意自然数。如，学生选修了课程，读者借走了图书，宠物居住在笼子里。通过关系我们可以了解一个事物或一件事情的全貌，因此客观世界中的关系也应该进行抽象，并存储在数据库中。E-R 模型中关系用菱形表示。

E-R 模型如图 1-6、图 1-7 和图 1-8 所示。

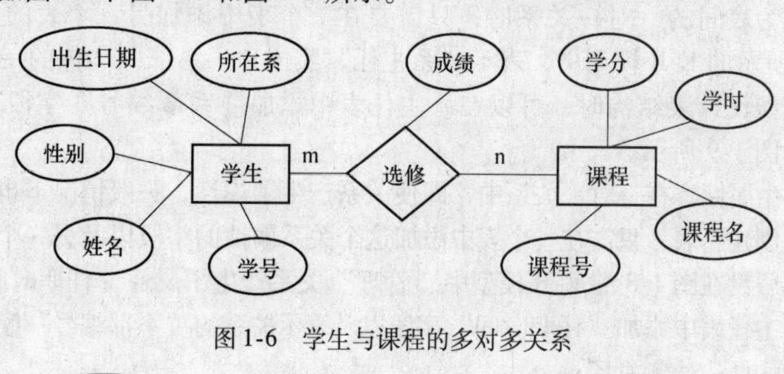

图 1-6　学生与课程的多对多关系

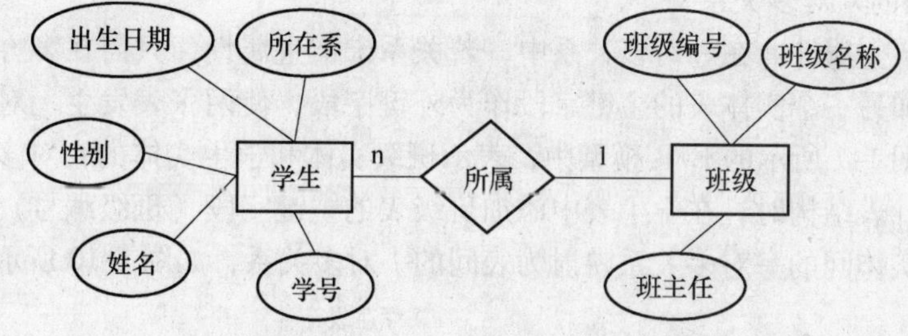

图 1-7　班级与学生的一对多关系

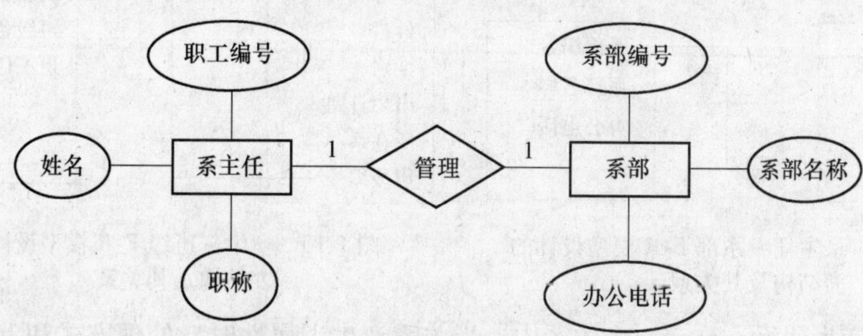

图 1-8　系主任与系部的一对一关系

1.2.2 利用E-R模型设计表结构

数据库设计阶段，可以利用生成的E-R模型导出表结构和表间关系。具体方法如下。

1. E-R模型中的实体映射为表

模型中的每个实体都对应着数据库中的一张表，表名可以用实体名命名。如图1-6中的学生和课程映射为两张实体表：学生表和课程表。

2. E-R模型中的属性映射为表中的字段

模型中实体的属性被映射为该实体表中的字段，字段名可以用属性名命名，从这些字段中为表选出主键。图1-6中，学生表的字段包括：学号、姓名、性别、出生日期、所在系，学号是主键。课程表的字段包括：课程号、课程名、学时、学分，课程号是主键。

3. E-R模型中的关系映射为表间关系

模型中的实体与实体之间的关系将被映射为表与表之间的关系，但在转换的过程中需要从以下几种情况考虑。

（1）实体间的一对一关系

- 关系未产生属性。在一对一关系中，若关系未产生属性，那么将实体间的一对一关系映射为表间的一对一关系时，只需要在一个表中添加另一个表的主键字段。如图1-8所示的E-R模型中，表示“系主任”实体和“系部”实体的一对一关系。利用该模型设计表结构时，可以在系主任表中添加“系部编号”字段表示两表的关系，如图1-9所示。
- 关系产生属性。在一对一关系中，即使关系产生了属性，一般情况下也不需要为存储该属性创建新表，只需在一个表中添加这个关系属性的字段以及另一个实体表的主键字段。假设在图1-8的E-R模型中“管理”关系产生了属性“任职时间”，那么只需要在系主任表中添加“任职时间”字段以及表示关系的“系部编号”字段即可。

（2）实体间的一对多关系

- 关系未产生属性。在一对多关系中，若关系未产生属性，只需在多方的实体映射的表中添加另一个实体表的主键字段作为外键字段，使两张表发生一对多关联关系即可。如图1-7所示的E-R模型中，表示班级实体和学生实体的一对多关系。利用该模型设计表结构时，在学生表中添加班级表的主键字段（班级编号）作为外键，这样就把实体间的一对多关系映射为表间的一对多关系，如图1-10所示。

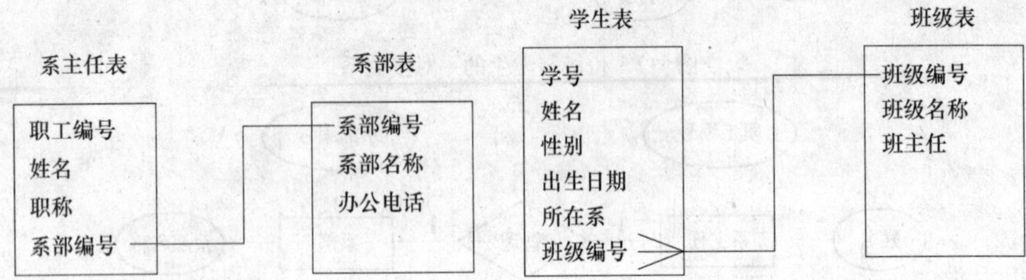

图1-9 系主任－系部E-R模型设计的表结构及其关系

图1-10 学生－班级E-R模型设计的表结构及其关系

- 关系产生属性。在一对多关系中，当关系产生了属性时，处理方式和上面的一对一关系相同，只需在多方实体映射的表中添加这个关系属性的字段以及另一个实体表的主键字段。假设在图 1-7 的 E-R 模型中“所属”关系产生了属性“注册时间”，那么只需要在学生表中添加“注册时间”字段以及班级表的主键字段“班级编号”即可。

(3) 实体间的多对多关系

关系型数据库管理系统中无法实现多对多关系，因此 E-R 模型中，如果实体与实体之间是多对多关系，那么必须建立第三张表，即关系表，将一个多对多关系转换为两个一对多关系。在关系表中需要保存另外两张表的主键字段。如果关系产生属性，还要将该属性作为字段保存到关系表中。如图 1-6 所示的 E-R 模型中，映射的表包括：学生表、课程表和选课信息表。其中选课信息表就是新增加的关系表，如图 1-11 所示。

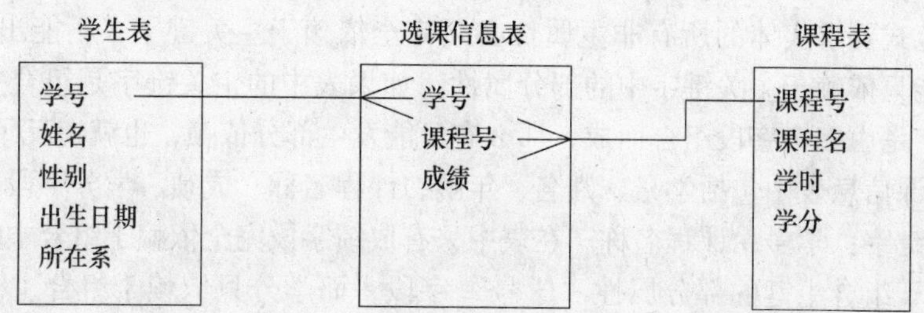

图 1-11 学生 - 课程 E-R 模型设计的表结构及其关系

1.2.3 数据库设计的范式理论

利用 E-R 模型设计好数据库的表结构及其表间关系后，还要考虑结构是否合理，是否存在数据冗余、数据依赖等问题。如果存在这些问题，将来对数据库执行存储、插入、更新和删除操作时有可能出错。因此，数据库设计完成后要对数据库进行规范化处理，尽量降低数据冗余和依赖，最大程度地增加数据共享。可以凭经验和一些常规的理念来规范数据库，也可以使用系统方法如数据库设计范式理论来规范数据库。

数据库设计范式是符合某一种级别的关系模式的集合。构造数据库必须遵循一定的规则，在关系型数据库中，这种规则就是范式。关系型数据库中的关系必须满足一定的要求，即满足不同的范式。目前关系型数据库有六种范式：第一范式（1NF）、第二范式（2NF）、第三范式（3NF）、第四范式（4NF）、第五范式（5NF）和第六范式（6NF）。满足最低要求的范式是第一范式（1NF）。在第一范式的基础上进一步满足更多要求的称为第二范式，其余范式依次类推。一般说来，数据库只需满足第三范式就行了。

1. 第一范式（1NF）

在任何一个关系型数据库中，第一范式是对关系模式的基本要求，不满足第一范式的数据库就不是关系型数据库。第一范式要求数据库表具有如下特性：

- 表中的每一列都是不可分割的基本数据项，任一列都不能再拆分。在每一行中，任意一列最多有一个值，不能有多个值。如果该列确实需要多个值，那么就将该列分成多个字段在表中建模。

例如，在客户信息表中有联系电话列，该列在每一行都只能有一个电话号码。在实际工作中，如果需要留两个电话，那么只能将联系电话分为两个字段电话 1 和电话 2。

- 表中不能出现重复的列。如果出现重复的列，就可能需要定义一个新的表，新表由重复的列构成，新表与原表之间为一对多关系。

- 表中的每一行只包含一个实体的全部信息。

2. 第二范式（2NF）

第二范式是在第一范式的基础上建立起来的，即满足第二范式必须先满足第一范式。第二范式主要用于消除表中的部分依赖，它要求数据库中的表具有如下特性：

- 表中的任意一行必须可以被唯一地区分。由于表中的每一行都是描述唯一一个实体信息的，所以任意一行数据不能和其他任意一行数据完全相同。因此，第二范式要求表中包含一个唯一标识列。这个列被称为主关键字或主键、主码。

例如，在客户信息表中包含客户编号列，在员工信息表中包含员工编号列，这些编号属性值都是唯一的，可以用来区分表中的每一行，这样的列被称为主键。

- 第二范式要求实体的所有非主属性必须完全依赖于主关键字，不能出现部分依赖，即不能只依赖于主关键字中的部分属性。如果表中的主关键字是组合关键字，即该关键字是由多个字段组合而成，那么有可能发生部分依赖，也就违反了第二范式。

例如，选课信息表中包括学号、姓名、年龄、课程名称、成绩、学分字段。该表的主关键字为组合关键字：学号+课程名称。在表中只有成绩字段完全依赖于组合主键，而姓名和年龄字段依赖于组合主键的部分属性“学号”字段，而学分只依赖于组合主键中的另一个字段“课程名称”。选课信息表这样设计就违反了第二范式。

如果一个关系表的结构违反了第二范式，那么如何解决使之满足第二范式的要求呢？

1）将表中所有出现部分依赖的非主键字段从原表中分离。

2）将这些字段与它们所依赖的组合主键中的部分主属性放在一起形成一张新表。

例如，上面的选课信息表要满足第二范式，应该拆分为以下三张表：

选课信息表：学号，课程名称，成绩

学生表：学号，姓名，年龄

课程表：课程名称，学分

3. 第三范式（3NF）

第三范式是在满足第二范式的基础上建立起来的，主要用于消除表中的传递依赖。第三范式要求表具有如下特性：

- 表中不能包含已在其他表中包含的非主关键字段。

例如，在部门信息表中包含每个部门的部门编号、部门名称、部门简介等信息，其中部门编号是主键。那么在员工信息表中列出部门编号后就不能再将部门名称、部门简介等信息加入到员工信息表中，这样会出现大量的数据冗余。

- 表中的非主关键字段都应该直接依赖于主关键字，不能传递依赖主关键字，即不能直接依赖其他非主关键字段。所谓传递依赖，是指关键字段 A→非关键字段 B→非关键字段 C，其中字段 B 直接依赖主关键字 A，而字段 C 又直接依赖字段 B，那么字段 C 就是传递依赖主关键字 A。表中如果存在传递依赖，那么将会出现大量的冗余数据。

例如，学生表中包括学号、姓名、年龄、所在学院、学院地点、学院电话这些字段。其中，学号是主键字段，姓名、年龄、所在学院三个字段直接依赖于主键字段，而学院地点、学院电话两个字段直接依赖于所在学院。该表出现了传递依赖，不符合第三范式的要求。

如果一个表结构违反了第三范式，那么应该如何解决使之满足第三范式呢？

1）将所有不直接依赖主关键字的字段从原表中分离。

2）如果这些字段已经在其他的表中存在，那么这些字段就直接舍弃；如果这些字段没有被包含在其他的表中，那么找一个现有的合适的表添加这些字段，并且检查添加后是否违反第二和第三范式；如果目前没有合适的表存放这些字段，那么将这些字段和被它们直接依赖的原表中非主键字段组合在一起，形成一张新表。

例如，上面的学生表要满足第三范式，就应该拆分成以下两个表：

学生表：学号、姓名、年龄、所在学院

学院表：学院名称、学院地点、学院电话

其中，学生表的所在学院和学院表的学院名称是公共字段，使两张表具有一对多的关系。

1.3 Oracle 数据库概述

Oracle 是一种 RDBMS（Relational Database Management System，关系数据库管理系统），是 Oracle 公司的核心产品，目前在市场上占有大量份额。作为一种大型网络数据库管理系统，Oracle 数据库功能强大，能够处理大批量数据，主要应用于商业和政府部门。

1.3.1 Oracle 数据库的发展

Oracle 公司又称甲骨文公司，它成立于 1979 年，是一家世界领先的信息管理软件开发商。

该公司的开始与 IBM 公司有关。在 1970 年 6 月，IBM 公司的研究员埃德加·考特（Edgar Frank Codd）在 Communications of ACM 上发表了一篇著名的《大型共享数据库数据的关系模型》（A Relational Model of Data for Large Shared Data Banks）的论文。该论文成为数据库发展史上的重要转折点，它将数据库从层次模型和网状模型发展到关系模型，为以后关系型数据库的产生与发展提供了重要的理论基础。

1977 年 6 月，Larry Ellison、Bob Miner 和 Ed Oates 在硅谷共同创办了一家名为软件开发实验室（Software Development Laboratories，SDL）的计算机公司（Oracle 公司的前身），不久 Bruce Scott 又加盟进来。Oates 等人在阅读了埃德加·考特的那篇著名论文后，开始策划构建可商用的关系数据库管理系统。不久，SDL 公司开发出第一款不太成熟的关系型数据库产品，命名为 Oracle。

1979 年，SDL 更名为关系软件有限公司（Relational Software，Inc.，RSI）。同年夏季，RSI 发布了商用的 Oracle 产品（第 2 版），这个数据库产品整合了比较完整的 SQL 实现，其中包括子查询、连接及其他特性。1983 年 3 月，RSI 发布了 Oracle 第 3 版。在该版本中，Oracle 推出了 SQL 语句和事务处理的“原子性”，并引入了非阻塞查询，有效避免了读锁定带来的问题。同一年，为了突出公司的核心产品，RSI 公司再次更名为 Oracle 公司。

1984 年 10 月，Oracle 发布了第 4 版产品，产品的稳定性得到了一定的增强，并且增加了读一致性（read consistency），这是数据库的一个关键特性。1999 年 2 月，Oracle 正式发布了 Oracle 8i，其中 i 代表 internet 技术，这一版本中添加了大量为支持 Internet 而设置的特性。2001 年 6 月，公司正式发布了 Oracle 9i。2004 年 2 月，Oracle 公司正式发布了第 10 版，从这一版开始，Oracle 数据库有了一个新的后缀：g（即 grid，网格），主打网格计算。

1.3.2 Oracle 数据库的系统结构

根据服务器和客户端的分布与访问形式，Oracle 数据库的系统结构可以分为分布式数据库系统结构、客户机/服务器系统结构和浏览器/服务器系统结构三种类型。

1. Oracle 分布式数据库系统结构

分布式数据库系统是在集中式数据库系统的基础上发展来的，是数据库技术与网络技术结合的产物。分布式数据库系统（DDBS）包含分布式数据库管理系统（DDBMS）和分布式数据库（DDB）两个部分。其中，DDBMS 是一个集中式的应用程序，用来管理分布在各个节点上的数据库，负责阶段性地同步所有的数据，并在多个用户必须同时访问同一数据的时候进行同步，以此确保在同一地点的数据的更新和删除会自动映射到其他存储数据的地方。DDBMS 又包括全局数据库管理系统（GDBMS）、局部数据库管理系统（LDBMS）和通信管理系统（CM）。分布式数据库系统的另一个部分 DDB 在逻辑上是一个统一的整体，而物理上则是分别存储在不同的物理节点上。一个应用程序通过网络的连接可以访问分布在不同地理位置的数据库，对用户来说就像访问存储在同一台计算机上的数据。

Oracle 数据库支持分布式数据库系统结构，它是一个客户机/服务器体系结构，其结构如图 1-12 所示。在网络环境中，每个具有多用户处理能力的硬件平台都可以成为服务器，也可以作为客户机。多个服务器上的数据库对用户来说是逻辑上单一的数据库整体，数据一致性、完整性及安全性都是对这一逻辑上单一的数据库进行的控制。用户通过 SQL＊NET 实现了客户机/服务器和服务器/服务器的通信。

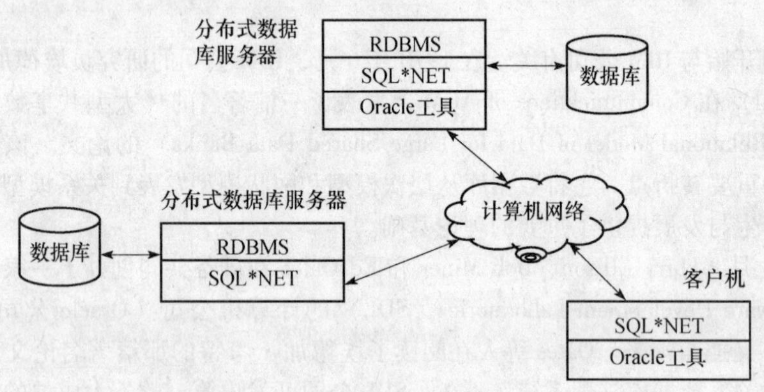

图 1-12　Oracle 分布式数据库系统结构

2. Oracle 客户机/服务器系统结构

客户机/服务器系统结构，简称 C/S 结构，是软件系统的一种体系结构，它可以发挥服务器和客户机的不同硬件环境优势，将处理任务合理分配。客户机程序的任务是将用户的要求提交给服务器程序，再将服务器程序返回的结果以特定的形式显示给用户。服务器程序的任务是接收客户程序提出的服务请求，进行相应的处理，再将结果返回给客户程序。但是，C/S 结构的软件在使用与维护上存在一些不足：C/S 结构的软件比较适合局域网；客户端需要安装专用的客户端软件；对客户端软件的维护比较麻烦；对客户端的操作系统一般也会有限制。

Oracle 数据库支持客户机/服务器系统结构，其结构如图 1-13 所示。数据库和数据库管理系统运行在服务器端，各种 Oracle 管理工具运行在客户机上，二者通过 SQL＊NET 进行通信。它的工作过程是：运行在客户端的应用程序将 SQL 命令或 PL/SQL 程序通过网络传输工具 SQL＊NET 将数据处理请求发送到服务器端，Oracle 服务器同样使用 SQL＊NET 接收客户端的请求，并根据 SQL 语言处理客户端的请求，最后将结果再传递到客户端。

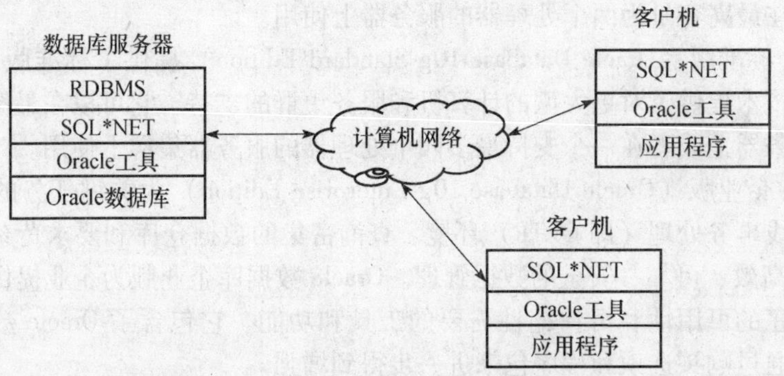

图 1-13 Oracle 客户机/服务器系统结构

3. Oracle 浏览器/服务器系统结构

浏览器/服务器系统结构，简称 B/S 结构，是随着 Web 技术兴起的一种新型软件系统结构，它通常分为三层：数据库服务器，用来存储和管理数据库；应用程序服务器，与数据库服务器进行交互完成各种数据处理工作；客户端浏览器，与应用程序服务器进行交互，负责提交数据处理请求并获得和显示结果。当然这种划分是逻辑上的，实际实施过程中可以将数据库服务器和应用程序服务器放到一台计算机上实现，也可能在系统中存在多台备用服务器。B/S 模式统一了客户端，将系统功能实现的核心部分集中到服务器上，简化了系统的开发、维护和使用。客户机上只要安装一个浏览器（Browser），如 Netscape Navigator 或 Internet Explorer，服务器上安装 Oracle、Sybase、Informix 或 SQL Server 等数据库，就可组成浏览器/服务器体系结构。B/S 体系结构的优点包括：维护和升级方式简单；成本降低，选择更多；局域网和广域网都可以使用。但是这种结构也有一定的缺点，如服务器运行数据负荷较重，容易崩溃。

Oracle 数据库支持浏览器/服务器系统结构，其结构如图 1-14 所示，它是将整个数据库系统分为数据库服务器、Web 应用程序服务器和数据库浏览器三层。在 Oracle 10g 系统中既可以实现 C/S 系统结构，如用于应用开发的 SQL * Plus 工具和各种数据库及网络配置工具；又可以实现 B/S 系统结构，如常用的 OEM 工具和 iSQL * Plus 工具。

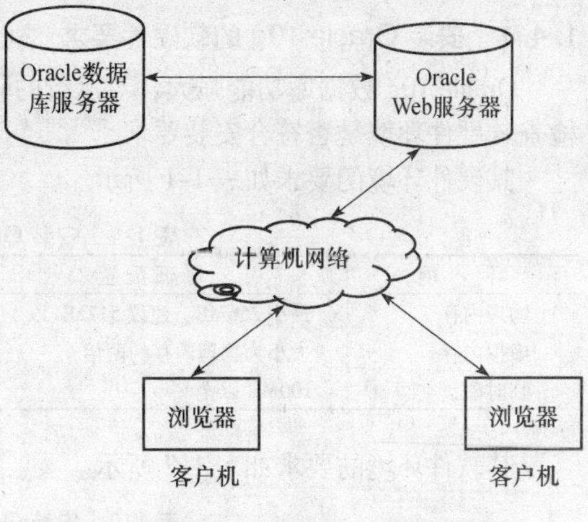

Oracle数据库服务器　Oracle Web服务器　计算机网络　浏览器 客户机　浏览器 客户机

图 1-14 Oracle 浏览器/服务器系统结构

1.3.3 Oracle 10g 介绍

Oracle 10g 在以往的 Oracle 版本中增加了网格计算、自动存储管理（ASM）、RAC、闪回（Flashback）数据库、自动 SGA 管理等新特性，其关键目标是降低管理开销和提高性能。Oracle 10g 提供了四个版本，每个版本适用于不同的开发和部署环境。

Oracle 10g 标准版 1（Oracle Database 10g Standard Edition One）为工作组、部门级和互联网应用程序提供了前所未有的易用性和性价比。从针对小型商务的单服务器环境到大型的分布式部门环境，Oracle 10g 包含了构建关键商务的应用程序所必需的全部工具。但是，标准版 1 仅许可在最高容量为两个处理器的服务器上使用。

Oracle 10g 标准版（Oracle Database 10g Standard Edition）提供了标准版 1 的所有功能，并且利用集群技术提供了对更大型的计算机和服务集群的支持。它可以在最高容量为四个处理器的单台服务器上或者在一个支持最多四个处理器的服务器集群上使用。

Oracle 10g 企业版（Oracle Database 10g Enterprise Edition）为关键任务的应用程序（如大业务量的在线事务处理（即 OLTP）环境、查询密集的数据仓库和要求苛刻的互联网应用程序）提供了高效、可靠、安全的数据管理。Oracle 数据库企业版为企业提供了满足当今关键任务应用程序的可用性和可伸缩性需要的工具和功能。它包含了 Oracle 数据库的所有组件，并且能够通过购买选项和程序包来进一步得到增强。

Oracle 10g 个人版（Oracle Database 10g Personal Edition）支持需要与 Oracle 10g 标准版 1、Oracle 10g 标准版和 Oracle 10g 企业版完全兼容的单用户开发和部署。通过将 Oracle 10g 的功能引入到个人工作站中，Oracle 提供了结合流行的数据库功能的数据库，并且数据库具有桌面产品通常具有的易用性和简单性。

Oracle 10g 个人版、标准版、标准版 1 和企业版包含了一系列常用的应用程序开发功能（包括与 SQL 对象相关的功能、用于编写存储过程和触发器的 PL/SQL 和 Java 编程接口）。Oracle 数据库这些版本中的任意一个编写的应用程序都可以与其他应用程序一起运行。

1.4 Oracle 10g 的安装

Oracle 数据库具有良好的跨平台性，可以在多种操作系统下运行。它的安装程序采用基于 Java 的图形界面向导，可以使用户在 Windows 或 Unix/Linux 等操作系统环境下方便地完成安装过程。本节主要介绍在 Windows 下的安装过程。

1.4.1 安装 Oracle 10g 的软硬件要求

Oracle 10g 数据库功能强大，对运行的软硬件也有一定的要求，因此在安装之前应首先检查软硬件环境是否符合安装要求。

其硬件环境的要求如表 1-1 所示。

表 1-1 安装 Oracle 10g 的硬件要求

环 境	最低配置	环 境	最低配置
物理内存	最小 256MB，建议 512MB 以上	视频适配器	256 种颜色
虚拟内存	大小为物理内存的两倍	硬盘空间	1.5GB 以上
临时磁盘空间	100MB 以上	处理器	最小 550MHz

其软件环境的要求如表 1-2 所示。

表 1-2 安装 Oracle 10g 的软件要求

环 境	描 述
操作系统	Windows 2000、Windows XP、Windows 2003
网络协议	TCP/IP、带有 SSL 的 TCP/IP、命名管道
Web 浏览器	Netscape Navigator 7.2 以上的版本、Microsoft Internet Explorer 6.0 以上的版本、Firefox 1.0.4

1.4.2 安装 Oracle 10g

相对于 Oracle 9i 来说，Oracle 10g 的安装源程序只有 1 张盘。直接运行安装包中的 setup

可执行文件，用户就可以进入图形界面安装向导完成以下安装过程。

1）进入安装程序后，首先检查 Oracle 10g 的安装需求，比如操作系统、监视器等软硬件环境是否符合最低要求，在每一项检查后将提示用户 Passed（通过）或 Failed（未通过），如图 1-15 所示。

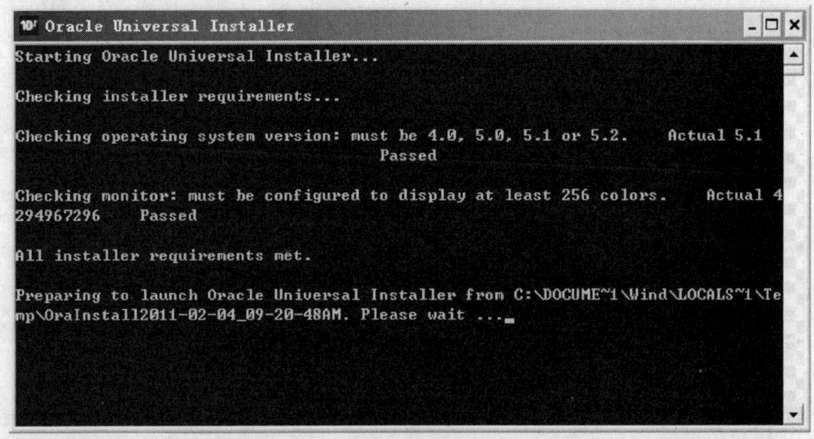

图 1-15　安装前的检查

2）检查通过后将提示用户选择安装方式，安装方式包括“基本安装”和“高级安装”两种，如图 1-16 所示。在基本安装模式下，系统已经设置了大部分安装选项，用户只需给出安装的主目录、数据库名称和数据库口令就可以直接进入安装过程。而在高级安装模式下，用户可以设置更多的选项。本次安装选择“高级安装”，完成选择后点击“下一步”按钮继续。

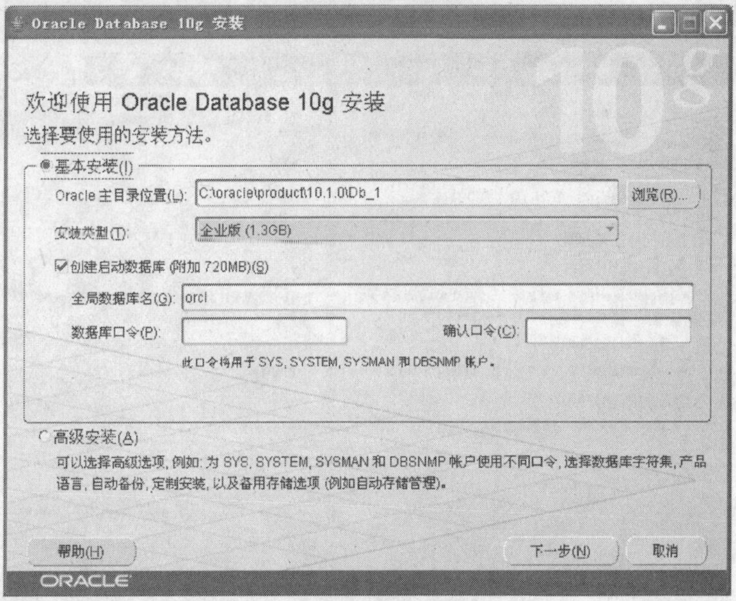

图 1-16　选择安装方法

3）接下来，用户可以重新设置安装程序的源路径和目标路径。源路径一般不需要修改，使用系统默认提供的即可。而目标路径和主目录名称可以根据需要由用户重新设置。目标路径的设置主要依据所在磁盘是否有足够大的空闲空间，而主目录名称将影响程序列表中Oracle文件夹的名称和某些Oracle服务的名称。如图1-17所示。

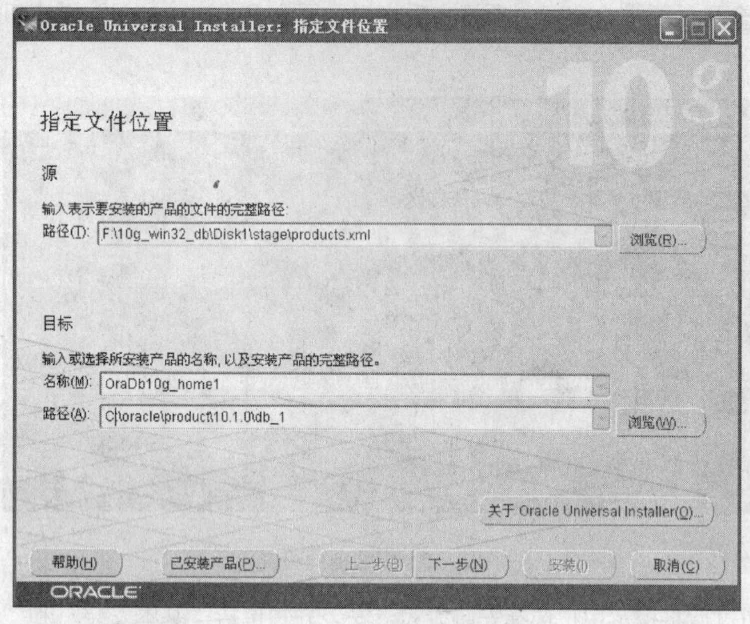

图1-17　指定文件位置

4）用户可以根据需要选择要安装的Oracle产品类型，其中包括企业版、标准版、个人版和定制版，每种版本的适应环境已经在前面介绍过。此处选择“企业版”，然后点击“下一步”按钮，如图1-18所示。

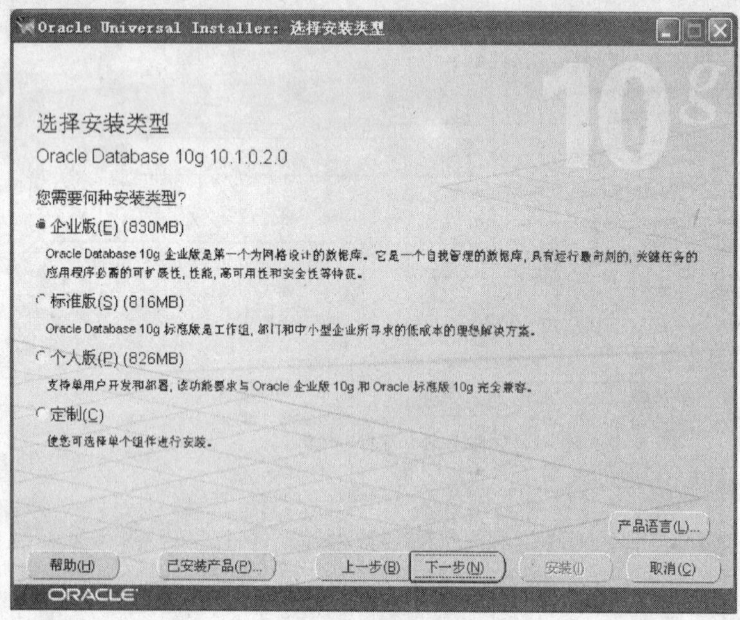

图1-18　选择安装类型

5）在这一步中可以根据需要选择在安装过程中是否创建数据库，如果需要创建数据库还可以选择新建数据库的类型。当然，也可以在程序安装成功后利用“Database Configuration Assistant”（数据库配置助手）图形化工具创建数据库。如图1-19所示。

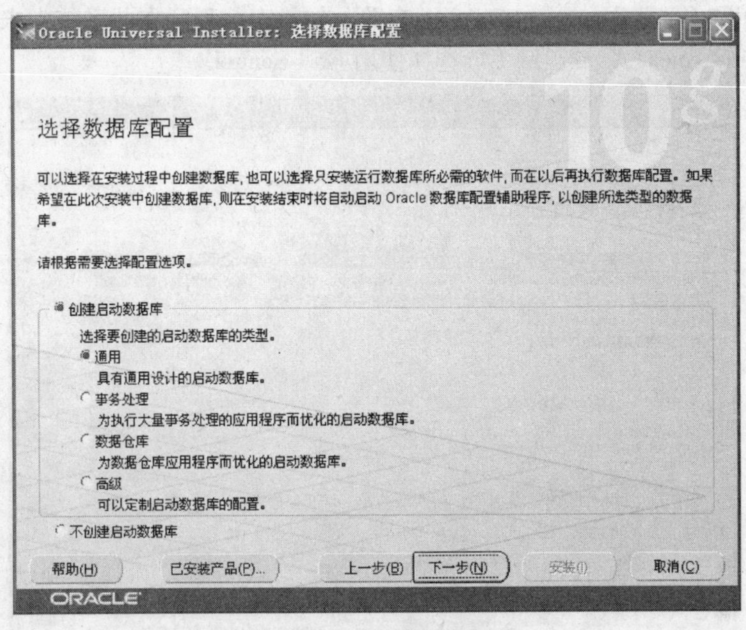

图1-19　选择数据库配置

6）接下来进行数据库的配置，包括数据库的名称、SID、字符集。其中，数据库的SID是数据库的实例名，一般情况下与数据库名相同。这里给出的数据库名称和SID将影响部分数据库服务的名称、安装目录下的一些文件夹或文件的名称以及数据库主机字符串的名称等。另外，还可以选择新建的数据库是否创建样本方案。Oracle使用方案逻辑组织各种数据库对象，如表、视图、索引等。样本方案是Oracle系统为数据库事先创建好的，可供学习使用。如图1-20所示。

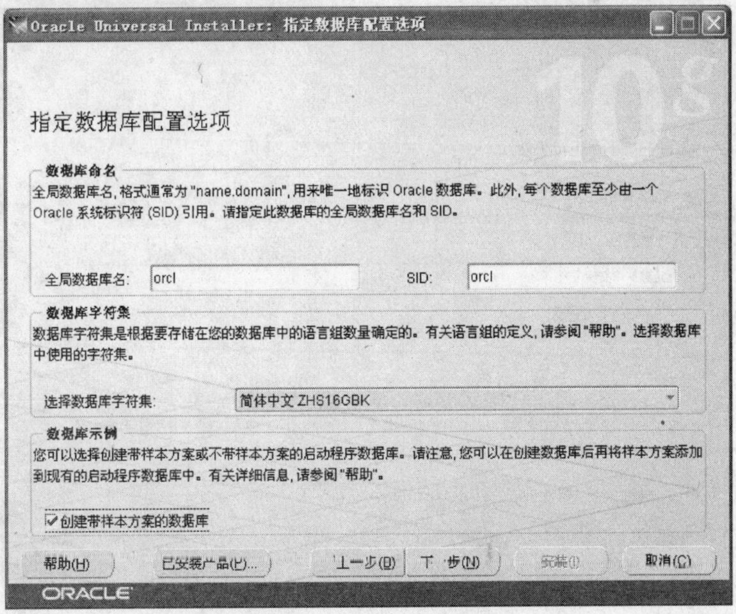

图1-20　指定数据库配置选项

7）点击“下一步”按钮，进入图1-21所示的窗口。在该窗口中，用户可以设置数据库的管理方式，包括Grid Control管理数据库和Database Control管理数据库。其中Grid Control管理数据库和Oracle Management Agent有关，如果安装程序在此系统中未检测到正在运行的Oracle Management Agent，则不能选择使用Grid Control。

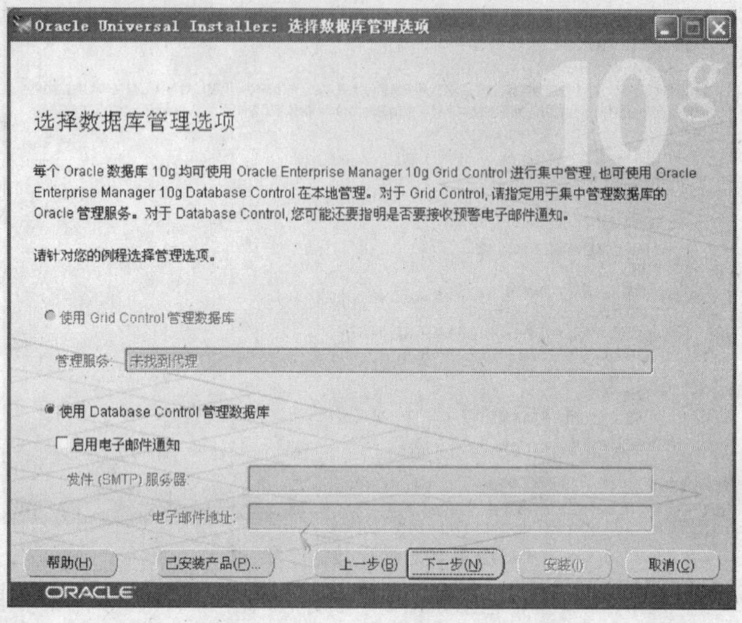

图1-21 选择数据库管理选项

8）设置完数据库的管理方式后，将进入数据库存储方式的设置，如图1-22所示。Oracle 10g提供了以下3种存储方式：

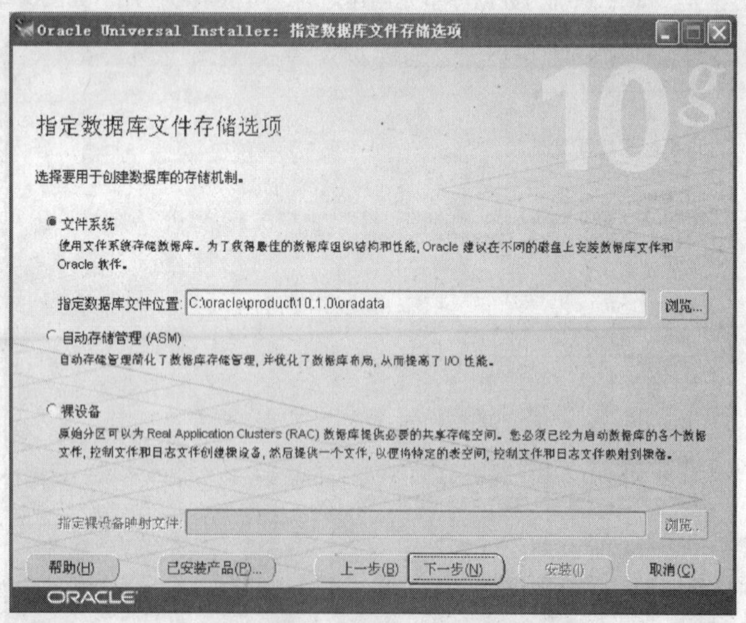

图1-22 指定数据库文件存储选项

- 文件系统：这是最常见的方式，也是非商业运行模式（比如开发或者开发阶段的测试环境）下最常用的形式。如果选用了操作系统文件的存储形式，就会把 Oracle 的数据存储在操作系统中，它们以文件的形式存在。这种形式的优点是数据库容易移动、降低了对磁盘的读写次数，缺点是存储容量有限。
- 裸设备：裸设备就是把数据库直接写在磁盘上，不再经过操作系统这一层，Oracle 专门来对这个分区进行读写。因为没有了操作系统这一层，所以这种存储方式读写速度和性能很高。在某些对 Oracle 读写非常频繁的数据库应用中，采用裸设备形式存储数据甚至可以提高 30% 以上的性能。
- 自动存储管理：自动存储管理通常也称为 ASM，这是在 Oracle 10g 以后才提供的一种新的存储形式。这种存储形式可以看成是前两种存储形式的折中，它既不用操作系统的文件系统，也不用裸设备的直接由 Oracle 读写的形式，而是采用一种 Oracle 特有的文件系统形式。在 ASM 上可以存储数据文件、控制文件、日志文件等，它们也是以文件形式存在，但文件格式是 Oracle 自有的 ASM 形式。

9）点击“下一步”按钮，进入数据库备份和恢复方式设置，如图 1-23 所示。如果选择“启用自动备份”单选按钮，用户需要设置恢复区域的存储方式和备份用户与口令。

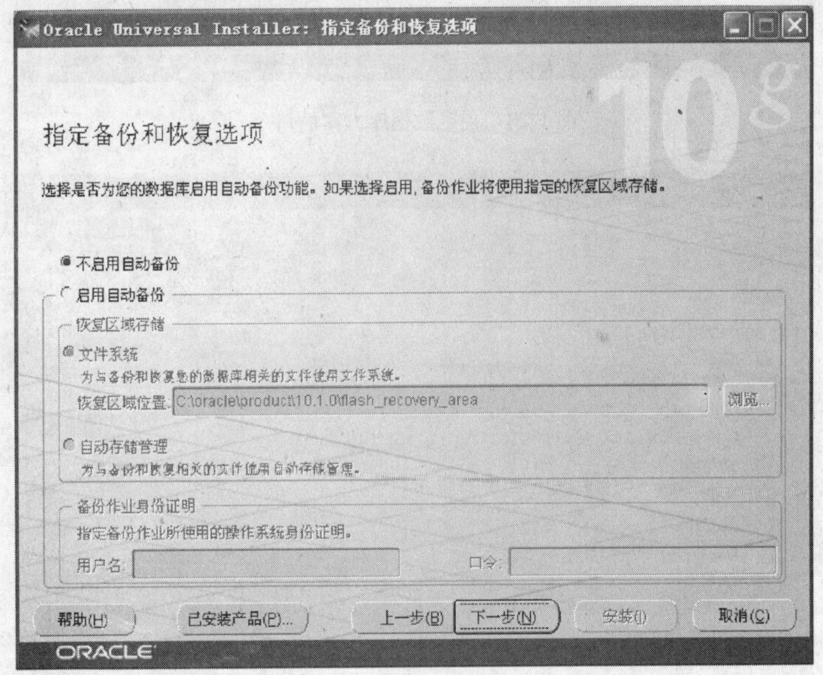

图 1-23　指定备份和恢复选项

10）点击“下一步”按钮，为数据库内置的管理员账号 SYS、SYSTEM、SYSMAN、DBSNMP设置口令。可以为这些用户设置同一个口令，也可以分别设置不同的口令，程序安装完成后可以修改这些口令。使用这些用户和口令能够连接并处理数据库。如图 1-24 所示。

11）用户口令设置完成后，点击“下一步”按钮进入“概要”窗口。这里显示了前面设置的所有安装选项，如图 1-25 所示，这时，可以点击“上一步”按钮重新设置，也可以点击“安装”按钮进入自动安装过程，如图 1-26 所示，进入安装过程后用户就不能再修改前面的设置。

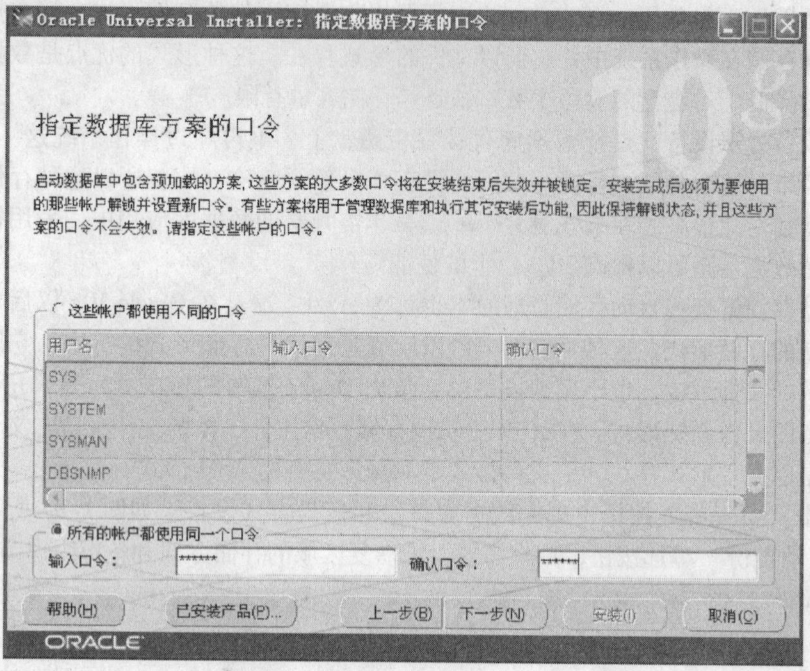

图 1-24　指定数据库方案的口令

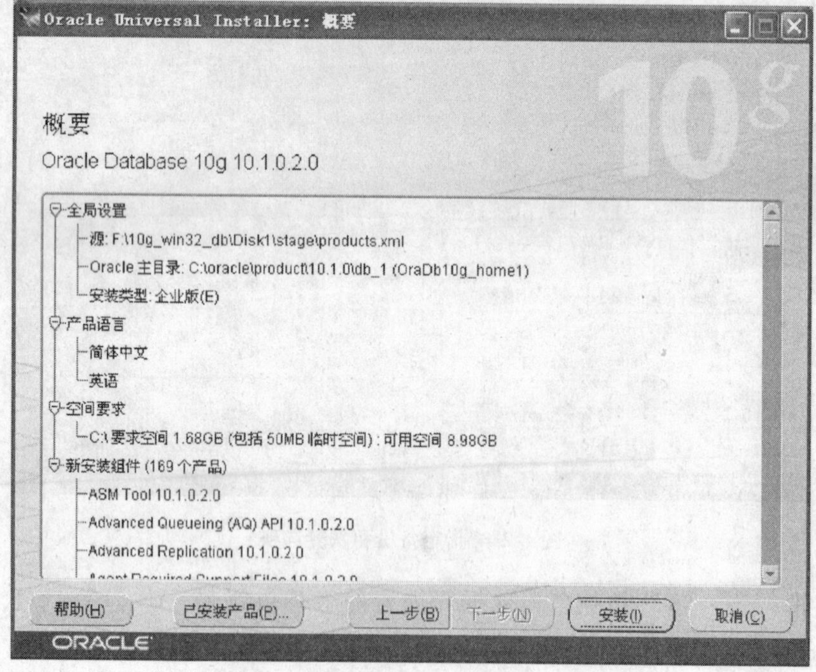

图 1-25　安装前设置的概要信息

12）安装过程中，将对 Oracle 的各种管理工具进行配置，同时启动各种数据库服务及其他组件。此阶段的配置如果失败，将影响某些 Oracle 工具的正常使用。如图 1-27 所示。

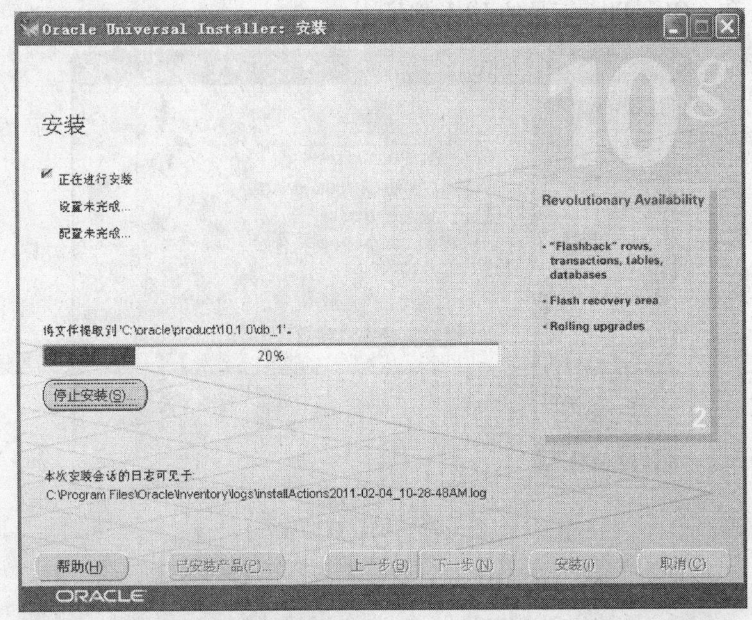

图 1-26　安装过程

图 1-27　数据库管理工具的配置

13）图 1-28 中所示的数据库配置助手安装完成后，系统将进入图 1-29 所示的窗口。该窗口显示了已创建数据库的相关信息，如数据库名、SID、服务器参数文件的名称及路径。在该窗口中还可以点击“口令管理”按钮，修改用户的口令和状态。注意，此处只为将来要使用的用户解锁，否则系统安全性将降低。

14）点击“确定”按钮后，程序安装结束，如图 1-30 所示。该图中列出了多个 Oracle 数据库管理和应用工具的 URL 地址。最好对这些地址进行备份，特别是以后经常使用的企业管理器 OEM 和 iSQL * Plus 工具的 URL 地址。

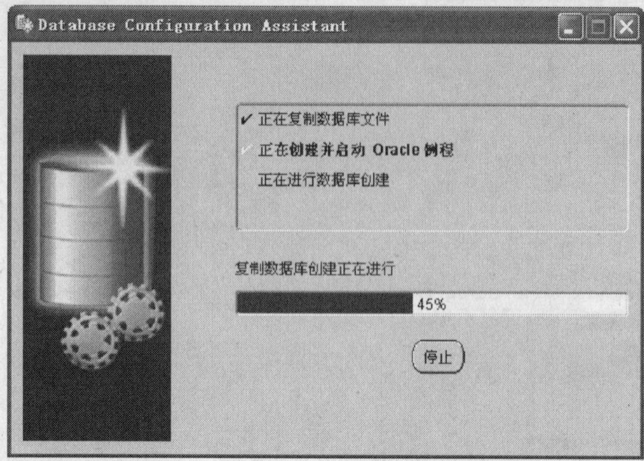

图 1-28 创建数据库

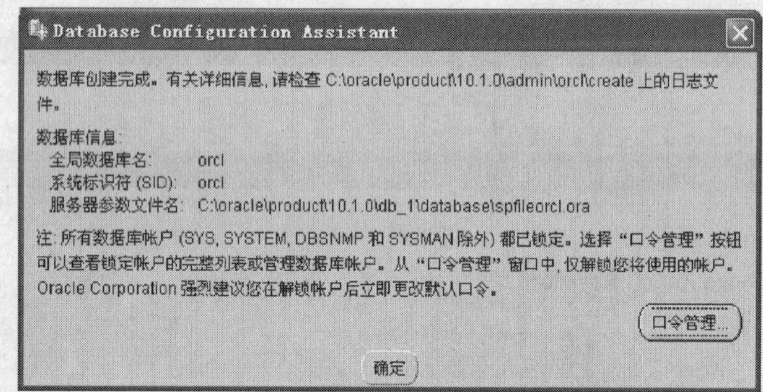

图 1-29 口令管理

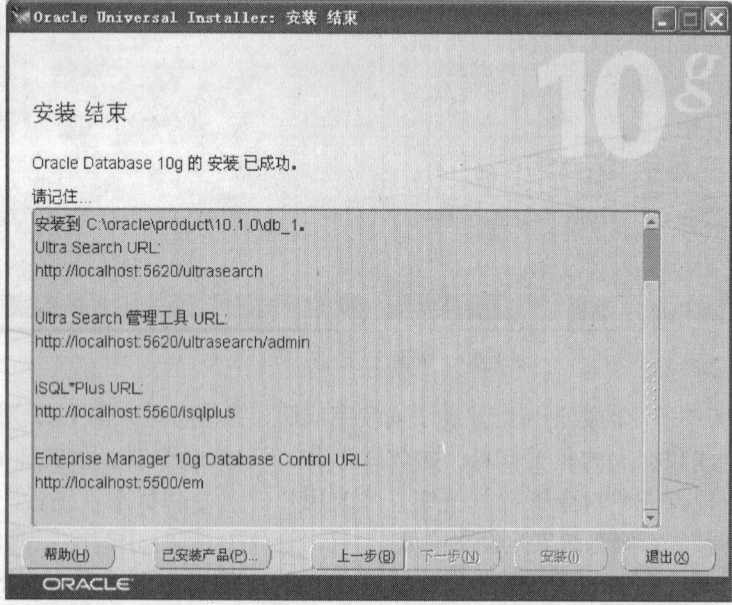

图 1-30 安装结束

1.4.3 检验安装是否成功

Oracle 安装完成后，用户可以使用以下几种方法检验本次安装是否成功。

1. 查看已安装的产品

打开 Oracle 安装源程序包，再次运行 setup.exe 文件，点击“高级安装”后，将出现图 1-31所示的窗口，在该窗口中点击“已安装产品”按钮，进入图 1-32 所示的窗口。该窗口显示了所有已安装的 Oracle 产品。也可以在该窗口中选中某些不需要的 Oracle 主目录，点击“删除”按钮卸载 Oracle 产品。注意，卸载 Oracle 前最好先停止 Oracle 的相关服务，卸载后手动删除注册表中 Oracle 的相关键以及 Oracle 的主安装目录。

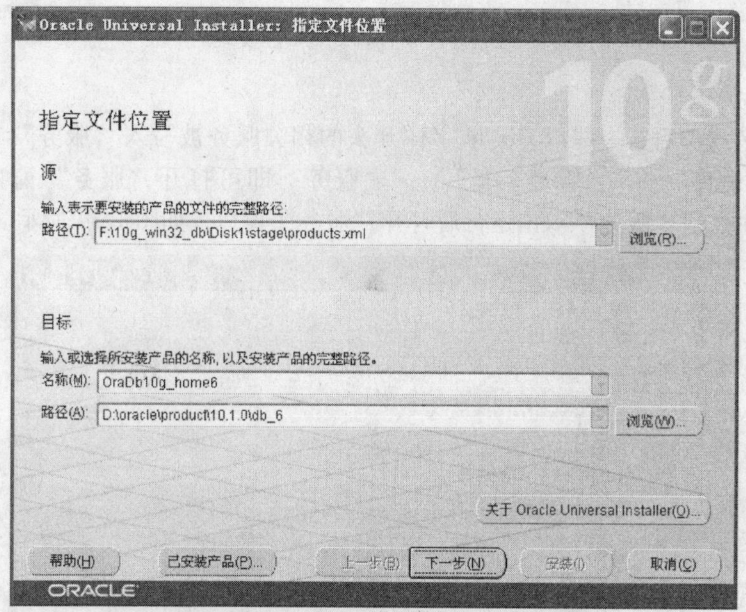

图 1-31 高级安装主窗口

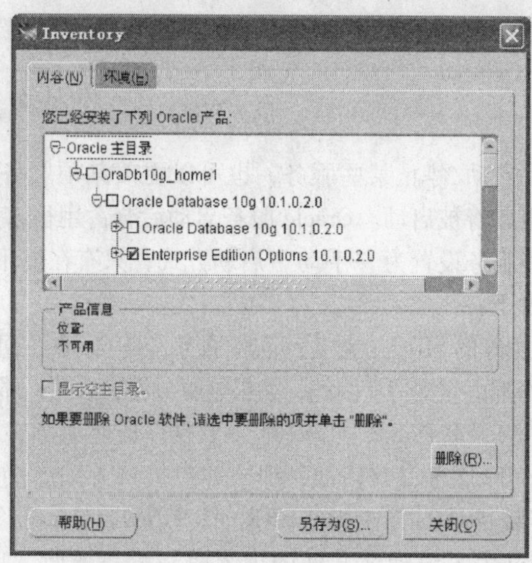

图 1-32 查看已安装的 Oracle 产品

2. 查看程序组

Oracle 安装成功后将在开始菜单的程序中进行注册，具体操作是：点击“开始”—>“程序”—>“Oracle-OraDb10g_home1”，其中 OraDb10g_home1 是安装时给定的 Oracle 主目录名。如图 1-33 所示。

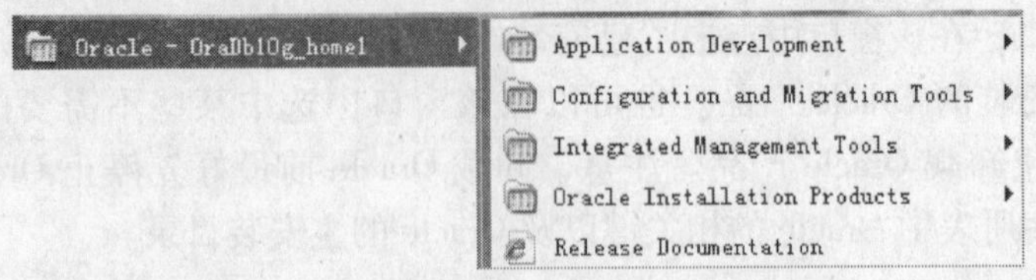

图 1-33 在程序组中查看 Oracle 已安装的产品

3. 查看服务

Oracle 安装成功后，一些以 Oracle 字样开头的相关服务被写入“服务”窗口中。点击“开始”—>“程序”—>“管理工具”—>“服务”即可打开“服务”窗口，也可以从“控制面板”中找到“服务”双击运行后打开“服务”窗口，如图 1-34 所示。

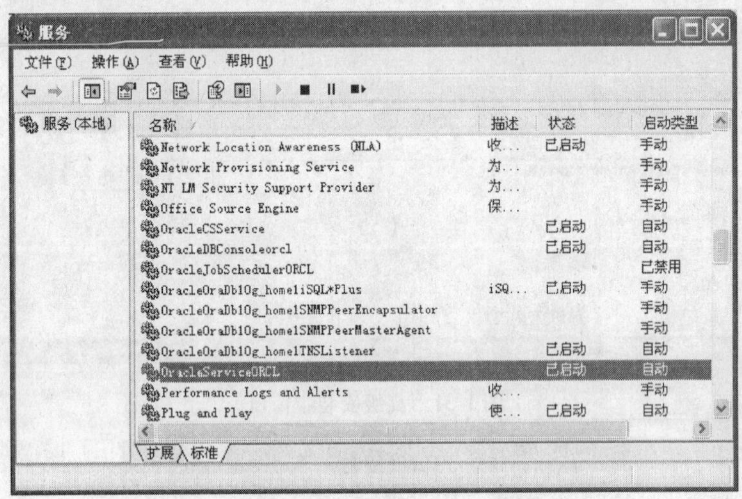

图 1-34 “服务”窗口

用户可以在该窗口中启动/停止某些服务，也可以更改某项服务的启动方式。当 Oracle 安装成功后一些必要的服务将被启动。Oracle 服务启动后会占用很多资源而影响计算机的运行速度，因此可以将这些服务设置为“手动”启动方式，只有在使用时才启动它们。

常用的 Oracle 服务如下：

- OracleService <数据库的 SID>：数据库实例服务，是 Oracle 的重要服务，所有对数据库的管理和应用操作都由它支持。因此，如果该服务没有启动，那么将无法访问数据库。
- Oracle <Oracle 主目录名称>TNSListener：数据库监听服务，负责监听来自客户机对服务器的请求。若该服务没有启动，那么客户机将无法连接并访问服务器。该服务的配置文件是安装目录下的\NETWORK\ADMIN\listener.ora 文件。如果该服务启动时出错，可以通过手工编辑该文件的内容重新配置监听，也可以使用图形化工具“Net Configuration Assistant”进行监听器的配置。

- Oracle <Oracle 主目录名称>iSQL * Plus：数据库查询分析服务，负责接收并执行来自客户端的 SQL 命令或 PL/SQL 程序。如果该服务没有启动，将无法使用基于 Web 的 iSQL * Plus 工具（如，http://localhost:5560/isqlplus）。当然，该服务并不影响基于 C/S 结构的客户端程序 SQL * Plus 工具的使用。
- OracleDBConsole <数据库的 SID>：数据库控制台服务，负责接收并处理来自客户机对数据库的各项管理工作。该服务将影响基于 Web 的 OEM 工具的使用，如果该服务没有启动则类似于“http://localhost:5500/em”网页无法打开。

4. 查看注册表

Oracle 安装后，将在注册表中写入一些键值信息。点击“开始”—>“运行”，输入 regedit命令，打开注册表编辑器，如图 1-35 所示。

HKEY_LOCAL_MACHINE \ SOFTWARE \ ORACLE 记录着主目录和控制台等相关信息。

HKEY_LOCAL_MACHINE \ SYSTEM \ ControlSet001、ControlSet002 或 ControlSet00*n* 下一级的 Services 键中记录着机器备份的目前或最近一次成功启动时的服务列表项，如果 Oracle 安装成功，它的服务名也在此有记录。

同时在 HKEY_LOCAL_MACHINE\SYSTEM\CurrentControlSet\Services 中记录了机器当前启动时的服务列表项，这决定着“服务”窗口中的服务列表项的内容。

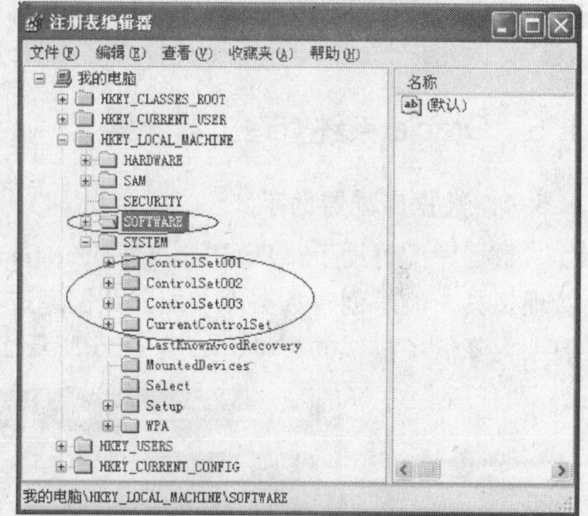

图 1-35 注册表编辑器

如果多次安装 Oracle，在这里将出现许多无用的键值信息，若不删除可能会影响新的安装，在“服务”窗口的列表中也会有许多无用的服务项。因此，必要时可以将这些无用键清除。

5. 尝试运行 Oracle 工具

对于初学者来说，检查 Oracle 是否已成功安装的最简单方法是启动一些 Oracle 的常用工具，看是否能够正常使用，如果不能够正常使用可以利用上面的几种方法检查问题出在哪里。例如：点击“开始”—>“程序”—>“Oracle 主目录”—>“Application Development”—>“SQL Plus”。登录时可以使用 SYSTEM 用户和创建数据库时给出的密码，主机字符串可以为空，也可以输入前面给出的数据库 SID，初次安装时默认为 orcl。当然，主机字符串和数据库的 SID 名称相同，但是意义不同，这一点后面章节将详细介绍。

1.4.4 Oracle 数据库的默认用户

在 Oracle 中，使用用户、权限或角色来保证数据库的安全性，因此连接和操作数据库前必须拥有连接和处理数据库的权限。对于新创建的数据库，系统自动创建了几个默认用户，这些用户都拥有一定的访问权限，可以利用后面 1.5 节介绍的几种 Oracle 工具连接并处理数据库。系统自动创建的默认用户包括以下几个：

- SYS：该用户被默认创建并授予 DBA 角色，它是 Oracle 数据库中权限最大的管理员账号。数据库中所有数据字典的基本表和视图都被存储在 SYS 的方案中，这些基本表和视图对于 Oracle 数据库的操作非常重要。为了维护数据字典的正确性和完整性，

SYS方案中的表只能由系统维护，不能被任何用户或数据库管理员修改，而且任何用户不能在SYS方案中创建表。

- SYSTEM：该用户被默认创建并授予DBA角色，权限仅次于SYS。它用来创建和管理数据库中可显示管理信息的表或视图，以及被Oracle数据库应用和工具使用的各种数据库对象。
- SYSMAN：该用户是企业管理的超级管理员账号，该账号能够创建和修改其他管理员账号，同时也能管理数据库实例。
- DBSNMP：是Oracle数据库中用于智能代理（Intelligent Agent）的用户，用来监控和管理数据库相关性能。如果停止该用户，则无法提取相关的数据库信息。

这些用户的初始密码是在创建数据库时设置的。为了进一步保证数据库安全，可以在登录后修改密码，或者创建新的用户并分配合适的权限，尽量少用这些默认用户登录数据库。

1.5 Oracle系统管理工具介绍

1.5.1 数据库配置助手

数据库配置助手（DataBase Configuration Assistant，DBCA）是Oracle提供的一种图形化管理工具，能够创建数据库、配置数据库选项、删除数据库和管理数据库模板，它提供的向导大大降低了操作的难度，如图1-36所示。

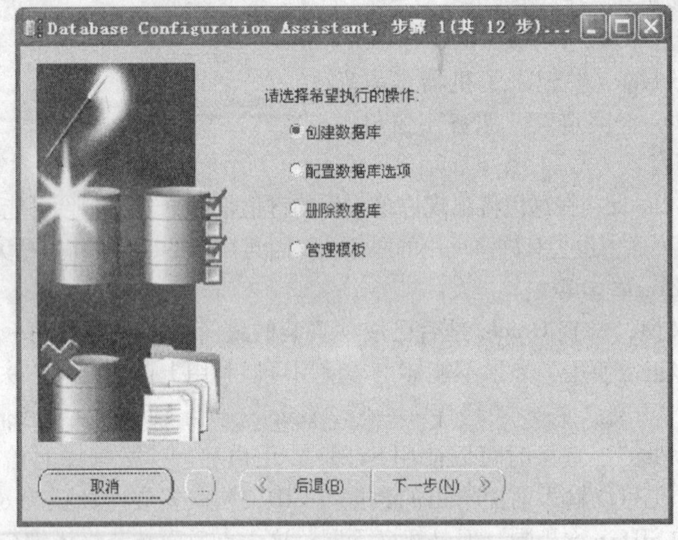

图1-36 数据库配置助手

用户有两种方法启动DBCA工具：

方法一：点击“开始”—>“运行”，输入命令DBCA（注：在此不需要输入命令的路径，系统安装时已经建立了有关Oracle命令的环境变量）。

方法二：点击“开始”—>“程序”—>“Oracle-<Oracle主目录名称>”—>“Configuration and Migration Tools”—>“Database Configuration Assistant”。

1.5.2 Oracle企业管理器（OEM）

Oracle 10g中增加了基于Web技术的数据库管理工具——Oracle Enterprise Manager

(OEM)。数据库管理员可以使用该工具了解数据库的结构和性能、启动和关闭数据库实例、管理各种数据库对象、维护数据库等。

使用该工具前要先启动 OracleDBConsole <数据库的 SID> 服务，若该服务没有启动则 OEM 工具无法使用。启动或停止该服务有两种方法：

方法一：在“服务”窗口中选中该服务名，鼠标右击，在快捷菜单中选择“启动”，或者点击工具栏上的 ▶ 按钮，都可以启动该服务；选择快捷菜单中的“停止”或工具栏上的 ■ 按钮就可以停止服务。如图 1-37 所示。

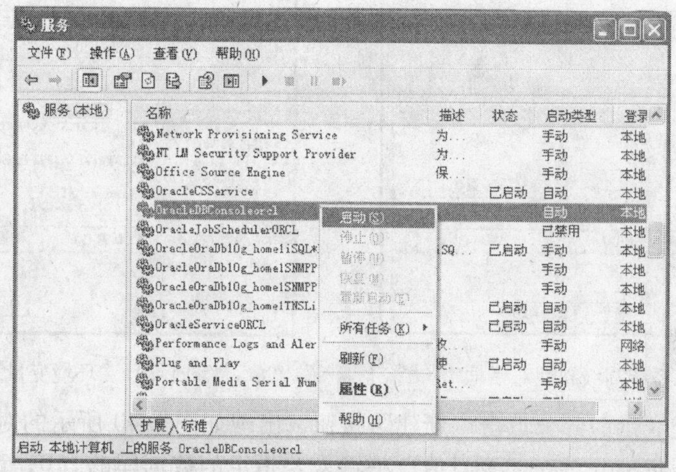

图 1-37　在“服务”窗口中启动或停止服务

方法二：在 DOS 环境下执行 emctl start | stop dbconsole 命令启动或停止 OracleDBConsole <数据库的 SID> 服务。这种方法的好处是，如果服务不能正常启动，它能够给出错误提示信息。

注意：从 OracleDBConsole <数据库的 SID> 服务的名称就可以看出该控制台服务是作用于某一个数据库实例的，而 emctl start | stop dbconsole 命令中并未要求提供数据库 SID，因此该命令只是启动环境变量中指定的当前数据库实例。

那么如何指定当前数据库实例呢？有两种方法：

方法一：在 DOS 环境下运行 set 命令设置当前数据库 SID，格式为：

```
set oracle_sid=指定的数据库 SID
```

如，设置当前数据库的 SID 是 orcl，命令是：

```
set oracle_sid=orcl
```

这种方式指定的数据库 SID 是临时性的，关闭 DOS 窗口后不再起作用。

方法二：在系统环境变量中指定当前数据库 SID，这种方式指定的数据库 SID 是永久性的，具体操作如下：

1）在桌面上右键单击“我的电脑”图标，在快捷菜单中选择“属性”，进入“系统属性”对话框，点击“高级”选项卡，如图 1-38 所示。

2）点击“高级”选项卡中的“环境变量”按钮，进入“环境变量”对话框，如图 1-39所示。

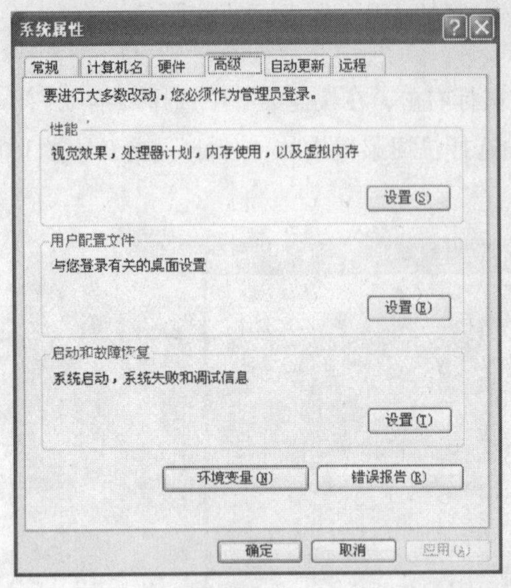

图 1-38　系统高级属性对话框

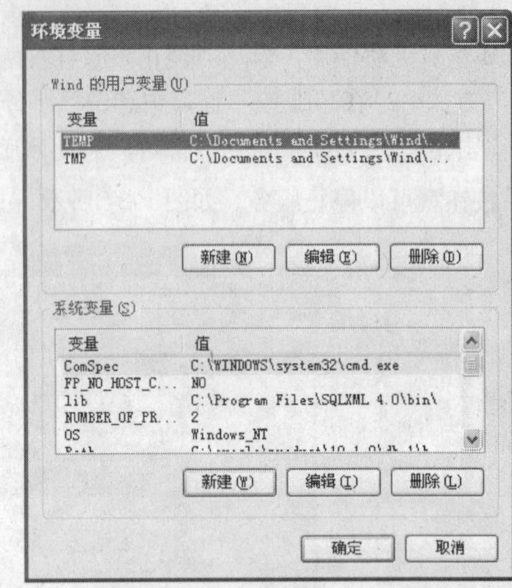

图 1-39　“环境变量”对话框

3）在“系统变量”部分点击“新建”按钮，出现如图 1-40 所示的对话框。在“变量名”栏输入“oracle_sid”，在“变量值”栏输入要指定的数据库的 SID，最后点击“确定”按钮。

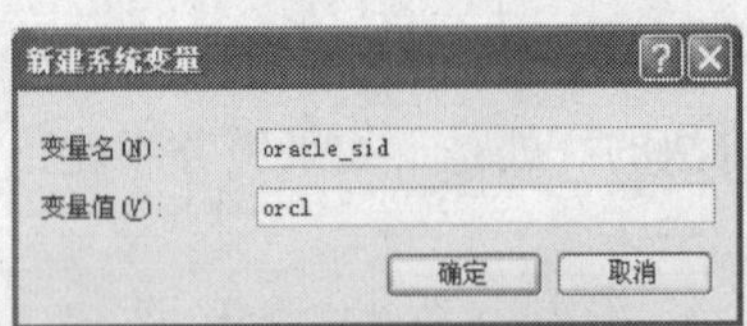

图 1-40　新建 Oracle 实例环境变量

利用上面两种方法都可以指定当前操作的数据库 SID 值，然后进入 DOS 环境执行 emctl start dbconsole 命令就可以启动 OracleDBConsole <数据库的 SID>服务了，如图 1-41 所示。

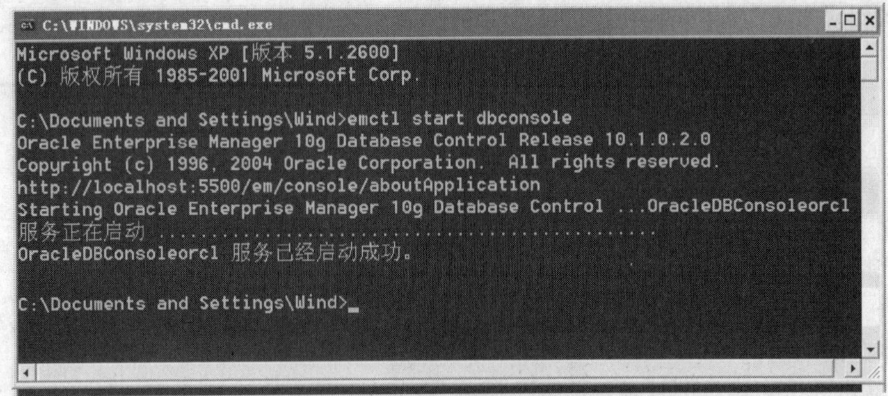

图 1-41　用命令启动控制台服务

OracleDBConsole <数据库的 SID> 服务启动后，用户在客户端机器上输入 OEM 工具的 URL 地址，就可以打开并使用数据库管理工具了。该工具的地址格式如下：

```
http://主机名:端口号/em  | http://主机 IP 地址:端口号/em
```

其中，端口号默认为 5500。

注意：如果访问本机的 OEM 工具可以用 localhost 代替主机名或 IP 地址。

例 1.1 使用 system 用户登录到本机的 OEM 工具，输入 http：//localhost：5500/em 如图 1-42 所示。

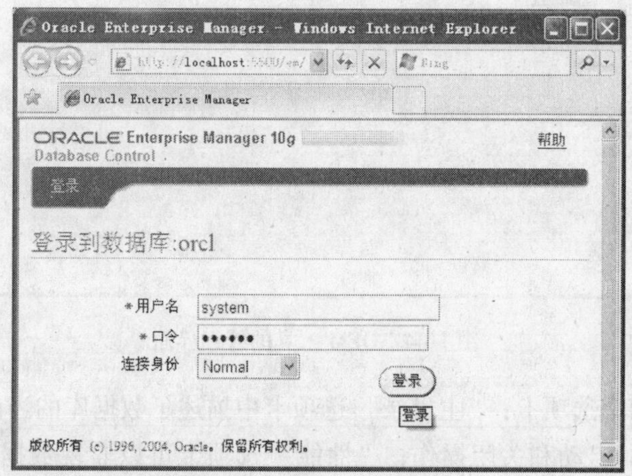

图 1-42 OEM 工具的登录界面

点击“登录”按钮后，进入 OEM 工具的主界面，如图 1-43 和图 1-44 所示。

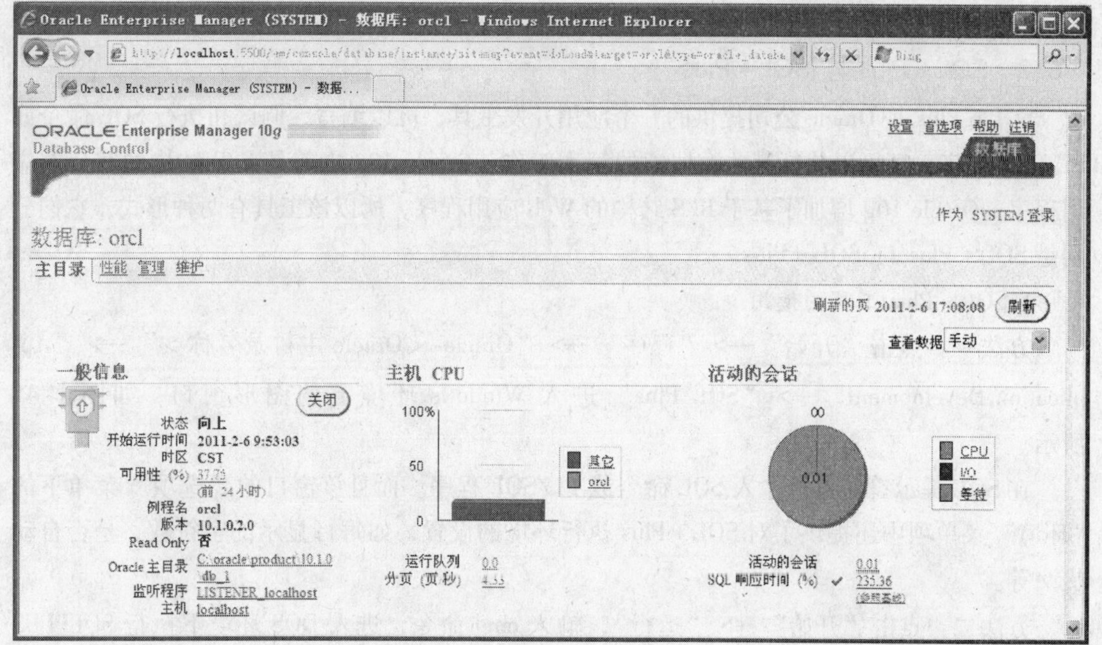

图 1-43 OEM 工具的主目录

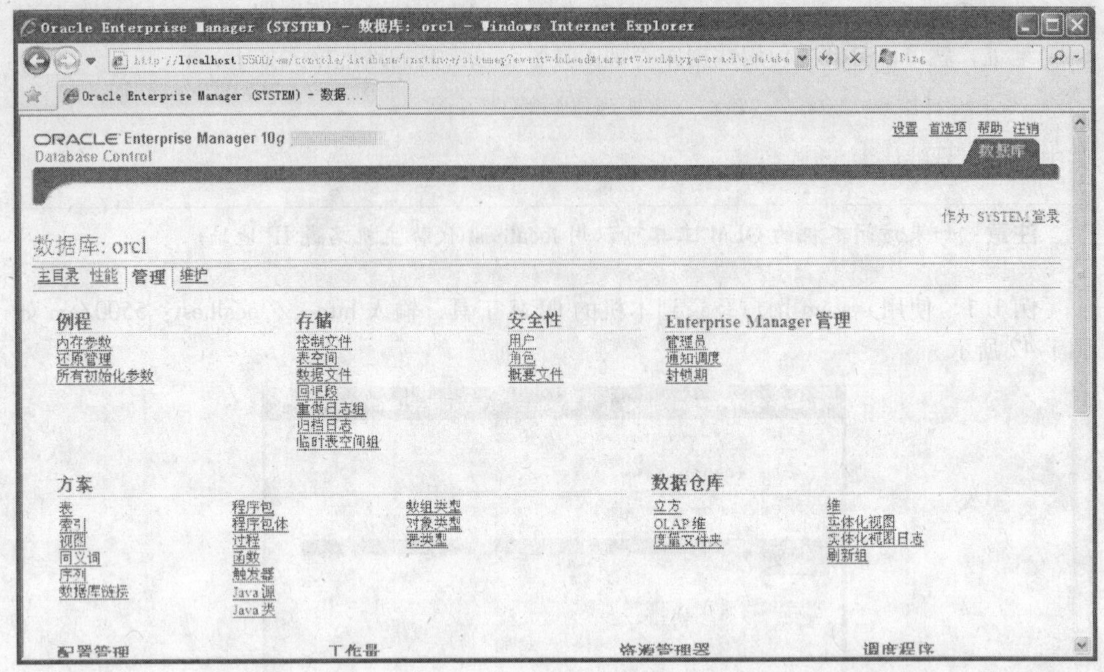

图1-44 OEM 工具的管理界面

该工具中包括四个选项卡：“主目录”选项卡中描述了数据库的当前状态、结构，还允许 DBA 执行数据库的启动和关闭操作；“性能”选项卡可以监视数据库的各项性能指标；“管理”选项卡中允许用户执行各种数据库对象的管理工作，使用最频繁；“维护”选项卡为数据库高级管理人员提供了对数据库的日常维护功能，如备份和恢复数据库、导入和导出数据库等。

1.5.3 SQL * Plus 与 iSQL * Plus

SQL * Plus 是 Oracle 公司提供的一个应用开发工具，可以编写、调试和执行 SQL 命令或 PL/SQL 程序，还可以执行某些数据库的管理工作。Oracle 10g 之前是 C/S 结构的客户端应用程序，Oracle 10g 增加了基于 B/S 结构的 Web 应用程序，所以该工具有两种形式，它们分别是 SQL * Plus 与 iSQL * Plus。

1. SQL * Plus 工具的使用

方法一：点击“开始”—>“程序”—>“Oracle-<Oracle 主目录名称>”—>“Application Development”—>“SQL Plus”进入 Windows 环境下的图形窗口，如图 1-45 所示。

在 SQL 提示符下可以输入 SQL 命令或 PL/SQL 程序。而且该窗口的“选项”菜单下的“环境”菜单项中还提供了对 SQL * Plus 执行环境的设置，如每行显示的字符数、是否自动提交等。

方法二：点击“开始”—>“运行”，输入 cmd 命令，进入 DOS 环境下执行 SQLPLUS 命令，这样也可以打开 SQL * Plus 工具。SQLPLUS 命令的使用格式如下：

```
SQLPLUS[用户名]/[密码][@主机字符串][AS SYSDBA|SYSOPER]
SQLPLUS 用户名/密码@主机名|主机 IP 地址:端口号/数据库实例名[AS SYSDBA|SYSOPER]
```

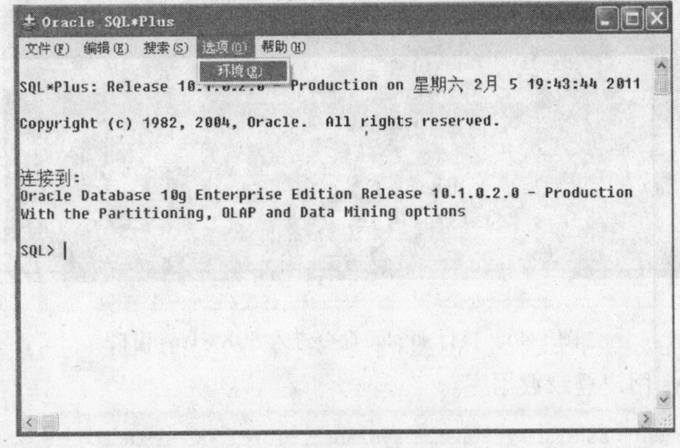

图 1-45 Windows 环境下的 SQL * Plus 执行窗口

其中各参数的意义如下：

- 用户名：是指具有连接数据库权限或 CONNECT 角色的合法数据库账号。
- 密码：该用户连接数据库的口令。
- 主机字符串：是指要连接的数据库服务的详细定义。包括连接协议、主机名、端口号、服务名等。该字符串在安装目录中的\product\10.1.0\db_1\NETWORK\ADMIN\tnsnames.ora 文件里有定义，默认为 orcl。详细内容参见本书 2.4 节。
- AS SYSDBA | SYSOPER：指以 SYSDBA 或 SYSOPER 特权登录。SYSDBA 和 SYSOPER 是 Oracle 数据库的超级用户权限，即使数据库没有打开，Oracle 也允许具有这两种特权的用户登录实例。SYSDBA 是 Oracle 中级别最高的权限，可以执行启动数据库、关闭数据库、建立数据库备份和恢复数据库，以及其他的数据库管理操作。SYSOPER 是 Oracle 数据库的另一个特权，可以执行启动数据库和关闭数据库，不能建立数据库，也不能执行不完全恢复，可以进行一些基本的操作而不能查看用户数据，不具备 DBA 角色的任何特权。

注意：用户以 SYSDBA 或 SYSOPER 特权登录数据库时，用户登录到指定的方案中，而不是用户自己的方案。以 SYSDBA 特权登录到 sys 方案中，以 SYSOPER 特权登录到 public 方案中。如：用户 zhangsan 以下面的方式登录数据库并创建数据表 table1，代码如下：

```
SQLPLUS  zhangsan/abcdef  AS  SYSDBA;
CREATE TABLE table1(id  NUMBER(4));
```

此时表 table1 属于方案 sys，而不属于方案 zhangsan。

下面的例子给出了在 SQLPLUS 命令中分别使用 system 用户和 sys 用户登录数据库的代码，其中以 sys 登录时必须指定连接特权 SYSDBA 或 SYSOPER，而以 system 登录可以不指定特权。

例 1.2 以 system 用户登录数据库，如图 1-46 所示。

```
SQLPLUS | SQLPLUS system | SQLPLUS system/abcdef | SQLPLUS system/abcdef@orcl
```

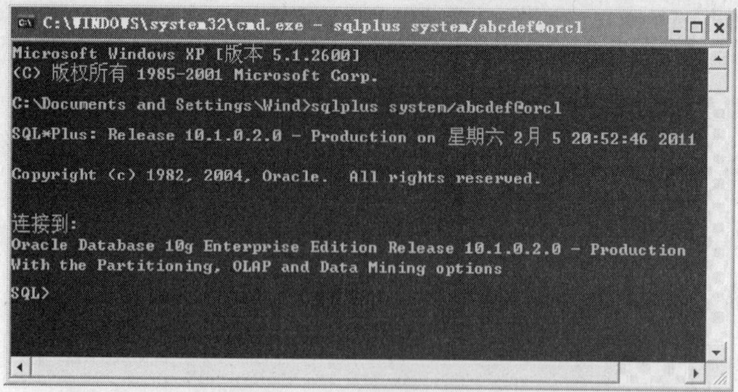

图 1-46 执行 sqlplus 命令进入 SQL * Plus 窗口

例 1.3 以 sys 用户登录数据库。

```
SQLPLUS sys/abcdef  AS SYSDBA | SQLPLUS sys/abcdef@orcl  AS SYSOPER
```

例 1.4 不使用已定义的主机字符串，直接指定要连接的主机名、端口号和数据库实例。

```
SQLPLUS system/abcdef@localhost:1521/orcl
```

在 SQL * Plus 的提示符下输入 EXIT/QUIT 命令可以退出该运行环境，返回 DOS 或 Windows 操作系统。如果希望不退出 SQL * Plus 的开发环境，并且想要切换到其他的用户该怎么办呢？这时，可以使用另一个连接数据库的命令 CONNECT 命令，该命令的格式与 SQLPLUS 命令的格式相同，但二者的运行环境不同：SQLPLUS 命令在 DOS 环境下运行，CONNECT 命令在 SQL * Plus 环境下运行。

例 1.5 在 SQL * Plus 环境下，使用 CONNECT 命令将当前用户分别切换到 system 用户和 sys 用户。

```
CONNECT system/abcdef@orcl
CONNECT sys/abcdef@orcl as sysdba
```

2. iSQL * Plus 工具的使用

iSQL * Plus 是一种基于 Web 技术的 SQL * Plus 工具，在客户端机器上直接输入它的 URL 地址就可以使用该工具，但要保证服务 Oracle <Oracle 主目录名称> iSQL * Plus 已启动。启动或停止服务有两种方法：

方法一：在“服务”窗口中启动或停止该服务，具体操作与 OracleDBConsole <数据库的 SID> 服务相同。

方法二：在 DOS 环境下执行 isqlplusctl start | stop 命令也可以启动或停止服务，如图 1-47 所示。

图 1-47 以命令方式启动 iSQL * Plus 相关服务

服务 Oracle <Oracle 主目录名称> iSQL * Plus 启动后，用户就可以在客户端机器上输入 iSQL * Plus 工具的 URL 地址来操作数据库了。该工具的地址格式如下：

```
http://主机名:端口号/isqlplus |http://主机 IP 地址:端口号/isqlplus
```

其中，端口号默认为5560。

注意：如果访问本机的 iSQL * Plus 工具，可以用 localhost 代替主机名或 IP 地址。

例1.6　使用 system 用户登录到本机的 iSQL * Plus 工具 http://localhost:5560/isqlplus 如图1-48和图1-49所示。

图1-48　iSQL * Plus 的登录窗口

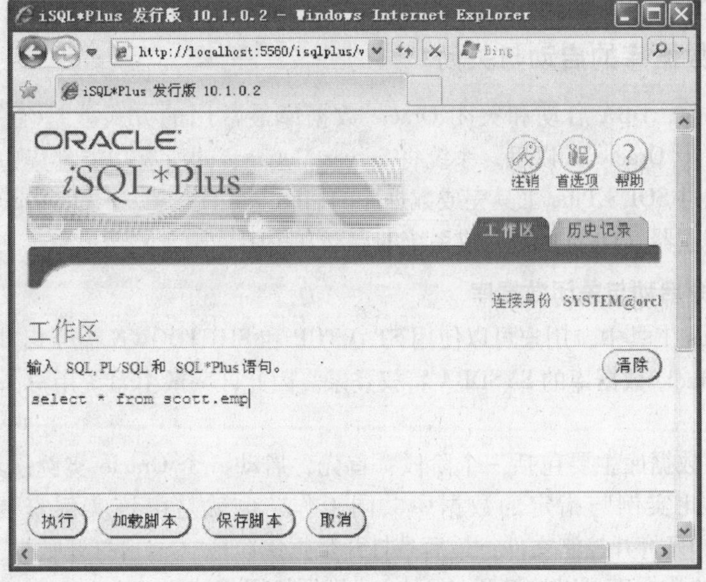

图1-49　iSQL * Plus 的执行窗口

1.5.4　网络配置助手

网络配置助手（Net Configuration Assistant，NETCA）是 Oracle 提供的一种专门管理与配

置网络环境的图形化工具，主要对监听程序、命名方法、本地 NET 服务、目录等进行管理。特别是当监听服务（OracleOraDb10g_home1TNSListener）失效时，经常使用该工具对监听程序重新配置或创建新监听程序，如图 1-50 所示。

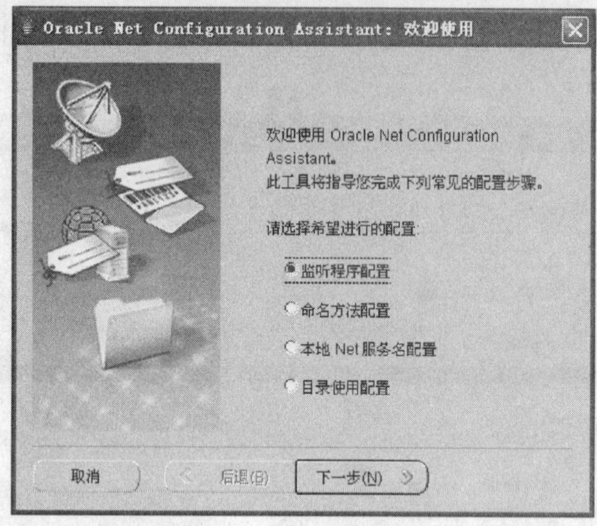

图 1-50 Oracle 网络配置助手

用户有两种方法启动 NETCA 工具：

方法一：点击“开始”—>“运行”，输入 NETCA 命令。

方法二：点击“开始”—>“程序”—>“Oracle-<Oracle 主目录名称>”—>“Configuration and Migration Tools”—>“Net Configuration Assistant”。

1.6 Oracle 数据库的启动与关闭

Oracle 8i 之前，DBA 启动和关闭 Oracle 数据库最常用的方式就是在命令行方式下的 Server Manager。但 Oracle 8i 以后，系统将 Server Manager 的所有功能都集中到了 SQL * Plus 中，可以直接通过 SQL * Plus 工具完成数据库的启动与关闭。在 Oracle 10g 中也可以通过图形化工具企业管理器（OEM）来完成系统的启动和关闭。

1.6.1 使用命令启动与关闭数据库

在 SQL * Plus 工具中，用户可以使用 STARTUP 和 SHUTDOWN 命令启动和关闭数据库，但需要用户以 Oracle 数据库的 SYSDBA 特权登录。因此，一般由系统用户 sys 以 SYSDBA 的特权登录执行。

启动 Oracle 数据库主要包括三个阶段：首先，启动一个 Oracle 实例；其次，实例启动后，Oracle 将令此实例与指定的数据库共同工作，也就是由该实例安装（或称为挂载 mount）数据库，只打开控制文件；最后是打开数据库阶段（包括打开数据文件和重做日志文件）。已挂载的数据库可以被打开（open），供授权用户访问。

1. 用 STARTUP 命令启动数据库

该命令的格式是：

```
STARTUP[NOMOUNT|MOUNT|OPEN][pfile=<初始化参数文件名及路径>]
```

其中各参数的意义如下：

- pfile：指出创建 Oracle 实例需要的初始化参数文件及路径，该参数可省略。

初始化参数文件的路径是安装目录下的$ORACLE_HOME\db_1\pfile < sid >.ora 文件。该文件定义了 Oracle 实例的配置，包括内存结构的大小、启动后台进程的数量和类型、设置数据块等。

- NOMOUNT：表示只启动一个 Oracle 实例。

系统通过读取 pfile 参数指定的初始化参数文件来启动 Oracle 实例。在这种方式下，只完成了数据库启动的第一个阶段，因此，用户不能访问数据库。

- MOUNT：启动一个 Oracle 实例并打开控制文件。

系统首先启动 Oracle 实例，然后读取控制文件中的内容，但并不打开数据文件和重做日志文件。在这种方式下，完成了数据库启动的前两个阶段，因此，用户不能访问数据库中的数据，但可以对数据库执行维护操作，如对数据文件的更名、改变重做日志文件或归档方式等。

- OPEN：启动一个 Oracle 实例，并依次打开控制文件、数据文件和重做日志文件。

该方式完成了数据库启动的所有阶段，此时数据库的数据文件和重做日志文件在线，通常还会请求一个或多个回滚段。这种方式下用户才能正常访问数据库中的数据。

注意：如果省略了所有参数，STARTUP 命令表示以 OPEN 方式启动数据库。

例 1.7 系统用户 sys 以 SYSDBA 的特权登录 SQL * Plus 工具，并以 NOMOUNT 方式启动数据库。执行结果如图 1-51 所示。

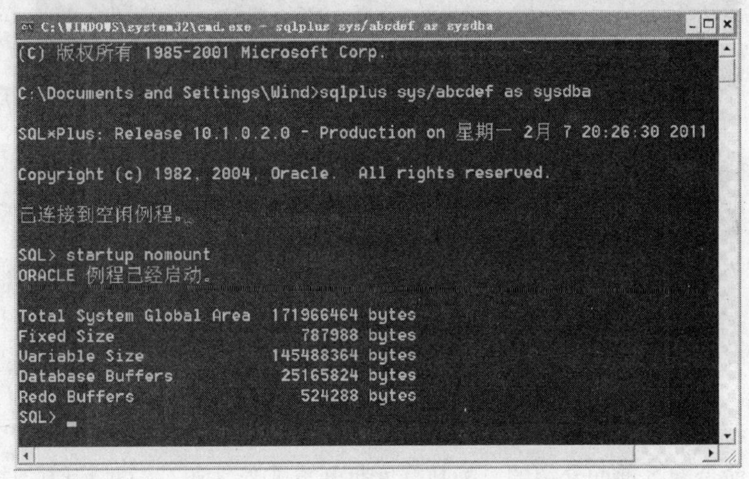

图 1-51 nomount 状态启动数据库

操作步骤如下：

1）点击“开始”—>“运行”，输入命令“cmd”。

2）在 DOS 环境下输入命令：SQLPLUS sys/abcdef AS SYSDBA。

3）在 SQL * Plus 环境下输入命令：STARTUP NOMOUNT。

注意：执行该命令前先用 SHUTDOWN IMMEDIATE 命令关闭数据库。

例1.8 系统用户 sys 以 SYSDBA 的特权登录 SQL * Plus 工具，并以 MOUNT 方式启动数据库。执行结果如图 1-52 所示。

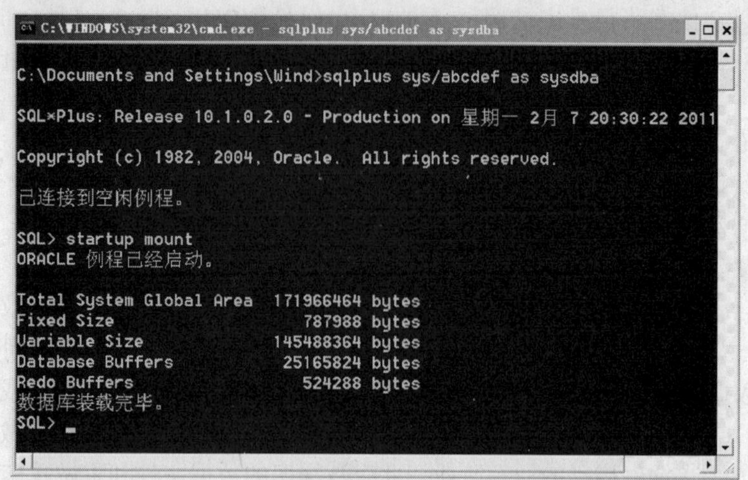

图 1-52 mount 状态启动数据库

例1.9 系统用户 sys 以 SYSDBA 的特权登录 SQL * Plus 工具，并以 OPEN 方式启动数据库。执行结果如图 1-53 所示。

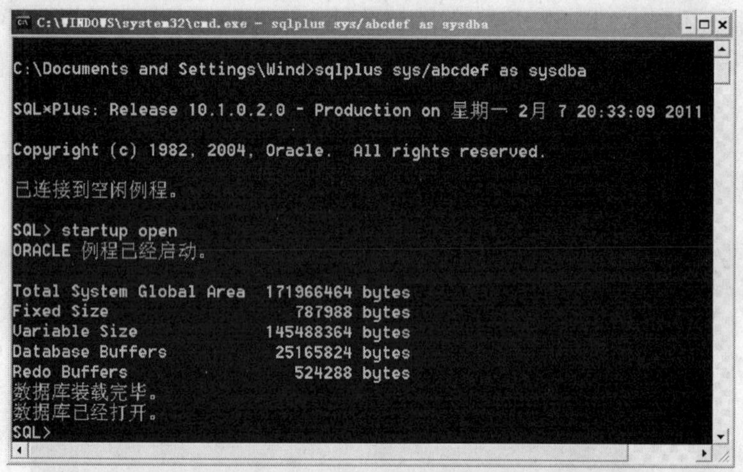

图 1-53 open 状态启动数据库

STARTUP 命令除了前面介绍的三种数据库打开方式外，还有一些其他的选项。如：

- STARTUP RESTRICT：在这种方式下，数据库将被成功打开，但仅允许一些特权用户（具有 DBA 角色的用户）使用。
- STARTUP FORCE：该命令是强行关闭数据库（SHUTDOWN ABORT）和启动数据库（STARTUP）两条命令的一个综合，仅在关闭数据库遇到问题不能关闭时采用。
- ALTER DATABASE OPEN READ ONLY：该命令在创建实例以及安装数据库后，以只读方式打开数据库，对于那些仅仅执行查询功能的数据库可以采用这种方式打开。

2. 用 SHUTDOWN 命令关闭数据库

该命令的格式是：

```
SHUTDOWN[NORMAL|IMMEDIATE|TRANSACTIONAL|ABORT]
```

其中各参数的意义如下：

- NORMAL：这是数据库关闭命令的缺省选项。发出该命令后，任何新的连接都将不再连接到数据库，而且在数据库关闭之前，Oracle 将等待所有用户都从数据库中退出后才开始关闭数据库。采用这种方式关闭数据库，在下一次启动时不需要进行任何实例恢复，但需要的时间较长，有时需要几天时间甚至更长。
- IMMEDIATE：这是使用频率最高的关闭数据库的方式。使用该命令后，当前正在被 Oracle 处理的 SQL 语句立即中断，系统中任何没有提交的事务全部回滚。而且系统不等待连接到数据库的所有用户退出系统，强行回滚当前所有的活动事务，然后断开所有的连接用户。如果系统中存在一个很长的未提交的事务，采用这种方式关闭数据库也需要一段时间（事务回滚时间）。
- TRANSACTIONAL：该选项仅在 Oracle 8i 后才可以使用。该命令常用来计划关闭数据库，它使当前连接到系统且正在活动的事务执行完毕，运行该命令后，任何新的连接和事务都是不允许的。在所有活动的事务完成后，数据库将关闭。
- ABORT：在无法正常关闭数据库时才使用这种方式。使用该命令后，所有正在运行的 SQL 语句都将立即中止，所有未提交的事务将不回滚，Oracle 也不等待目前连接到数据库的用户退出系统。但是，用这种方式关闭数据库在下一次启动数据库时需要恢复实例，启动时间较长。

例 1.10　系统用户 sys 以 SYSDBA 的特权登录 SQL * Plus 工具，并以 IMMEDIATE 方式关闭数据库。执行结果如图 1-54 所示。

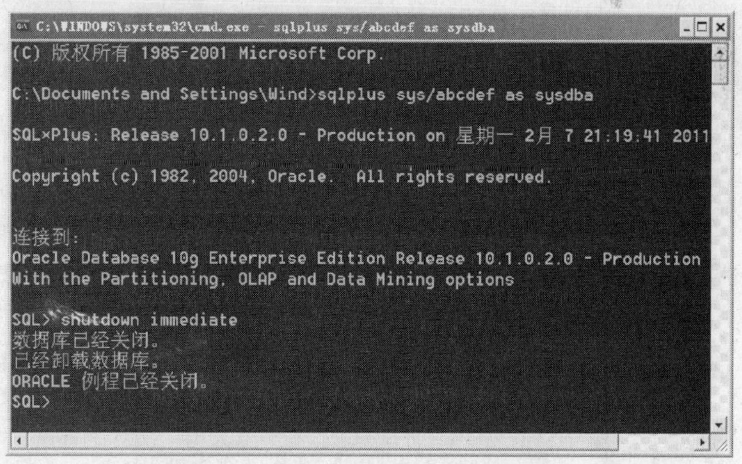

图 1-54　immediate 状态关闭数据库

操作步骤如下：

（1）点击“开始”—>“运行”，输入命令“cmd”。

（2）在 DOS 环境下输入命令：SQLPLUS sys/abcdef　AS SYSDBA。

（3）在 SQL * Plus 环境下输入命令：SHUTDOWN IMMEDIATE。

1.6.2 使用 OEM 工具启动与关闭数据库

使用 OEM 工具（企业管理器）启动与关闭数据库时需要提供数据库服务器的主机身份验证，也就是需要给出服务器操作系统的用户名和密码。但是给出的操作系统用户必须具有“作为批处理作业登录”的权利。因此，使用 OEM 工具启动或关闭数据库包括以下两个步骤。

（1）指派“作为批处理作业登录”权利

点击“开始”—>“程序”—>“管理工具”—>“本地安全策略”—>“本地策略”—>“用户权利指派”，在打开的窗口右侧找到“作为批处理作业登录”，右键单击选择“属性”。如图 1-55 和图 1-56 所示。在图 1-56 中点击“添加用户或组”按钮，选中一个合法的操作系统用户或组后点击“确定”。

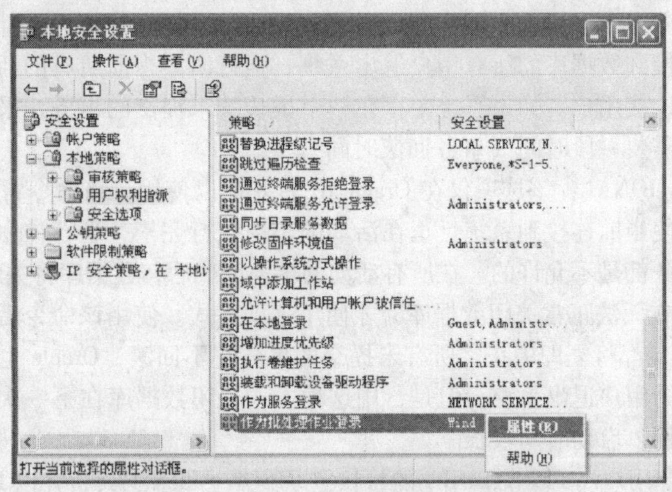

图 1-55 本地安全设置

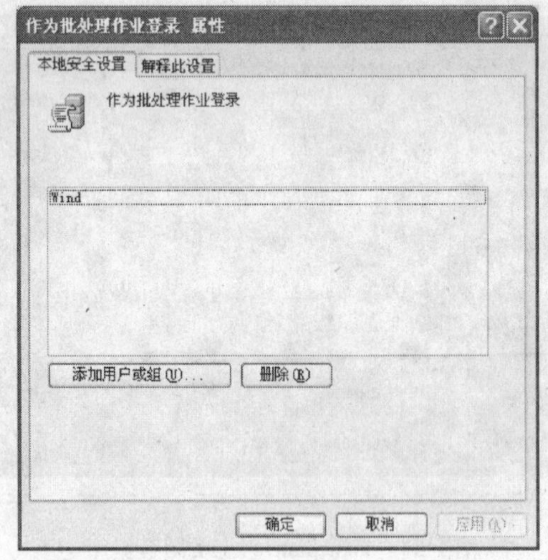

图 1-56 添加具有批处理作业登录权限的用户或组

（2）在 OEM 工具中启动或关闭数据库

在图 1-57 所示的窗口中，输入具有“作为批处理作业登录”权利的用户名和密码，以及 Oracle 系统用户 sys，最后点击“确定”按钮就可以执行启动或关闭数据库的操作了。

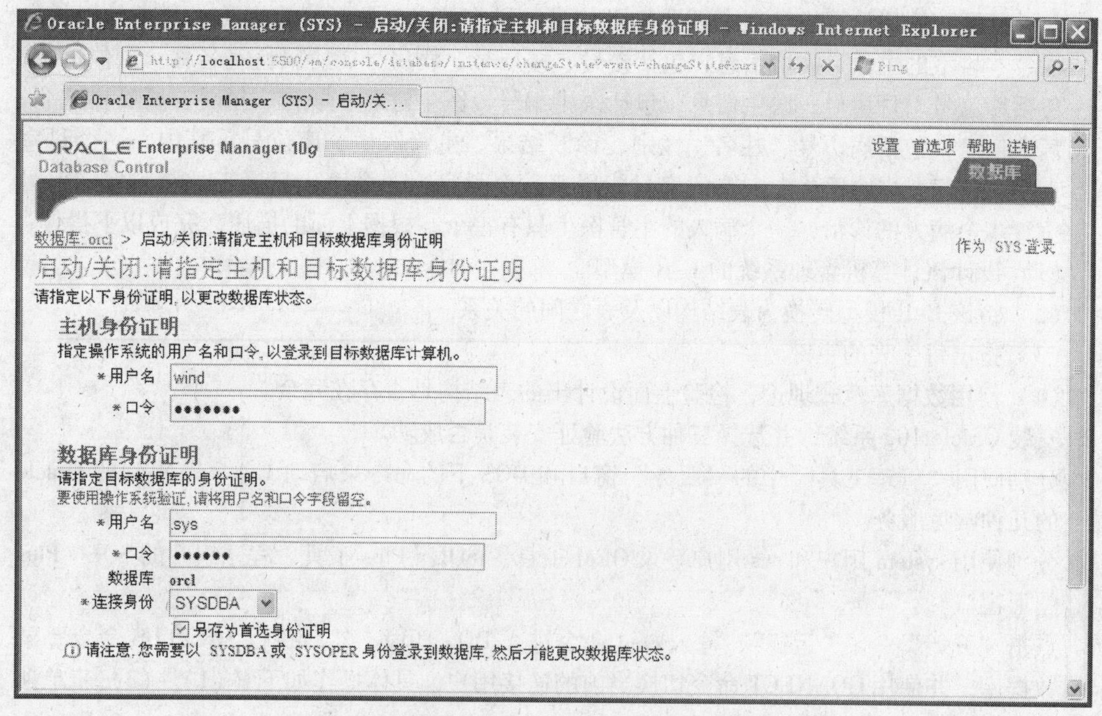

图 1-57 使用 OEM 工具启动或关闭数据库

1.6.3 开机后自动启动与关闭数据库

数据库管理员可以在注册表中设置开机后自动启动或关闭 Oracle 数据库，具体操作如下：

1）点击“开始”—>“运行”，输入“regedit”命令，打开注册表编辑器。

2）在 HKEY_LOCAL_MACHINE\SOFTWARE\ORACLE\KEY_OraDb10g_home1 中设置 ORA_ORCL_AUTOSTART 的键值是“TRUE”，实现开机后自动启动数据库。

3）同样也可以设置 ORA_ORCL_SHUTDOWN 的键值是“TRUE”，实现自动关闭数据库。

1.7 实验

【实验目的】

1. 理解并熟练掌握 E-R 模型的创建，并且能够使用 E-R 模型设计表结构。
2. 理解数据库的范式理论，能够熟练使用前三个范式规范表结构。
3. 了解 Oracle 10g 的安装过程，能够使用至少三种方法检验安装是否成功。
4. 掌握 Oracle 10g 相关服务的启动、停止。
5. 熟练掌握数据库配置助手（DBA）、企业管理器（OEM）、SQL * Plus 与 iSQL * Plus 等工具的使用。
6. 掌握使用 STARTUP 和 SHUTDOWN 命令启动、关闭数据库的方法，同时了解使用 OEM 工具和注册表中设置自动启动、关闭数据库的方法。

【实验内容】

1. 根据以下描述完成 E-R 模型的创建和表结构的设计，具体要求如下：

某医院病房计算机管理中需要如下信息：科室信息，包括科室名称、科地址、科电话、本科室的主任；病房信息，包括楼号、楼层号、病房号、所属科室名称。床位信息，包括床位号、病房号；医生信息，包括医生编号、医生姓名、职称、年龄、所属科室名；病人信息，包括病历号、姓名、性别、诊断结果、主管医生、床位号。其中，一个科室有多个病房、多个医生，一个病房只能属于一个科室，一个医生只属于一个科室，但可负责多个病人的诊治，一个病人的主管医生只有一个。根据上面的描述，完成以下操作：

（1）设计该计算机管理系统的 E-R 模型。

（2）将该 E-R 模型转换为表结构以及表之间的关系。

（3）指出每个表的主键。

（4）使用数据库范式理论，检验上面设计出的表结构是否存在冗余。

2. 安装 Oracle 10g 系统，并选择三种方法验证安装是否成功。
3. 分别使用“管理工具”中的“服务”窗口和 DOS 下的命令来启动 1.4.3 节提到的 Oracle 的几种常见服务。
4. 分别使用 system 用户和 sys 用户登录 OEM 工具、iSQL * Plus 工具、程序组中的 SQL * Plus 图形窗口。
5. 点击“开始” —> “运行”，输入 cmd 命令进入 DOS 环境，然后执行 SQLPLUS 命令登录数据库，并使用 CONNECT 命令切换当前的连接用户，具体操作如下（(1) ~ (3) 步单独实现，(4) ~ (5) 步单独实现）：

（1）SQLPLUS system/密码。

（2）SQLPLUS system/密码@ 主机字符串，其中“主机字符串”的定义可参见“安装目录中的\product\10.1.0\db_1\NETWORK\ADMIN\tnsnames.ora 文件”。

（3）SQLPLUS system/密码@ 主机名或主机 IP 地址：数据库端口号/数据库服务名。

（4）CONNECT sys/密码@ 主机字符串 AS SYSDBA。

（5）CONNECT sys/密码@ 主机名或主机 IP 地址：数据库端口号/数据库服务名 AS SYSOPER。

6. 以 sys 用户的 SYSDBA 特权登录数据库，尝试使用 STARTUP 命令的不同方式启动数据库，并使用 SHUTDOWN 命令关闭数据库，具体操作如下：

（1）SQLPLUS sys/密码 AS SYSDBA。

（2）SHUTDOWN IMMEDIATE。

（3）STARTUP NOMOUNT | MOUNT | OPEN。

观察以不同方式启动数据库时提示信息有何不同。

1.8 习题

1. 什么是关系数据库管理系统？在关系数据库管理系统中什么是数据的基本组织单元？
2. 简述数据库表之间的三种关系。
3. Oracle 10g 提供了哪些版本？
4. 简述 Oracle 数据库系统的客户机/服务器结构、浏览器/服务器结构。
5. 简述 Oracle 中的几个默认管理员用户及其作用。
6. 登录 SQL * Plus 工具有哪几种方式？

第 2 章　Oracle 数据库的体系结构

数据库的体系结构是指数据库的组成与工作原理，了解数据库的体系结构对使用、管理与优化数据库有很大的帮助。本章主要从操作系统的角度介绍数据库的物理结构；从 Oracle 管理系统的角度介绍数据库的逻辑结构；从访问与控制数据库的角度介绍数据库的实例结构。最后将介绍网络客户访问数据库服务器的过程及其相关的配置文件。

本章要点

- 数据库的物理存储结构
- 数据库的逻辑存储结构
- 数据库的实例结构
- Oracle 网络配置

2.1　物理存储结构

Oracle 数据库的物理存储结构是从物理组成的角度分析一个数据库在存储介质上的实际构成，它是由操作系统组织和管理的，是 Oracle 数据库的外部存储结构。由于操作系统组织和管理数据的基本单元是文件，因此 Oracle 数据库的物理存储结构是由它使用的多个操作系统文件组成。每一个数据库主要包括 4 种类型的文件：数据文件、日志文件、控制文件和初始化参数文件。

2.1.1　数据文件

数据文件是 Oracle 数据库用来存储各种数据的地方，如表中的记录、索引数据、系统数据和临时数据等。数据文件丢失或损坏后，存储在数据库中的数据就不能再使用了，因此它们对用户数据的稳定性和完整性十分重要。一个数据库有一个或多个数据文件，但一个数据文件只能属于一个数据库。可以在创建数据库或表空间的同时创建数据文件，也可以在现有的表空间中创建新数据文件。在创建数据文件时可以指定它的初始大小、是否允许自动扩大等属性。

数据文件中存储了各种系统和用户的数据，但它和数据库中的表没有一对一的关系。也就是说，一个数据库的表并不一定对应着一个数据文件，若表中的数据比较多，这些数据会存储在多个数据文件中，若表中的数据较少，多个表的数据将存储在同一个数据文件中。

数据文件的扩展名是 . dbf，主要包括永久数据文件和临时数据文件。这些数据文件的信息可以通过静态数据字典视图 DBA_DATA_FILES 和 DBA_TEMP_FILES 查看，也可以通过动态数据字典视图 v $datafile 和 v $tempfile 查看。

打开 SQL * Plus 工具或 iSQL * Plus 工具，在提示符下输入下面的查询命令，可以看到当前数据库的数据文件信息。

- 查看永久数据文件信息：

```
SELECT * FROM DBA_DATA_FILES 或 SELECT * FROM v$datafile
```

- 查看临时数据文件信息：

```
SELECT * FROM DBA_temp_FILES 或 SELECT * FROM v$tempfile
```

上述命令的应用如图2-1所示。

用户也可以使用OEM工具，在图形窗口中查看、编辑或创建新数据文件。具体操作是：打开OEM工具—>点击“管理”选项卡—>在“存储”选项组中点击“数据文件”，如图2-2所示。

图2-1　使用命令查看数据文件信息

从执行结果可以看出，系统中存储了数据文件的文件名及路径、占用的表空间、当前状态、存储空间的大小、已占用空间等信息。并且根据存储的数据不同，数据文件又可以分为以下几种：

- 系统数据文件：文件名以system开头，主要存放系统表和数据字典，一般不放用户的数据，但是用户脚本，如过程、函数、包等却是保存在数据字典中的。
- 回滚数据文件：文件名以undotbs开头，占用回滚表空间，用于存放用户修改前的旧数据，主要支持用户的回滚操作。
- 临时数据文件：文件名以temp开头，主要存放执行排序等操作时产生的临时数据，占用临时表空间。
- 用户数据文件：文件名以users开头，主要存放用户的数据，如表中的记录、索引信息等。

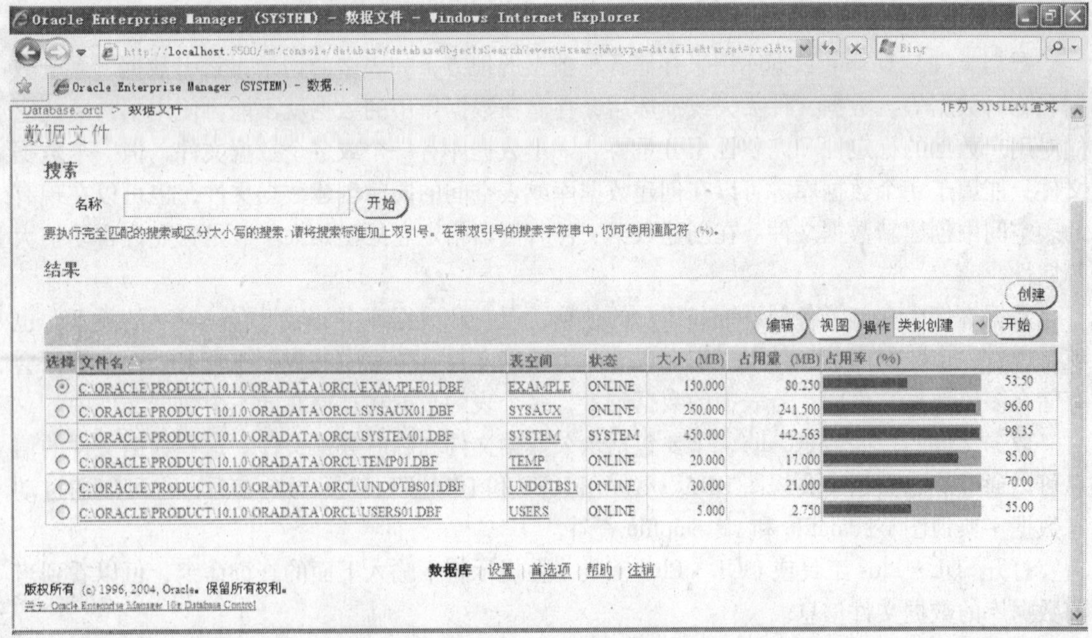

图2-2　使用OEM工具查看数据文件信息

- 系统辅助数据文件：文件名以 sysaux 开头，是 system 文件的辅助文件，代替 system 存储某些独立的数据库组件，减少 system 文件的负荷和磁盘碎片问题。
- 示例数据文件：文件名以 example 开头，主要存放数据库的示例方案中的数据。

2.1.2 日志文件

在 Oracle 中，日志文件记录了用户对数据库的修改信息（如增加、删除、修改），名字通常为 REDO *.LOG 格式。对数据库执行查询操作不会产生日志。当数据库出现故障，用户可以利用日志文件中记录的修改信息，重新对数据库副本执行修改操作，使数据库恢复到出故障之前的状态。因此，日志文件也叫重做日志文件或重演日志文件。

与日志文件有关的另一个概念是日志组，日志组是日志文件的逻辑组织单元，每个日志组中有一个或多个日志文件。一个数据库中至少要有两个日志组，一组写完后再切换到另一日志组继续写。同一个日志组中的多个日志文件具有相同的信息，它们是镜像关系，这样有利于日志文件的保护，因为日志文件的损坏特别是联机日志的损坏对数据库来说损失巨大。因此，同一个日志组中的日志文件被保存时，最好保存到不同的物理磁盘上。

如果所有的日志文件组都被填满，系统将从第一个日志组重新写，而原来存储到日志组中的日志信息将被覆盖。覆盖后的日志信息是否就意味着不能再使用了呢？这取决于数据库的工作模式。在 Oracle 中，数据库有两种工作模式：归档日志模式（archivelog）和非归档日志模式（noarchivelog）。通常，在数据库的开发环境和测试环境中，数据库设置为非归档日志模式，这样有利于系统应用的调整，也避免生成大量的归档日志文件消耗存储空间。但当系统上线投入使用时，将其设置为归档日志模式就很有必要了，因为，这是保证系统安全、有效预防灾难的重要措施。

在归档日志模式下，当进行日志切换时归档进程（ARCn 进程，本章 2.3 节详细介绍）会将重做日志的内容复制到归档日志文件中。例如，假设数据库只包含两个日志组，日志写进程（LGWR 进程）首先将日志信息写入日志组一，此时日志序列号为 1；当日志信息填满日志组一时，系统将自动切换到日志组二，并将日志信息写入日志组二，此时日志序列号变为 2，同时后台归档进程会将日志组一的内容保存到归档日志文件 1 中；而当日志信息填满日志组二时，系统自动切换回日志组一，并将日志信息写入日志组一，此时日志序列号变为 3，同时后台归档进程会将日志组二的内容保存到归档日志文件 2 中，依此类推。因此，在归档模式下，日志信息被覆盖前就已经复制到归档日志文件中了，所以这些日志信息即使被覆盖，将来也能够在归档日志文件中找到。

在非归档模式下，当进行日志切换时不会启动归档进程将日志保存到归档日志文件中。这种日志操作模式只能用于保护实例失败（如系统断电），而不能用于保护介质失败（数据库物理文件损坏）。非归档模式的工作过程如下：假设数据库只有两个日志组，且当前日志组为日志组一，日志序列号为 1。当日志信息填满日志组一时，系统会切换到日志组二，并且日志写进程将日志信息写入该日志组，日志序列号变为 2；而当日志信息填满日志组二时，系统又自动切换回日志组一，此时日志序列号变为 3，并且日志序列号 3 所对应的日志信息会覆盖日志序列号 1 所对应的日志信息，依此类推。因此，在非归档模式下，重新向某个日志组中写入日志信息会将原来的日志覆盖掉，并且不能再使用。

以 SYSDBA 身份登录到 SQL * Plus 工具，执行 ARCHIVE LOG LIST 命令可以查看数据库当前的运行模式，如图 2-3 所示。

用户也可以执行 ALTER DATABASE ARCHIVELOG | NOARCHIVELOG 命令修改数据库的日志模式。具体步骤如下：

1）关闭运行的数据库实例：执行 SHUTDOWN 命令，如 SHUTDOWN IMMEDIATE。

2）备份数据库（可选，但最好进行备份）。

3）启动数据库实例到 mount 状态，但不要打开数据库：STARTUP MOUNT。

4）修改数据库的日志模式：ALTER DATABASE ARCHIVELOG | NOARCHIVELOG。

5）打开数据库：ALTER DATABASE OPEN。

6）查看数据库当前的日志模式：ARCHIVE LOG LIST。

如果想查看日志组的相关信息，可以在 SQL * Plus 工具或 iSQL * Plus 工具中查询数据字典视图 V $LOG 或者在 OEM 工具的重做日志组中查看，如图 2-4 和图 2-5 所示。

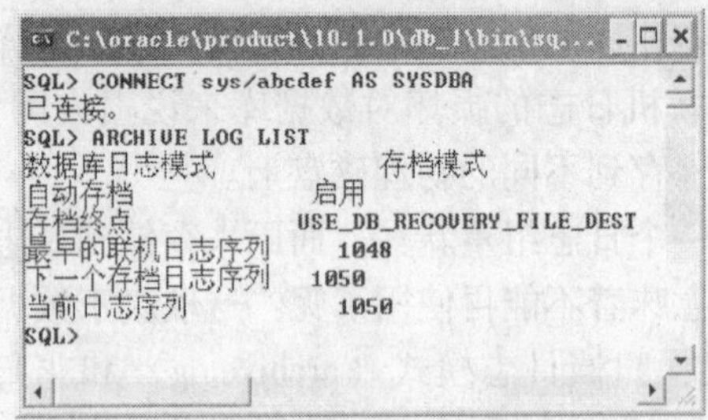

图 2-3 查看数据库的工作模式

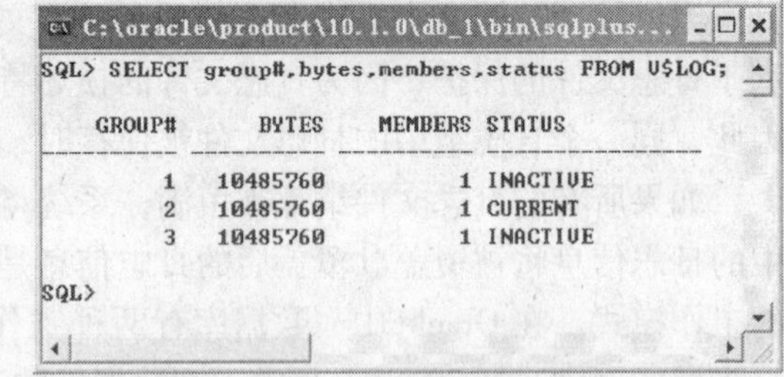

图 2-4 使用命令查看日志组信息

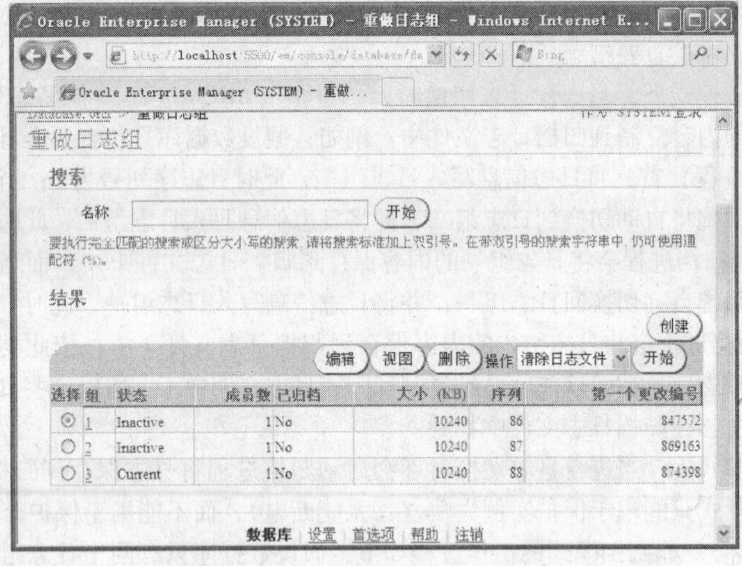

图 2-5 使用 OEM 工具查看日志组信息

从执行结果可以看到，日志组包括编号、状态、组中的成员数、是否归档、大小等属性。

- 成员数 指该组中包含的日志文件数，可以双击该组查看组中的日志文件信息。
- 状态 指该日志组的当前状态，包括三种：Current，当前正在使用状态；Active，不在使用状态中，而这个组的日志切换引发的检查点（checkpoint）事件还没做完；

Inactive，不在使用状态中，而这个组的日志切换引发的检查点事件已经做完。

- 是否归档　指该日志组中的日志是否已被归档，即是否被复制到归档日志文件中。

2.1.3　控制文件

控制文件（control file）是Oracle数据库的物理文件之一，它是一个很小的二进制文件，记录了数据库的名称、数据文件和联机日志文件的名称及位置、当前的日志序列号（log sequence number）、表空间等信息。控制文件一般在创建数据库时自动创建，并且其存放路径由参数文件中的CONTROL_FILES参数值确定。

对于Oracle数据库来说，数据文件就像一个仓库，重做日志文件就像该仓库的货物进出账，控制文件就像该仓库的管理中心，记录着整个数据库的结构。所以，当数据库的物理结构改变时，Oracle会自动更新控制文件。

控制文件对数据库来说很重要。因为在启动数据库时，Oracle首先从初始化参数文件中获得控制文件的名称及位置，然后打开控制文件，再从控制文件中读取数据文件和联机日志文件的信息及其他相关信息，最后打开数据库。如果控制文件被损坏，存储的数据库结构丢失，数据库将无法启动。因此，一般采用多路镜像控制文件（multiplex control file），并把每个镜像的控制文件分布在不同的物理磁盘上保存。

为了获取控制文件信息，可以查询数据字典视图v$controlfile，如图2-6所示。

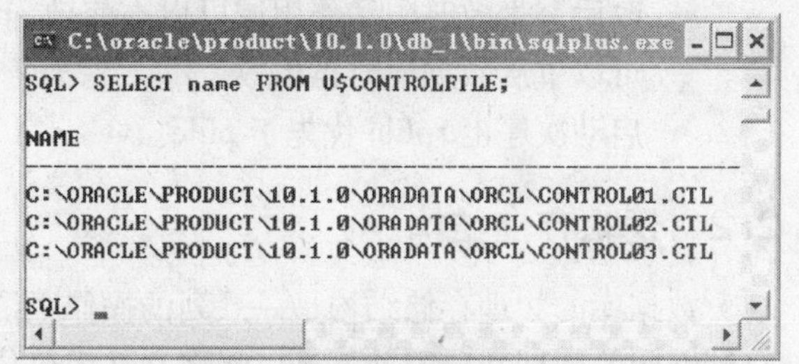

图2-6　使用命令查看控制文件信息

也可以使用OEM工具查看数据库的控制文件信息，具体操作是：打开OEM工具—>点击“管理”选项卡—>在“存储”选项组中点击“控制文件”，如图2-7所示。

图2-7　使用OEM工具查看控制文件信息

2.1.4　参数文件

除了前面介绍的三种物理文件外，Oracle数据库中还有一种很重要的物理文件就是参数文件。参数文件中记录着数据库名称、控制文件的路径、SGA的内存结构、可选的Oracle

特性和后台进程的配置参数等信息。在启动数据库实例时需要读取参数文件中的信息，因此它是第一个被访问的物理文件。

参数文件分为文本参数文件（pfile）和服务器参数文件（spfile）两种。在 Oracle 9i 之前，参数文件只有一种，它是文本格式的，pfile 又称初始化参数文件。在 Oracle 9i 及以后的版本中，新增了服务器参数文件，称为 spfile，它是二进制格式的。这两种参数文件都用来存储数据库实例启动时需要的配置信息，内容大致相同，但也有以下几点区别：

- 名称及路径不同。pfile 的命名格式为 init <SID>.ora，存储位置是 Oracle 主目录\admin\数据库名\pfile 目录下；spfile 的命名格式为 spfile <sid>.ora，存储位置是 Oracle 主目录\db_1\database 目录下。
- 编辑方式不同。pfile 是文本文件，可以直接使用文本编辑器打开并手工修改；spfile 是二进制文件，只能在数据库启动后通过 ALTER SESSION 命令或 ALTER SYSTEM 命令修改。
- 修改后的生效时限不同。pfile 被修改后，必须重新启动数据库才能生效；spfile 被修改后，生效时限和作用域可以在修改 spfile 的 SQL 命令中指定，可以立即生效，也可以重启数据库时再生效。
- 启动次序上 spfile 优先于 pfile。

2.2 逻辑存储结构

数据库的物理存储结构是一系列的操作系统文件，是真正存储数据的地方。但 Oracle 对存储空间的管理和分配并不是以物理文件为单位的，而是在逻辑上定义了一组存储单元，以逐层细分的思想将数据库对象占用的存储空间依次划分为表空间、段、盘区和数据块。表空间是最大的逻辑存储单元，一个数据库从逻辑结构上划分就包括多个表空间；一个表空间继续划分为多个段；一个段又被划分为多个盘区，盘区是最小的磁盘空间分配单元；一个盘区又被划分为多个数据块，数据块是 Oracle 最小的数据读写单元。因此，Oracle 对存储空间的管理和分配是在数据库的逻辑存储结构上进行的，如图 2-8 所示。

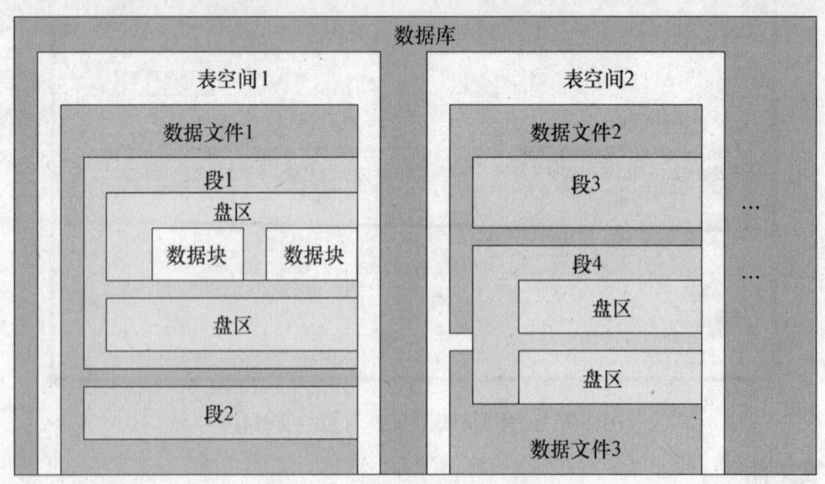

图 2-8　数据库的逻辑存储结构

2.2.1 表空间

表空间（tablespace）是 Oracle 数据库中最大的逻辑存储结构。一个数据库被划分为一个或多个表空间，数据库中所有的数据都被存储在表空间中。从物理存储结构上说，数据库中的所有数据都被存储在数据文件中。所以，逻辑结构上的表空间与物理结构上的数据文件是有关联的：数据库中的一个表空间至少包含一个或多个数据文件，而一个数据文件只能属于一个表空间。这种关联实现了数据库的逻辑存储结构和物理存储结构的统一。

如图 2-9 所示，一个表空间中包含了多个数据文件，多个方案对象被指定存储在该表空间中，实际上它们是存储在表空间的一个或多个数据文件中。一个表空间的大小就等于它包含的所有数据文件大小之和。图 2-9 描述了表空间、数据文件和方案对象的存储结构。

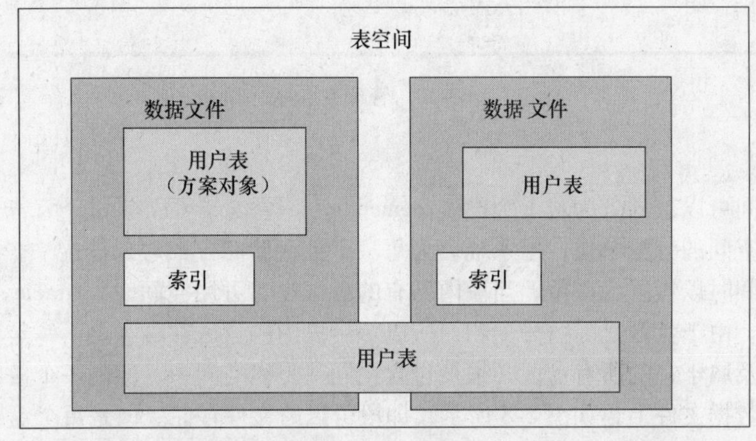

图 2-9 数据库中表空间、数据文件、方案对象的存储结构

对于新建的数据库，系统自动添加了 system 表空间、sysaux 表空间、temp 表空间、users表空间、undotbs1 表空间等。其中 system 是系统表空间，默认包括“system01.dbf”数据文件，用于存储系统的数据字典以及系统的管理信息等。sysaux 是系统辅助表空间，默认包括“sysaux01.dbf”数据文件，一般不存储用户数据，由系统自动维护。temp 是临时表空间，默认包括“temp01.dbf”数据文件，用于存储数据库运行过程中产生的临时数据（主要是排序和汇总操作产生的临时数据）。users 是用户表空间，默认包括“user01.dbf”数据文件，用于存储一般用户方案中的表和索引数据。undotbs1 是回滚表空间，默认包括“undotbs01.dbf”数据文件，用于存储修改之前的旧数据。

随着数据库中新数据的不断增加，数据库的存储容量可能不够容纳新数据，这时可以通过以下三种方式增加数据库的容量：

- 为表空间创建新的数据文件。
- 为数据库创建新的表空间。
- 增大现有数据文件的容量。

可以使用 CREATE TABLESPACE 命令或 ALTER TABLESPACE 命令完成以上操作。也可以使用 OEM 工具查看、修改或创建表空间，具体操作是：打开 OEM 工具—> 点击“管理”选项卡—> 在“存储”选项组中点击“表空间”，如图 2-10 所示。

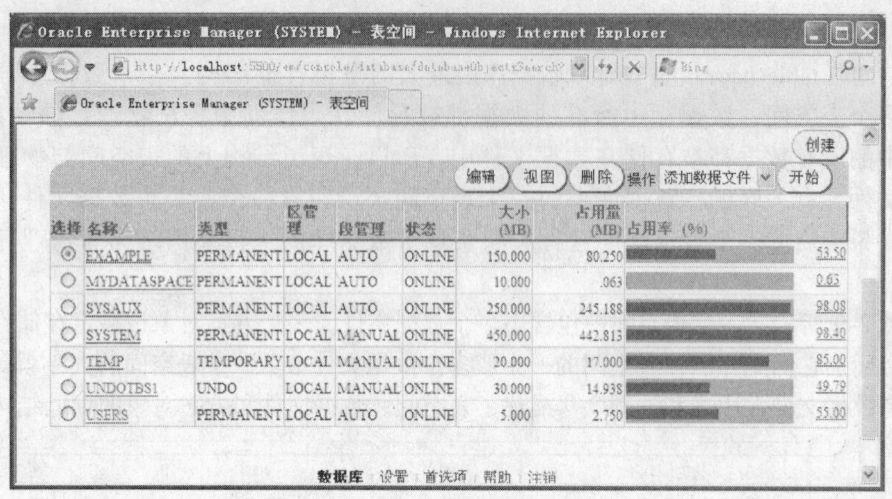

图2-10 管理表空间

2.2.2 段

一个表空间可以被划分为若干个段（segment），一个段又可以被划分为若干个盘区。段虽然不是存储空间的分配单位，但系统会为每一个被存储的方案对象分配一个段。Oracle为段分配磁盘空间时以盘区为单位，当段内已有的盘区没有可用空间时，Oracle会为此段分配一个新的盘区。由于盘区是随需分配的，所以一个段内的盘区在磁盘上不一定是连续的。

一个段以及属于它的所有盘区必须被包含在同一个表空间中。但同一个段的不同盘区可以分布在多个数据文件上，如图2-8所示，即段可以跨文件存储。但是每个盘区的空间只能在同一个数据文件内。根据段中存储的数据特征，段可以分为以下几种类型：

- 数据段：用于存储表中的数据。当用户创建表的时候，系统会在指定的或默认的表空间中为该表创建一个数据段，并指定盘区的初始大小。一个表空间中包含了多少个表就会有多少个数据段，而且数据段的名字与表名相同。
- 索引段：用于存储在表中创建的索引数据。非分区索引（nonpartitioned index）使用一个索引段（index segment）来存储数据。而对于分区索引（partitioned index），每个分区使用一个索引段来容纳其数据。执行CREATE INDEX命令时，系统将为索引或索引的分区创建索引段，并且可以指定索引段的存储参数。
- 临时段：当Oracle处理一个查询时，经常需要为SQL语句的解析与执行的中间结果创建临时段。例如，Oracle在进行排序操作时就需要使用临时段。
- 回滚段：回滚段用于存放数据修改之前的值（包括数据修改之前的位置和值），以备用户执行回滚操作时使用。回滚段的头部包含正在使用的该回滚段事务的信息。一个事务只能使用一个回滚段来存放它的回滚信息。
- LOB段：当数据库中需要存储CLOB或BLOB等大对象类型的数据时，系统将创建LOB段，该段独立于表中的其他数据段。

2.2.3 盘区

盘区（extent）是逻辑存储结构中的一个重要概念，因为它是Oracle最小的磁盘空间分配单元。一个或多个数据块组成一个盘区，一个或多个盘区组成一个段。当一个段没有可利用的空间时，系统会以盘区为单位为段分配新的磁盘空间。

当用户创建新表时，Oracle 会为此表的数据段分配一个包含若干数据块的初始盘区。虽然此时数据表中还没有数据，但是在初始盘区中的数据块已经为插入新数据做好了准备。可以在创建表的命令（CREATE TABLE）中的 storage 子句中设定存储参数，决定创建表时为其数据段分配多少初始空间、最多包含多少盘区、盘区的增长量等。如果用户没有为表设定这些存储参数，那么在创建表时将使用所在表空间的默认存储参数。

Oracle 在创建新的盘区时，根据所在表空间的管理方式（本地管理或数据字典管理，建议采用本地管理方式）选择磁盘空间的分配算法。当采用本地磁盘管理时，Oracle 首先为该新盘区选择一个属于此表空间的数据文件，再根据此数据文件的位图（bitmap）来查找空闲的数据块，若该数据文件中没有足够的连续可用空间，那么 Oracle 将在其他的数据文件中查找并创建新盘区。也就是说，一个段的不同盘区可能会分布在不同的数据文件中。当用户将一个段中存储的方案对象彻底删除时，该段中的盘区也将被回收，同时 Oracle 修改该盘区占用的数据文件的位图，将这些回收的盘区标记为可用状态。

2.2.4 数据块

数据块是 Oracle 最小的逻辑存储单元，是最基本的数据存取单位。Oracle 从数据文件中存取数据时以数据块为单位进行输入输出操作。一个数据块包括数据库中多个字节的物理空间，其默认大小由该数据库的参数文件中的 db_block_size 值指定，可以是 2KB、4KB、8KB、16KB 或者 32KB。在 Oracle 9i 以前的版本中，所有表空间的数据块大小都是相同的，都是 db_block_size 指定的值。但是在 Oracle 9i/Oracle 10g 以后的版本中，创建表空间时可以使用 db_block_size 参数单独指定该表空间的数据块大小。

值得注意的是，数据在操作系统级别被访问的最小物理存储单位是字节（byte）。每种操作系统都有一个被称为块的参数，但它与数据库中的数据块不同。Oracle 每次获取数据时，总是以数据块的整数倍访问数据，而不是按照操作系统块的容量访问数据。一般情况下，数据库中数据块的大小设为操作系统块大小的整数倍。

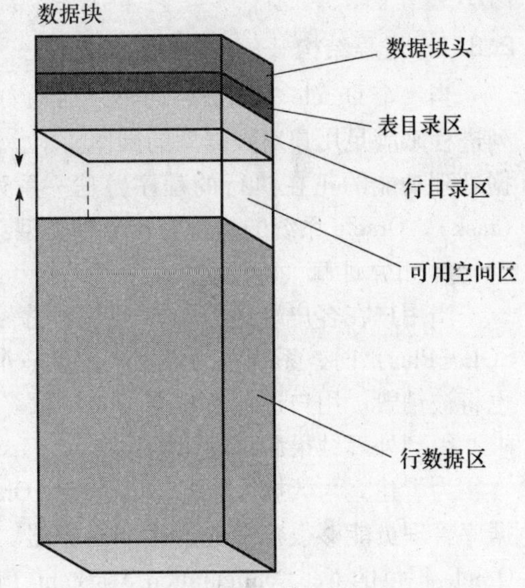

图 2-11　数据块结构

数据块中可以存储表（table）、索引（index）或簇表（clustered data），但其内部结构都是类似的，如图 2-11 所示，主要包括以下部分：

- 数据块头：记录了此数据块的概要信息，如数据块的物理地址、所属段的类型等。
- 表目录区：记录了该数据块中存储的表的相关信息。
- 行目录区：记录了该数据块中存储的数据行的概要信息，如数据行的地址，或数据行片段的地址（因为一个数据块中可能保存一个完整的数据行，也可能保存数据行的一部分）。
- 可用空间区：没有存储数据的空闲空间。
- 行数据区：记录了表或索引的实际数据。一个数据行可以跨多个数据块。

2.3 数据库实例结构

一个完整的Oracle数据库包括两个部分：数据库和数据库实例。数据库是存储数据的多个物理文件的集合，如前面讲的数据文件、重做日志文件、控制文件等，它是静态的、永久的。数据库实例是用户访问数据库的中间层，是使用数据库的手段，它为用户访问数据库提供了必要的内存空间和多个Oracle进程，它是动态的、临时的。一个Oracle实例由内存空间和Oracle进程两部分组成。但是这些内存空间和Oracle进程必须在数据库实例启动后才能被分配和运行。一旦用户关闭了数据库实例，系统将回收内存，终止进程的运行。

对于数据库的应用来说，数据库和数据库实例是相辅相成、缺一不可的。如果只有数据库的物理文件，只能说明有数据被存储在数据库中，但是用户无法直接访问。如果只有数据库实例，说明为数据库的使用做好了准备、可以访问数据库，但不知道要操作的数据在哪里。因此，用户要访问数据库中的数据必须首先启动一个与该数据库对应的实例，然后由该实例加载（mount）和打开（open）数据库的物理文件。这样构成数据库实例的内存区和Oracle进程才能负责对数据库中的数据进行管理和使用。一台计算机上可以同时运行多个数据库实例，每个实例都有一个与之相关的数据库共同工作。Oracle实例的结构如图2-12所示。

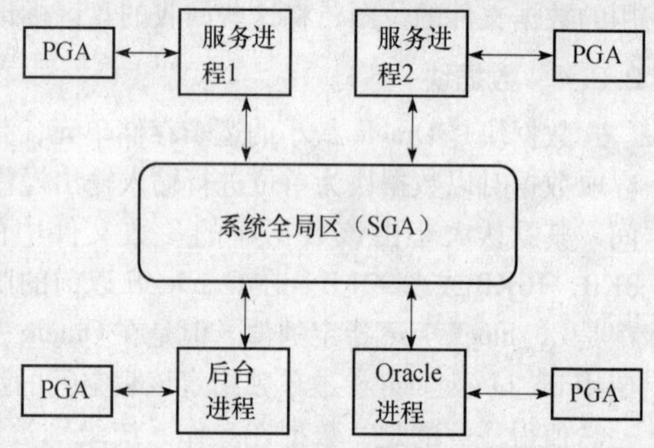

图2-12 Oracle实例结构

2.3.1 进程结构

当一个Oracle实例被启动时（启动实例的方法参见1.6节），系统将为该实例启动一系列进程来满足用户对数据库的操作要求。进程是操作系统的基本执行单元，它是具有独立数据处理功能的正在执行的程序，是一系列操作的集合，有时也被称为作业（job）或任务（task）。Oracle系统的进程包括三种类型：用户进程、服务进程和后台进程。

1. 用户进程（user process）

当用户在客户端运行一个应用程序（例如Pro * C程序）或Oracle工具（如OEM或SQL * Plus）时，系统将为该用户创建一个用户进程。一旦上述程序运行结束时，用户进程也将被销毁。用户进程负责与Oracle服务器建立连接和会话，并向服务器发出数据处理请求，得到处理结果后再输出给用户。

为了建立与数据库服务器的连接，Oracle提供了一组网络服务，使数据库操作人员和数据库管理员能够很容易地连接到服务器。对这些网络服务的配置比较方便，用户可以使用Oracle提供的Net Configuration Assistant（网络配置助手）或Net Manager（网络管理器）进行配置，对于熟练的用户还可以直接编辑各个网络配置文件，如listener.ora文件和tnsnames.ora文件。

当用户进程与数据库服务器建立了连接后，Oracle将为该用户建立一个会话。例如，当用户启动SQL * Plus时必须提供有效的用户名和密码，之后Oracle为此用户建立一个会话。从用户开始连接到用户断开连接（或退出数据库应用程序）之前，会话将一直持续。Oracle

允许为一个用户同时创建多个会话，例如system用户可以多次连接到同一个Oracle实例。

2. 服务进程（server process）

当用户进程提交了数据处理请求后，Oracle服务器为了响应这种请求，将为该用户进程创建一个服务进程或分配一个空闲的服务进程。服务进程负责在用户进程和Oracle实例之间调度请求和响应，主要完成以下工作：解析与运行应用程序提交的SQL语句；数据处理时用到的数据如果不在系统全局区（SGA），负责将所需的数据块从磁盘上的数据文件读入SGA的数据缓存区；以用户进程能理解的形式返回SQL语句的执行结果。

用户进程和服务进程之间的对应关系是由Oracle数据库的工作模式决定的。数据库通常有两种工作模式：专用服务器模式和共享服务器模式。

（1）专用服务器模式

专用服务器模式是用户创建Oracle数据库时的默认方式，也是多数数据库管理员运行数据库的方式，它为用户进程和服务进程之间提供了一对一的映射关系。在专用服务器模式中，系统会为每个要与数据库进行连接的用户进程创建它自己的专用服务进程，当用户进程断开连接时，属于它的服务进程被销毁。专用服务器的工作过程如图2-13所示。

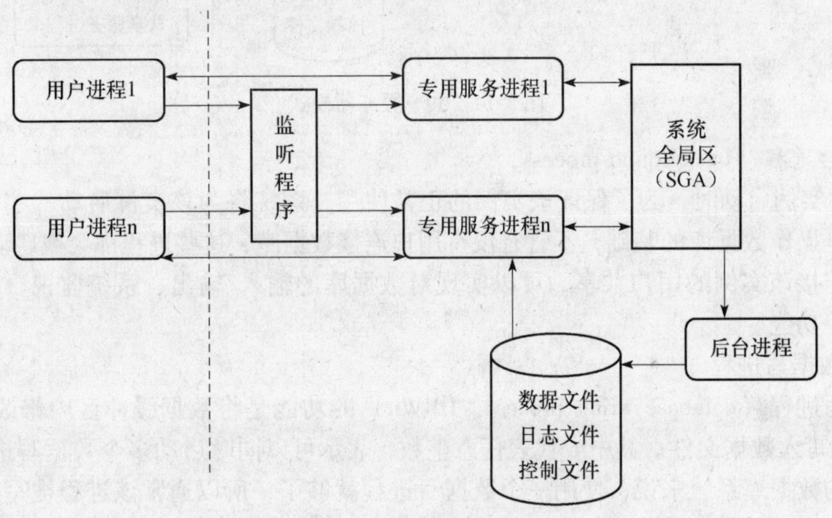

图2-13　专用服务器模式

从图2-13中可以看出专用服务器的工作过程是：当用户进程向数据库服务器提交处理请求时，先由服务器的监听程序接收请求并检查用户进程提供的连接账号是否合法。如果合法，系统将建立一个专用服务进程为该用户进程提供服务。专用服务进程与该用户进程建立连接后，获取要进行处理的命令和数据。服务进程首先去系统全局区中查找需要的数据，如果没有再去数据文件中将数据读取到系统全局区并进行处理，最后将处理的结果返回给用户进程。

（2）共享服务器模式

共享服务器模式是指当数据库启动时首先创建几个共享服务进程，这些服务进程可以为多个用户进程提供服务，它们之间是一对多的关系。当用户进程向服务器发出请求后，首先由服务器中的监听程序接收请求并检查连接的合法性。如果连接合法，监听程序再将请求传递给一个被称为调度进程的后台进程。该调度进程为用户进程选择服务进程，若没有空闲的服务进程可用，则该请求放入 SGA 的一个先进先出的请求队列中。当有空闲的服务进程时，该服务进程从请求队列中取出一个“请求”进行处理，并将处理后的结果放入 SGA 的一个响应队列中（一个调度进程对应一个响应队列）。最后，调度进程从自己的响应队列中取出处理结果返回给用户进程。共享服务器的工作过程如图 2-14 所示。

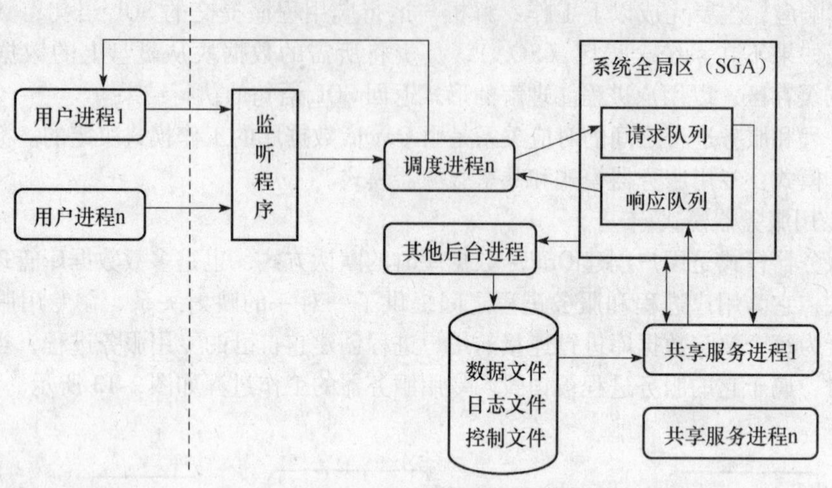

图 2-14　共享服务器模式

3. 后台进程（background process）

Oracle 实例启动时，为了保证该实例的正常使用，系统将为该实例启动一些后台进程。这些进程是操作数据库的基础，不管有没有用户连接数据库，这些进程都会被启动。后台进程为所有连接该实例的用户共享，可以实现对数据库的输入/输出、系统监视、日志归档、进程监控等功能。

（1）数据写进程

数据写进程（database writer process，DBWn）的功能是将数据缓冲区内修改过的数据（脏数据）写入数据文件。其中 n 代表任意整数，表示可以同时启动多个数据写进程，但对于大多数的数据库系统来说，使用一个数据写进程就够了，所以通常该进程被写作 DBWR。如果对数据库中的数据修改比较频繁或者是在多处理器系统中，DBA 可以考虑配置多个数据写进程（DBW1 到 DBW9 与 DBWa 到 DBWj）来提高数据写入的性能。

DBWn 进程通常在以下几种情况下被触发：当一个服务进程将一缓冲区移入“弄脏”列表，该弄脏列表达到临界长度时，该服务进程将通知 DBWn 进程；当一个服务进程在 LRU 列表中查找可用缓冲区时，没有找到合适空间大小的未用缓冲区，该服务进程将通知 DBWn 进程；出现超时（每次 3 秒），DBWn 将通知自身；出现检查点时，LGWR 进程指定某一个已修改的缓冲区表必须写入磁盘。

（2）日志写进程

日志写进程（log writer process，LGWR）负责将重做日志缓冲区内的日志信息写入磁盘上的重做日志文件中。LGWR 进程将上次写入之后进入缓冲区的所有重做条目写入磁盘中。重做日志缓冲区是一个循环使用的缓冲区，当 LGWR 进程将重做条目写入重做日志文件后，服务进程就可以用新产生的重做条目覆盖原有的日志条目。

LGWR 进程通常在以下几种情况下被触发：当用户进程提交一事务时被触发；每 3 秒触

发一次；当重做日志缓冲区的使用容量超过总容量的1/3；在DBWn写进程向磁盘写入脏缓冲区之前，所有与被修改数据相关的重做记录必须先被写入磁盘，即DBWn进程通知LGWR进程先写入。

(3) 检查点进程

检查点进程（CKPT）在一个检查点事件发生后被激活。它负责更新所有控制文件和数据文件的文件头来记录检查点事件的详细信息。检查点的处理过程是：获取当前数据库实例的状态，确保检查点执行期间数据库处于打开状态；获取当前检查点信息，如当前检查点时间、活动线程、日志文件中恢复截止点的地址信息等；标识所有脏缓冲区，当检查点找到一个脏缓冲区就将其标识为需进行刷新，并通知DBWn进程写入数据文件；将检查点信息写入控制文件和数据文件的头部。

(4) 系统监控进程

系统监控进程（system monitor process，SMON）负责在数据库实例启动时进行数据库的恢复操作。如果上次关闭数据库是非正常关闭的，则在下次启动时需要SMON进程根据重做日志的内容恢复数据库。此外，SMON还负责清除系统中不再使用的临时段，以及为表空间合并相邻的可用盘区。在实例恢复过程中，如果由于文件读取错误或所需文件处于脱机状态而导致某些异常终止的事务未被恢复，SMON将继续在表空间或文件联机后再次恢复这些事务。SMON进程将被定期启动或由其他进程根据需要来调用。

(5) 进程监控进程

进程监控进程（process monitor，PMON）负责监视用户进程，当发现某个用户进程失败后，负责释放该用户进程占用的资源。操作过程中，用户可能在没有退出数据库时就直接关闭了某个客户端程序，或者由于网络突然中断造成一个数据库连接异常终止。此时，PMON进程清除中断或失败的用户进程，包括清除该进程留下的孤儿进程，回退未提交的事务，重置活动事务表，释放会话所占用的锁、SGA区、PGA区等资源，并从活动进程列表中删除出错进程的ID。除此之外，PMON进程还会周期性地对调度进程和服务进程进行状态检查与恢复。与SMON相似，PMON也是被定期启动或由其他进程根据需要调用。

(6) 归档进程

归档进程（archiver process，ARCn）在发生日志切换时将重做日志文件中的日志条目复制到指定的归档日志设备中。日志切换是指当前在线日志组被切换到另一个在线日志组的过程。当前在线日志被写满，或者达到某些条件，或者人为切换日志时，都会发生日志切换，实现日志文件的循环使用。只有当数据库运行在归档日志模式下，且自动归档功能被开启时，系统才会启动归档进程。一个Oracle实例最多可以运行10个ARCn进程（ARC0到ARC9)。如果当前所有的归档进程还不能满足工作负载的需要，LGWR进程将启动新的ARCn进程，并记录警告日志信息。

(7) 恢复进程

恢复进程（recoverer process，RECO）是在分布式数据库系统中自动解决分布式事务错误的后台进程。只有数据库实例允许分布式事务时才会启动该进程。分布式数据库系统中包含多个数据库实例，这些实例协同工作，能够修改任何一个数据库中的数据，对于用户来说就像一个实例一样。RECO进程负责检查分布式网络中出现故障的事务，并在多次尝试连接到与故障事务相关的数据库后，负责对该事务进行处理，并从相关数据库的活动事务表中移除和此事务有关的数据。

（8）调度进程

调度进程（dispatcher process，Dnnn）是数据库运行在共享服务器模式下时需要的一个后台进程，如图2-14所示。在共享服务器模式中，有限的几个服务进程将为所有连接到数据库的用户进程提供服务，这时需要调度进程在服务进程和用户进程之间进行协调。

2.3.2 内存结构

数据库实例被启动后，系统将分配若干个内存区域来存储运行时需要的各种信息，如程序代码、连接的会话信息、进程间共享的通信信息、常用数据和日志的缓存等。Oracle中的基本内存结构包括：系统全局区（System Global Area，SGA）和程序全局区（Program Global Area，PGA）。其中SGA中存储的信息被所有服务进程和后台进程共享，而PGA中的信息是每个服务进程和后台进程私有的，只能被该进程自己访问。

1. 系统全局区

SGA是所有Oracle进程都能访问的一组内存区域的集合，包含了Oracle服务器的数据和控制信息。当多个用户并发地连接到同一个数据库实例后，这些用户将共享该实例SGA中的数据。因此SGA也被称为共享全局区（shared global area）。每个实例都有自己的SGA。当用户启动数据库实例时Oracle分配SGA内存空间，当用户关闭数据库实例时操作系统回收这些内存空间。SGA中主要包括以下内存结构。

（1）数据缓存区（data buffer cache）

该内存区域存储了数据库中最近使用过的数据，包括从数据文件中读出的数据和写入数据文件的新数据。当Oracle的用户进程查询某块数据时，先在数据缓存区内进行搜索。如果在数据缓存区内找到了所需的数据，就可以直接从内存中访问数据；如果找不到，则需要从磁盘中的数据文件里将相应的数据块复制到数据缓存区中再进行访问。

数据缓存区中内存空间的管理和分配是通过待写列表（write list）和最近最少使用列表（Least Recently Used list，LRU）完成的。待写列表中记录的是脏缓冲区，其中的数据已被修改但未写入磁盘。LRU列表中记录的是可用缓冲区、锁定缓冲区和还没被移入待写列表的脏缓冲区。可用缓冲区内的数据无须继续保留，可用于存储新数据；锁定缓冲区内保存的是正在被访问的数据，该区域不能被重写。系统在查找可用数据缓存区时，将从LRU列表中的LRU端开始搜索。

（2）重做日志缓冲区（redo log buffer）

记录了用户对数据库执行的操作，如INSERT、UPDATE、CREATE、ALTER等，是SGA中被循环使用的区域。这些信息以重做条目的形式进行存储，在重做日志缓冲区内占用连续的内存空间。后台进程LGWR负责将该区域的信息写入磁盘的当前重做日志文件中。

（3）共享池（shared pool）

SGA的共享池内包含了库缓存区（library cache）、数据字典缓存区（dictionary cache）、并行执行消息缓冲区（buffers for parallel execution messages），以及用于系统控制的各种内存结构。其中，库缓存区中存储了经常使用的SQL语句的解析树和该语句的执行计划。当一个新的SQL语句被解析后，Oracle会从共享池中分配一块内存空间保存它的解析结果，以后再执行该语句时可以直接运行。数据字典缓存区用于存储经常被访问的各种数据库对象的解释，如数据文件、表、视图、索引、用户等。由于该缓存区中的数据是以数据行形式存储的，所以也被称为行缓存。

(4) Java 池 (Java pool)

SGA 中的 Java 池用来存储会话中执行的 Java 代码和 JVM 内的数据，如果不用 Java 程序就不需要分配该内存空间。系统中的 Java 池顾问用来收集库缓存区中与 Java 相关的内存使用情况，并预测 Java 池容量改变对解析性能的影响。

(5) 大型池 (large pool)

数据库管理员可以配置一个称为大型池的可选内存区域，供一次性分配大量内存空间时使用。如，共享服务器使用的会话内存、I/O 服务进程、Oracle 备份与恢复操作等都需要数百 KB 的内存空间。与共享池相比，使用大型池更能满足此类操作的要求。

2. 程序全局区

PGA 是供各服务进程存储自己的数据及控制信息的内存区域，与 SGA 相比，PGA 是私有的。当服务进程启动时，Oracle 将创建属于该进程的 PGA 区域，并由 Oracle 代码实现对它的读写操作。PGA 中主要包括以下内存结构。

(1) 私有 SQL 区

该区域中包含了 SQL 语句的绑定信息及运行时的内存结构等数据。每个被提交的 SQL 语句会话都有一个私有 SQL 区，即使几个会话提交了相同的 SQL 语句，系统也会为它们单独分配私有 SQL 区。但是对于 SGA 来说，它们却共享同一个 SQL 区。

(2) 游标及 SQL 区

Oracle 预编译程序或者 OCI 程序的应用开发人员可以显式地打开具体的私有 SQL 区域的游标或句柄，在程序执行期间使用它们。Oracle 隐式执行的一些 SQL 语句的递归游标使用共享 SQL 区域。游标关闭或者语句句柄被释放后这些 SQL 区域才被释放。

(3) 会话内存

该内存用于存储连接数据库用户的当前会话信息，如会话所具有的权限、角色、性能统计信息以及其他与会话有关的信息。该内存空间的分配与服务器运行的模式有关。当服务器运行在共享模式中，会话内存空间是共享的，在 SGA 中的大型池中分配；当运行在专用服务器模式中，会话内存空间是私有的，在 PGA 中分配。

2.4 Oracle 网络配置

Oracle 客户端对远程数据库服务器进行网络连接时，在客户端需要指定验证方式、连接字符串的解析方式、连接字符串的定义等；在服务器端需要配置监听程序，确保能够接收客户端的连接请求。完成以上网络连接主要使用三个文件：listener.ora、tnsnames.ora 和 sqlnet.ora，它们都是放在 $ORACLE_HOME\network\admin 目录下。其中 listener.ora 为数据库服务器工作，在服务器端配置；而 tnsnames.ora 和 sqlnet.ora 包含了客户端的网络连接请求，在客户端配置。

2.4.1 客户端配置

1. sqlnet.ora 文件

该文件用于指定数据库连接账号的验证方式以及连接字符串的解析方式，也就是说通过该文件决定怎样查找一个连接中出现的连接字符串的定义。该文件中的主要内容包括以下语句：

（1）SQLNET.AUTHENTICATION_SERVICES =（NONE，NTS）

该语句表明用户连接 Oracle 服务器时使用哪种验证方式：NONE 表示 Oracle 数据库身份验证，NTS 表示操作系统身份验证，两种方式可以并用。如果采用操作系统验证方式，连接语句可以写作：SQLPLUS/as sysdba，命令中省略了连接账号。

（2）NAMES.DIRECTORY_PATH =（TNSNAMES，HOSTNAME，ONAMES，EZCONNECT）

其中各参数意义如下：

- TNSNAMES：表示利用 tnsnames.ora 文件来解析命令中的连接字符串。
- HOSTNAME：表示使用 host 文件、DNS、NIS 等来解析连接字符串。
- ONAMES：表示 Oracle 使用自己的名称服务器（Oracle Name Server）来解析连接字符串。
- EZCONNECT：表示 Oracle 的简单连接命名方法，不需要事先在 tnsnames.ora 文件中或目录系统中定义主机连接字符串，而是直接在命令中指定要连接的主机名、端口号、数据库实例等信息。

例如：命令 SQLPLUS sys/abcdef@ orcl 中的 orcl 在 TNSNAMES 解析方式下被认为是 tnsnames.ora 文件中定义的连接字符串；在 HOSTNAME 解析方式下被认为是一个主机名；在 ONAMES 解析方式下被认为是 Oracle 名称服务器已定义的服务器名称（Oracle 不建议采用该方式）。

又如：命令 SQLPLUS system/abcdef@ localhost：1521/orcl 中的“@ localhost：1521/orcl”部分就没有使用事先定义好的连接字符串而是直接指定连接服务器，这就采用了 EZCONNECT 解析方式。

2. tnsnames.ora 文件

该文件是 Oracle 客户端配置的另一个重要文件，用来定义客户端连接远程服务器时的主机字符串。只有 sqlnet.ora 文件中定义 NAMES.DIRECTORY _ PATH =（TNSNAMES）时，tnsnames.ora 才起作用。该文件中一般会有一个或多个这样的条目，用来描述可以连接的远程数据库服务，如图 2-15 所示。

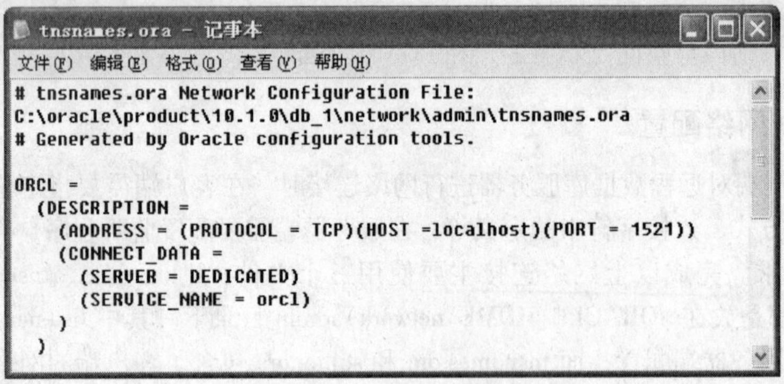

```
tnsnames.ora - 记事本
文件(F) 编辑(E) 格式(O) 查看(V) 帮助(H)
# tnsnames.ora Network Configuration File:
C:\oracle\product\10.1.0\db_1\network\admin\tnsnames.ora
# Generated by Oracle configuration tools.

ORCL =
  (DESCRIPTION =
    (ADDRESS = (PROTOCOL = TCP)(HOST =localhost)(PORT = 1521))
    (CONNECT_DATA =
      (SERVER = DEDICATED)
      (SERVICE_NAME = orcl)
    )
  )
```

图 2-15 主机连接字符串的定义

其中的主要内容如下：

- ORCL：表示要连接的远程主机字符串的名称，将用在 SQLPLUS 或 CONNECT 命令中的“@”符号后边；或者用在 SQL＊Plus 工具的图形化登录界面的“主机字符串（H）：”中。
- ADDRESS：表示要连接的主机名称或 IP 地址、连接协议、要访问的端口号。

- SERVER：表示服务进程的模式是专用服务进程还是共享服务进程，“DEDICATED”表示专用服务进程，“SHARED”表示共享服务进程。
- SERVICE_NAME：表示要连接的远程服务器的数据库服务名。

2.4.2 服务器端配置

listener.ora 文件作用于 Oracle 数据库服务器端，是 Oracle 监听服务的配置文件。当客户端向服务器提交连接请求时，由监听服务接收并对连接账号进行有效性验证，验证通过后将用户进程转交给服务进程处理。若该文件被破坏，将影响监听服务的正常使用，如图 2-16 所示。

```
listener.ora - 记事本
文件(F) 编辑(E) 格式(O) 查看(V) 帮助(H)

LISTENER =
  (DESCRIPTION_LIST =
    (DESCRIPTION =
      (ADDRESS_LIST =
        (ADDRESS = (PROTOCOL = TCP)(HOST = PC2009112716KQI)(PORT = 1521))
      )
      (ADDRESS_LIST =
        (ADDRESS = (PROTOCOL = IPC)(KEY = EXTPROC))
      )
    )
```

图 2-16 监听器的定义

该文件中主要定义了监听器的名字、网络协议、服务器主机名或 IP 地址、数据库的端口号等信息。

2.5 实验

【实验目的】

1. 了解数据库的物理存储结构和逻辑存储结构。
2. 了解数据库的进程结构和内存结构。
3. 了解客户端和服务端配置文件的内容，并能够根据实际需要修改配置文件。

【实验内容】

1. 分别使用 SQL 命令和 OEM 图形化工具查看本地数据库的物理文件，并使用 OEM 工具在现有的 users 表空间中添加 user02.dbf 数据文件。
2. 使用 OEM 图形化工具查看本地数据库的表空间，并尝试创建一个新的表空间及其数据文件。
3. 修改 tnsnames.ora 文件中的 HOST 的值，使当前定义的主机字符串能够连接到其他机器的数据库，并使用 SQL * Plus 工具进行连接。
4. 仿照 tnsnames.ora 文件中定义的主机字符串，自己定义一个新的主机字符串，并使用 SQL * Plus 工具进行连接。

2.6 习题

一、填空题

1. Oracle 数据库的物理存储结构主要包括 4 类文件，分别是（　　）文件、（　　）文件、（　　）文件和（　　）文件。其中（　　）文件是存储用户数据的地方，（　　）文件存储了数据库的结构，(　　)文件在启动数据库时第一个被访问。

2. 数据库的逻辑存储结构从大到小包括(　　)、(　　)、(　　)、(　　)。其中(　　)是磁盘空间的最小分配单元，(　　)是数据存取的最小单元。
3. 一个表空间物理上对应一个或多个(　　)文件。表空间中的某个(　　)可以被包含在两个数据文件中，但是它里边的每个(　　)只能属于一个数据文件。
4. Oracle 的进程结构包括(　　)、(　　)、(　　)。当在客户端运行一个程序或 Oracle 工具时，系统将为用户运行的应用程序建立一个(　　)进程，在服务器端(　　)进程将为它服务。
5. 在 SGA 中(　　)缓冲区是存储用户最新使用过的数据，(　　)缓冲区是循环使用。
6. DBWR 进程负责将(　　)数据写入(　　)中。
7. LGWR 进程负责将(　　)信息写入(　　)中。
8. ARCn 进程负责将(　　)信息写入(　　)中，只有数据库工作在(　　)日志模式下该进程才起作用。
9. 数据库服务的工作模式分为：专用服务器模式和(　　)两种，在(　　)模式中用户进程和服务进程是一对一的，在(　　)模式中用户进程和服务进程是一对多的，Dnnn 进程在(　　)模式中起作用。

二、简答题

1. 简述数据库的物理存储结构，并说出每种物理文件的作用是什么？
2. 简述数据库的逻辑存储结构，并说出表空间和数据文件的关系是什么？
3. 简述数据库实例的定义和组成，并说明它与数据库之间的关系是什么？
4. 客户端和服务器端常用的配置文件是什么？它们的作用分别是什么？

第3章　用户、方案的创建与管理

在用户看来，数据库中的数据是以表、视图等方式存储的。另外，用户可以通过为表创建索引来提高查询执行的速度。而 Oracle 则是通过方案的概念来组织和维护表、视图、索引等数据库对象的。在本章，我们将初步接触用户和方案的概念，并同时介绍用户、方案的创建与管理。

本章要点

- 用户与方案的概念
- 创建用户的命令
- 管理用户的命令

3.1　用户、方案概述

在逻辑存储结构中，包含了只能存储几千字节数据的块，以及可以容纳整个数据库的表空间等多个级别的逻辑存储单元，但是这些逻辑存储单元都不是数据库用户能够直接进行操作的对象，它们只是数据库对象的逻辑存储基础。用户需要直接操作的是类似表、索引、视图这样的对象。在 Oracle 数据库中，表、索引等对象并不是随意保存在数据库中的，而是通过称做“方案”的数据库对象进行组织和管理的。

3.1.1　用户与方案的概念

1. 用户的概念

Oracle 用户，通俗地讲就是访问 Oracle 数据库的“人”。在 Oracle 中，可以利用各种数据库安全访问机制来控制数据库访问的安全性，这些手段包括用户、权限、角色、存储设置、空间限额、存取资源限制、数据库审计等。每个用户都有一个口令和相应的权限，使用正确的用户名、口令才能登录到数据库中进行数据的存取操作。

2. 方案的概念

方案是一系列逻辑数据结构或对象的集合。一个方案只能够被一个数据库用户拥有，并且方案的名称与这个用户的名称相同，当创建新用户时，系统自动创建该用户的方案。Oracle 数据库的每一个用户都拥有一个唯一的方案，该用户创建的方案对象默认被保存在自己的方案中。当然，如果该用户有足够的权限，他也可以指定自己建的方案对象保存到其他用户的方案中。

从数据库理论的角度讲，方案是数据库中存储数据的一个逻辑表示或描述，是一系列数据结构和数据对象的组织单元，它既可以是数据库的全局逻辑描述，也可以是数据库的局部逻辑描述。Oracle 中的方案是对数据库的局部逻辑描述。

有这样一种情况：数据库用户 A 和数据库用户 B 都想要在数据库中创建一个名为 TEMP 的表，Oracle 允许这种情况发生。因为用户 A 和 B 分别拥有自己的方案，数据库中的对象名只需要在同一个方案中唯一，不同方案中可以具有相同的数据库对象名。两个 TEMP 表需要使用点表示法来进行区分，它们完整的名称分别是 A.TEMP 和 B.TEMP，其中表名前面的 A 和 B 分别表示该表所在的方案名。如果数据库用户 B 要使用 A 创建的 TEMP 表，必须使用 A.TEMP。如果用户 B 要使用自己创建的 TEMP 表，则可以直接使用表名 TEMP 访问。换句话说，当一个用户访问某一个数据库对象时，如果在对象名前省略了方案名，那么系统将去该用户自己的方案下查找要访问的数据库对象。

从以上示例可以看出，方案中的对象是 Oracle 数据库所有对象的一个子集。根据用户的不同需求，可以将整个 Oracle 数据库按照不同方案划分成不同部分。方案对象是一种逻辑数据存储结构，与物理存储结构的数据文件并不存在一一对应关系。Oracle 将方案对象逻辑上存储在某个表空间中，但一个表空间可能包含多个数据文件，因此同一个方案对象在物理上可能被存储在同一个表空间的多个数据文件中。

3.1.2 方案对象与非方案对象

1. 方案对象

方案对象是指属于某个方案中的数据库对象。在 Oracle 中，方案对象的类型有表、索引、索引表、簇、触发器、PL/SQL 包、序列、同义词、视图、存储函数与存储过程、Java 类与其他 Java 资源（注意，当用户在数据库中创建一个方案对象后，这个方案对象默认属于该用户自己的方案）。用户可以在 OEM 工具的管理选项卡界面上看到方案对象和非方案对象的列表。

2. 非方案对象

Oracle 数据库中并不是所有的对象都是方案对象，还有一些数据库对象不属于任何方案，而属于整个数据库，这些对象被称为非方案对象。非方案对象的类型有表空间、用户、角色、回退段、概要文件等。

3.2 创建用户

3.2.1 使用 OEM 工具创建新用户

输入管理员账号进入 OEM 工具后，首先进入“管理”选项卡，如图 3-1 所示，然后再按照以下步骤创建新用户：

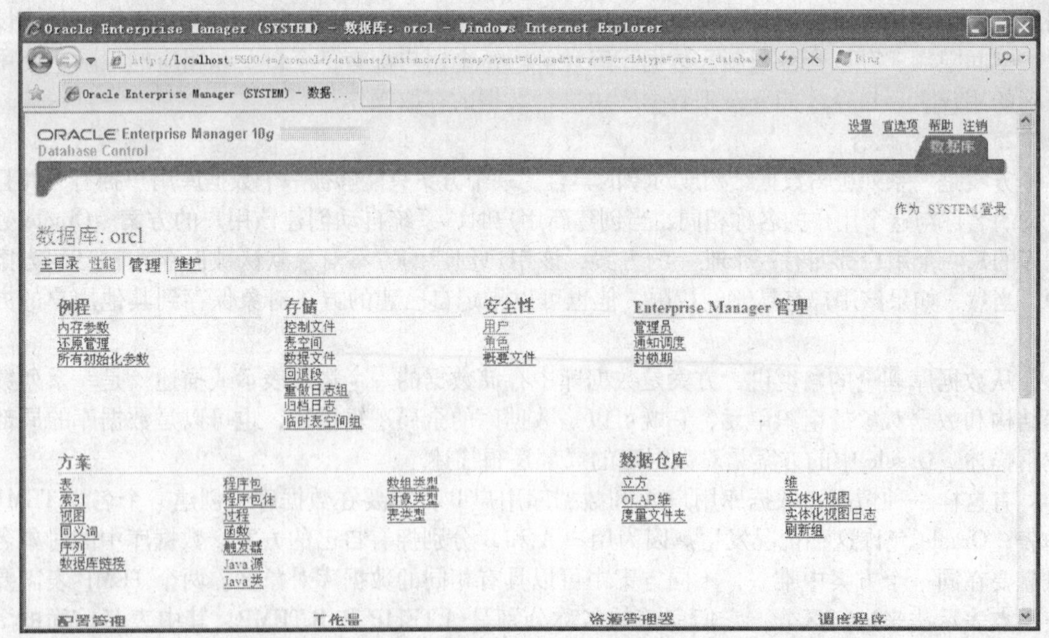

图 3-1 OEM 工具的管理界面

1）如图3-1所示，在管理页面中单击“安全性”下面的用户选项，进入图3-2所示的页面。

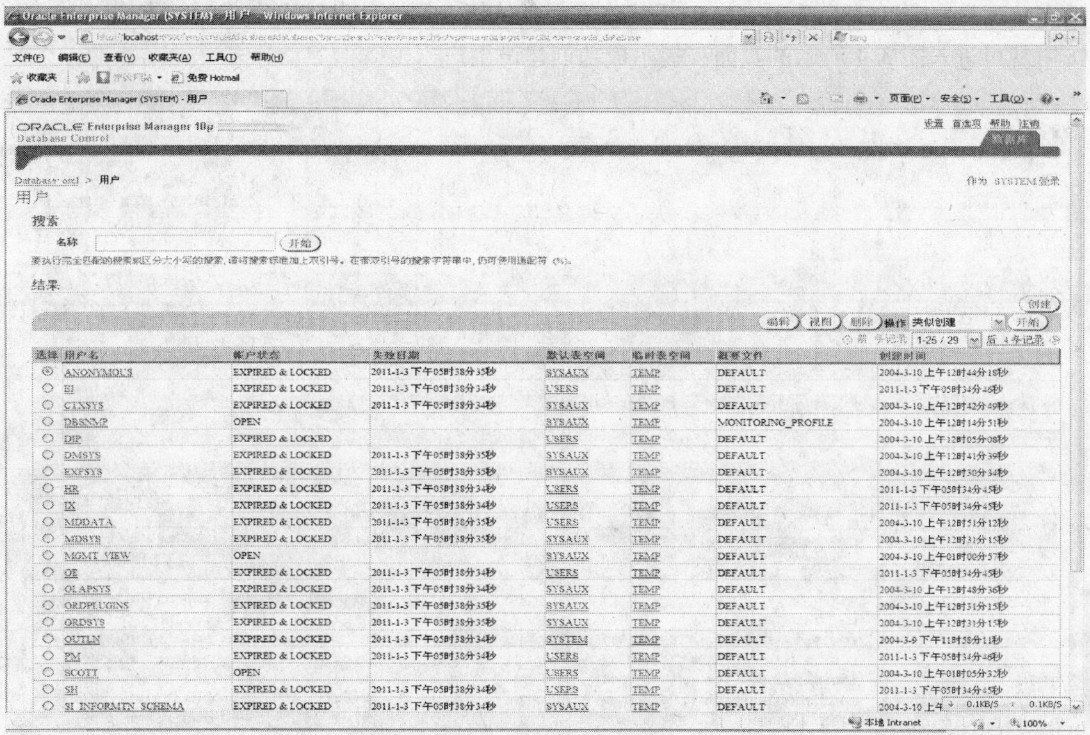

图3-2 用户管理界面

2）在图3-2所示页面中点击“创建”按钮，进入创建用户页面，如图3-3所示。

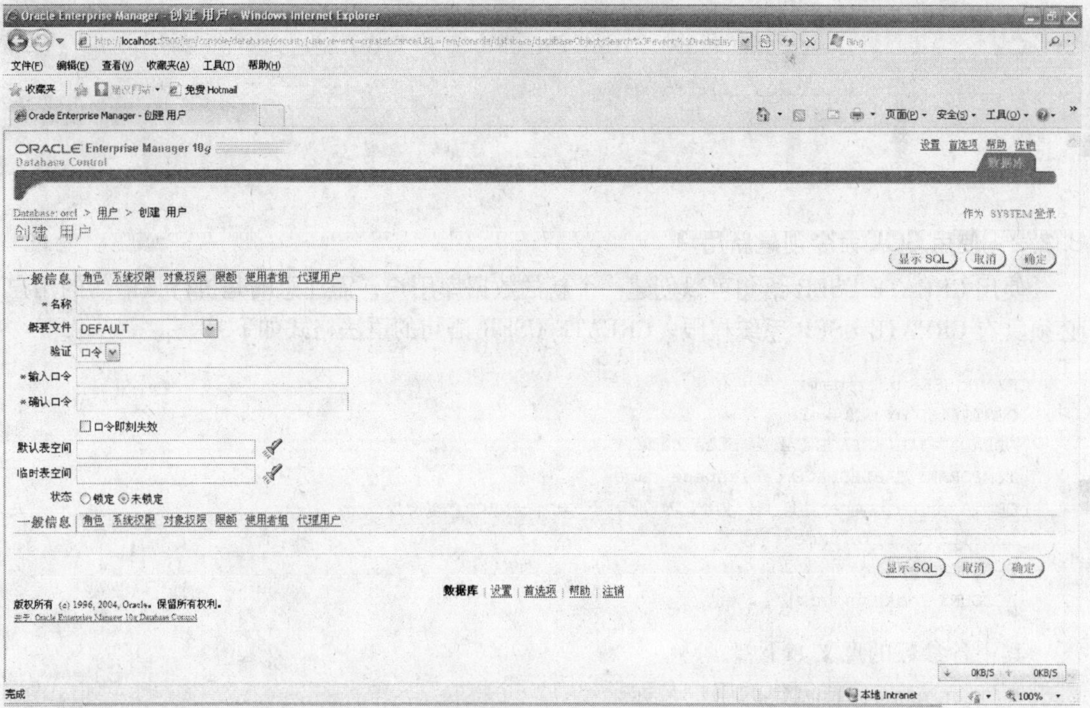

图3-3 创建用户界面

3）在图3-3所示页面中填入新建用户的相应信息。注意，带“＊”号的项是必填项；没有“＊”的项，可以省略，此时系统将添加默认值。用户信息输入完成后，点击“确定”按钮就可进入图3-4所示的页面，提示成功创建该用户。

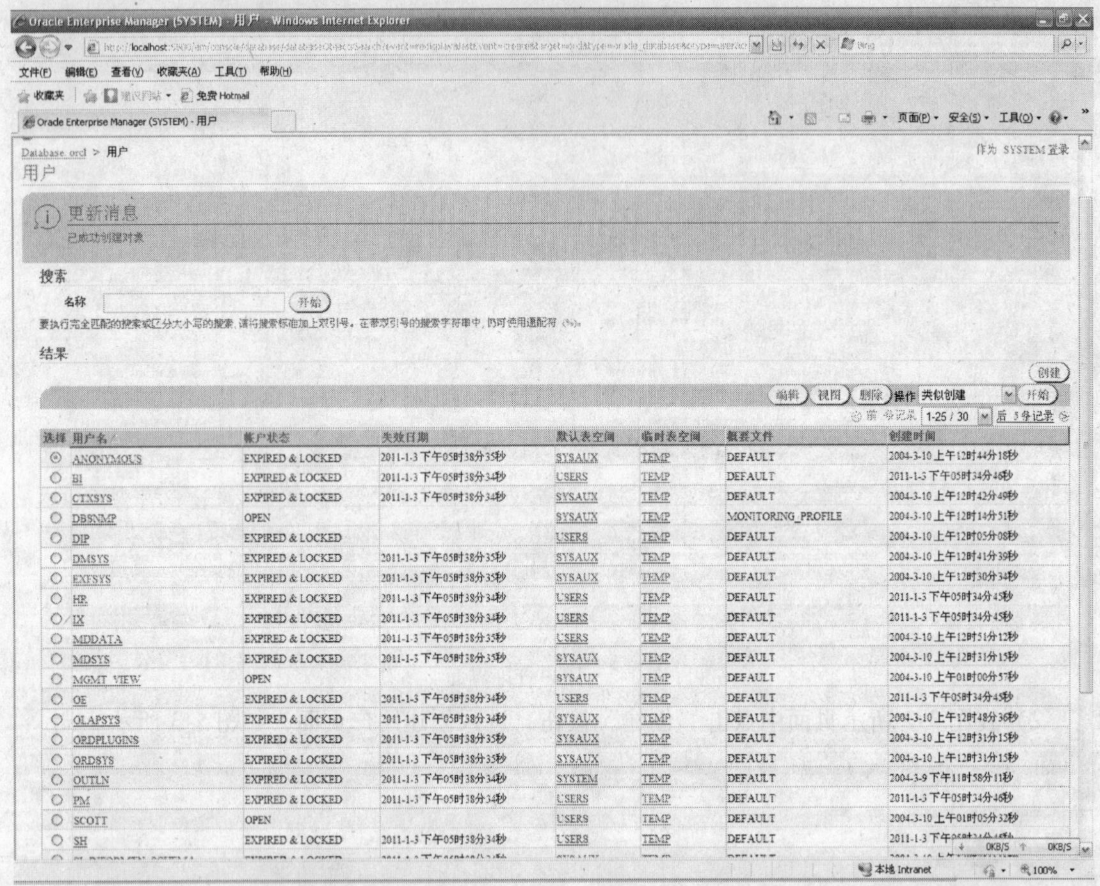

图3-4 用户管理界面

3.2.2 使用SQL命令创建新用户

使用CREATE USER语句可以创建一个新的数据库用户，需注意的是执行该语句的用户必须具有CREATE USER系统权限。CREATE USER语句的语法格式如下：

```
CREATE USER user_name
IDENTIFIED BY password
[DEFAULT TABLESPACE tablespace_name]
[TEMPORARY TABLESPACE tablespace_name]
[QUOTA quota_number [K | M] | UNLIMITED ON tablespace_name]
[PROFILE profile_name]
[PASSWORD expire]
[ACCOUNT lock | unlock]
```

其中各参数的意义如下：

- user_name：新创建的用户名称。
- password：为新用户指定的密码。

- DEFAULT TABLESPACE：为新用户指定默认表空间，用来存储该用户创建的方案对象。其中 tablespace_name 为指定的表空间名称。省略该参数时默认表空间为 system 表空间，这是应该尽量避免的，因为 system 表空间要用来存放系统数据。通常使用该选项将 users 表空间分配给普通用户使用。
- TEMPORARY TABLESPACE：为新用户指定临时表空间，存储操作过程中产生的临时数据，其中 tablespace_name 为指定的表空间名称。省略该参数时临时表空间为 temp 表空间。
- QUOTA：为新用户指定磁盘配额，表示该用户在指定的表空间中可以占用的最大磁盘空间。其中，quota_number 表示分配的空间大小，单位可以是 K 或者是 M；UNLIMITED表示该用户可以使用无限大的空间；ON tablespace_name 指定分配磁盘配额的表空间。省略该项时，用户在表空间上没有真正可使用的磁盘空间。
- PROFILE：指定新用户使用的配置文件，profile_name 表示配置文件的名称。省略该项时，将数据库的默认配置文件分配给新用户。
- PASSWORD expire：该选项表示新用户的密码已过期，登录后需要给出新密码。
- ACCOUNT lock | unlock：该选项表示用户的状态，其中 lock 表示用户为加锁状态，不能用于连接数据库；unlock 表示用户为解锁状态，允许连接数据库。省略该项时，用户为解锁状态。

例 3.1 创建新用户 zhangsan，密码为 abcdef。

```
CREATE USER zhangsan
IDENTIFIED BY abcdef;
```

例 3.2 创建新用户 lisi，密码为 abcdef，表空间为 users，并且在 users 表空间上可以使用 10MB 的磁盘空间。

```
CREATE USER lisi
IDENTIFIED BY abcdef
DEFAULT TABLESPACE users
QUOTA 10M ON users;
```

例 3.3 创建新用户 allen，密码为 abcdef，并且设置密码已过期，用户的状态为加锁。

```
CREATE USER allen
IDENTIFIED BY abcdef
PASSWORD expire
ACCOUNT lock;
```

以上是使用 SQL 语句创建新用户，读者可以打开 OEM 工具查看并验证新用户的相关信息。

3.2.3 使用新用户连接数据库

连接数据库是对数据库执行各种操作的前提和基础，只有用户能够连接到数据库，才能向数据库发送指令，执行对数据库的操作。但是，新创建的用户对数据库是没有任何操作权限的，即使是连接数据库也是不可行的。可以说新用户在数据库中是寸步难行，他想执行任何操作都必须事先获得相应的权限。如果希望新用户连接数据库，他必须获得和数据库建立会话的系统权限（CREATE SESSION 权限）或者是连接数据库的角色（CONNECT）。有关数据库的安全性和授予权限的内容将会在本书的第 13 章详细介绍，本节只涉及使新用户连接数据库的相关命令。

为新用户授予和数据库建立会话的系统权限：

```
GRANT CREATE SESSION TO user_name;
```

为新用户授权和数据库建立连接的角色：

```
GRANT CONNECT TO user_name;
```

执行以上任意一条命令后，该用户都可以连接到数据库。

例3.4 为新用户 zhangsan 授予和数据库建立会话的权限，并用 zhangsan 身份连接数据库。

```
--在授权之前,用 zhangsan 连接数据库的操作失败
CONNECT zhangsan/abcdef;
--以 system 身份连接数据库,并使用 GRANT 命令为新用户授权
CONNECT system/abcdef;
GRANT CREATE SESSION TO zhangsan;
--授权后,再用 zhangsan 身份连接数据库,操作成功
CONNECT zhangsan/abcdef;
```

例3.5 为新用户 lisi 授予 CONNECT 的角色。

```
GRANT CONNECT TO lisi;
CONNECT lisi/abcdef;
```

3.3 管理用户

3.3.1 使用 OEM 工具修改用户

用户创建后，可以使用 OEM 图形化工具对其进行修改。修改步骤如下：

1）如图 3-5 所示，在管理页面中选择“安全性”的用户选项，进入图 3-6 所示的页面。

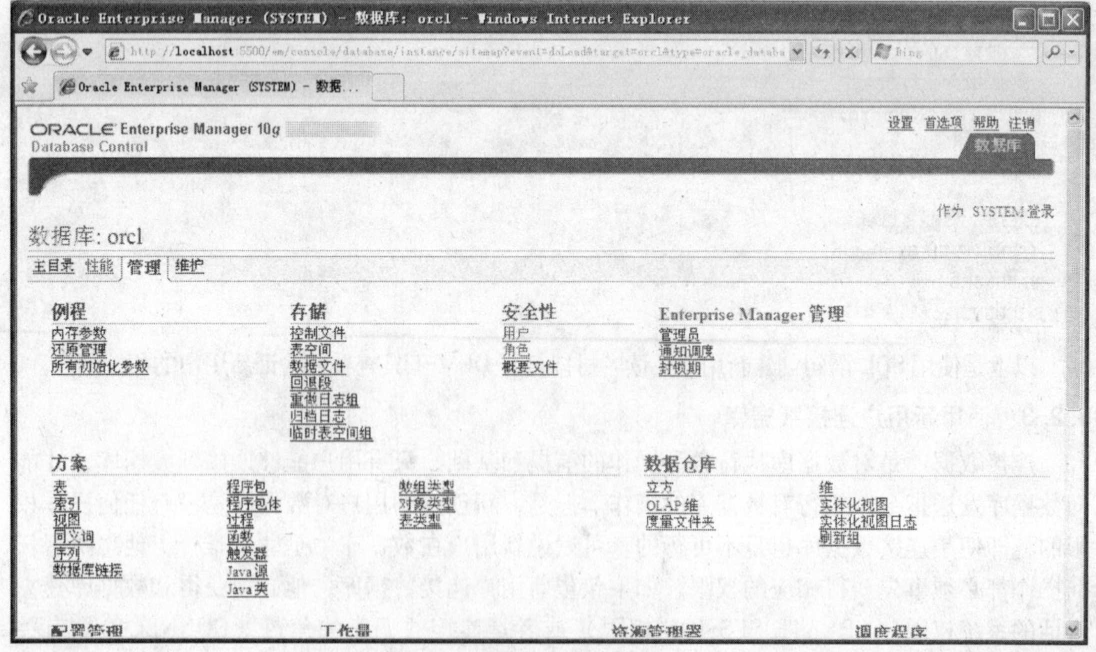

图3-5 数据库管理界面

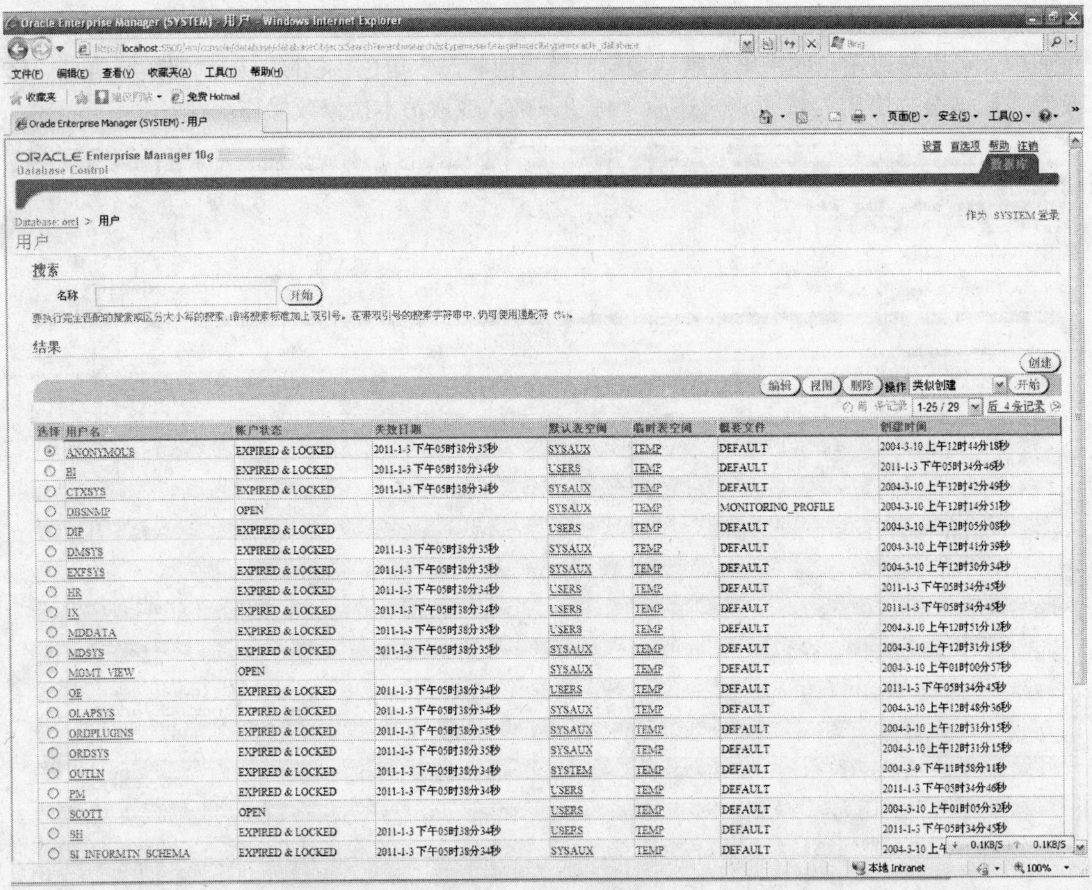

ORACLE Enterprise Manager 10g
Database Control

Database: orcl > 用户

作为 SYSTEM 登录

用户

搜索

名称 开始

要执行完全匹配的搜索或区分大小写的搜索，请将搜索标准加上双引号。在带双引号的搜索字符串中，仍可使用通配符（%）。

结果

创建

编辑 视图 删除 操作 类似创建 开始

1-25 / 29 后 4条记录

选择	用户名	帐户状态	失效日期	默认表空间	临时表空间	概要文件	创建时间
⊙	ANONYMOUS	EXPIRED & LOCKED	2011-1-3 下午05时38分35秒	SYSAUX	TEMP	DEFAULT	2004-3-10 上午12时44分18秒
○	BI	EXPIRED & LOCKED	2011-1-3 下午05时38分34秒	USERS	TEMP	DEFAULT	2011-1-3 下午05时34分46秒
○	CTXSYS	EXPIRED & LOCKED	2011-1-3 下午05时38分34秒	SYSAUX	TEMP	DEFAULT	2004-3-10 上午12时42分49秒
○	DBSNMP	OPEN		SYSAUX	TEMP	MONITORING_PROFILE	2004-3-10 上午12时14分51秒
○	DIP	EXPIRED & LOCKED		USERS	TEMP	DEFAULT	2004-3-10 上午12时05分08秒
○	DMSYS	EXPIRED & LOCKED	2011-1-3 下午05时38分35秒	SYSAUX	TEMP	DEFAULT	2004-3-10 上午12时41分39秒
○	EXFSYS	EXPIRED & LOCKED	2011-1-3 下午05时38分35秒	SYSAUX	TEMP	DEFAULT	2004-3-10 上午12时30分34秒
○	HR	EXPIRED & LOCKED	2011-1-3 下午05时38分34秒	USERS	TEMP	DEFAULT	2011-1-3 下午05时34分45秒
○	IX	EXPIRED & LOCKED	2011-1-3 下午05时38分34秒	USERS	TEMP	DEFAULT	2011-1-3 下午05时34分45秒
○	MDDATA	EXPIRED & LOCKED	2011-1-3 下午05时38分35秒	USERS	TEMP	DEFAULT	2004-3-10 上午12时51分12秒
○	MDSYS	EXPIRED & LOCKED	2011-1-3 下午05时38分35秒	SYSAUX	TEMP	DEFAULT	2004-3-10 上午12时31分15秒
○	MGMT_VIEW	OPEN		SYSAUX	TEMP	DEFAULT	2004-3-10 上午01时00分57秒
○	OE	EXPIRED & LOCKED	2011-1-3 下午05时38分34秒	USERS	TEMP	DEFAULT	2011-1-3 下午05时34分45秒
○	OLAPSYS	EXPIRED & LOCKED	2011-1-3 下午05时38分34秒	SYSAUX	TEMP	DEFAULT	2004-3-10 上午12时48分36秒
○	ORDPLUGINS	EXPIRED & LOCKED	2011-1-3 下午05时38分35秒	SYSAUX	TEMP	DEFAULT	2004-3-10 上午12时31分15秒
○	ORDSYS	EXPIRED & LOCKED	2011-1-3 下午05时38分35秒	SYSAUX	TEMP	DEFAULT	2004-3-10 上午12时31分15秒
○	OUTLN	EXPIRED & LOCKED	2011-1-3 下午05时38分34秒	SYSTEM	TEMP	DEFAULT	2004-3-9 下午11时58分11秒
○	PM	EXPIRED & LOCKED	2011-1-3 下午05时38分34秒	USERS	TEMP	DEFAULT	2011-1-3 下午05时34分46秒
○	SCOTT	OPEN		USERS	TEMP	DEFAULT	2004-3-10 上午01时05分32秒
○	SH	EXPIRED & LOCKED	2011-1-3 下午05时38分34秒	USERS	TEMP	DEFAULT	2011-1-3 下午05时34分45秒
○	SI_INFORMTN_SCHEMA	EXPIRED & LOCKED	2011-1-3 下午05时38分34秒	SYSAUX	TEMP	DEFAULT	2004-3-10 上午

图 3-6 用户管理界面

2）在搜索栏中输入要修改的用户名，点击“开始”按钮。页面中显示出该用户的相关信息，如图 3-7 所示。

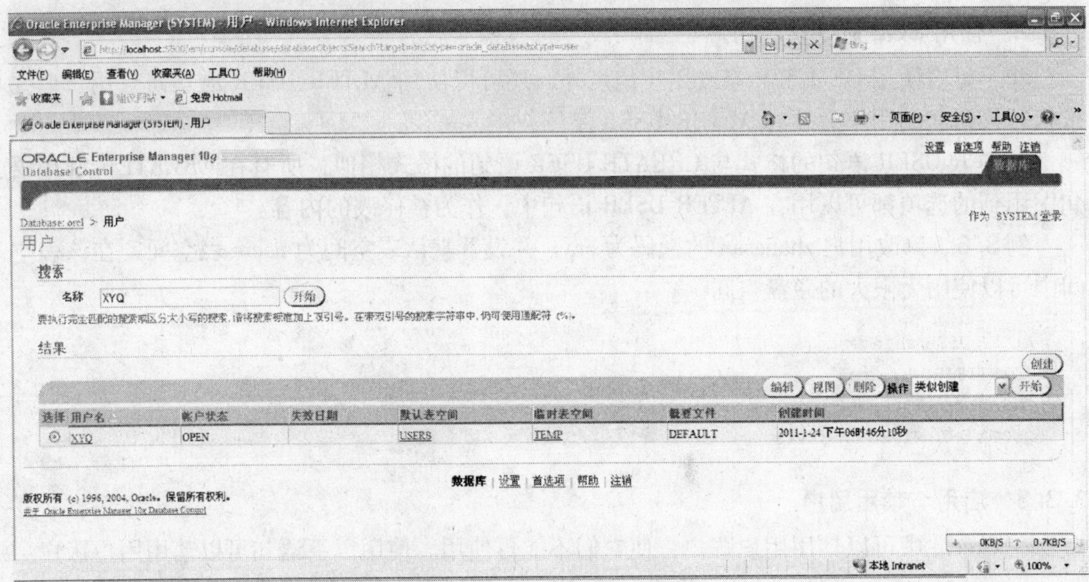

图 3-7 用户信息检索界面

3）选中要修改的用户，点击“编辑”按钮，进入用户编辑页面，如图3-8所示。在该页面中，可以修改用户的密码、默认表空间、当前状态、角色、权限、磁盘配额等信息。修改完成后点击“应用”按钮或“还原”按钮，确认或取消本次修改操作。

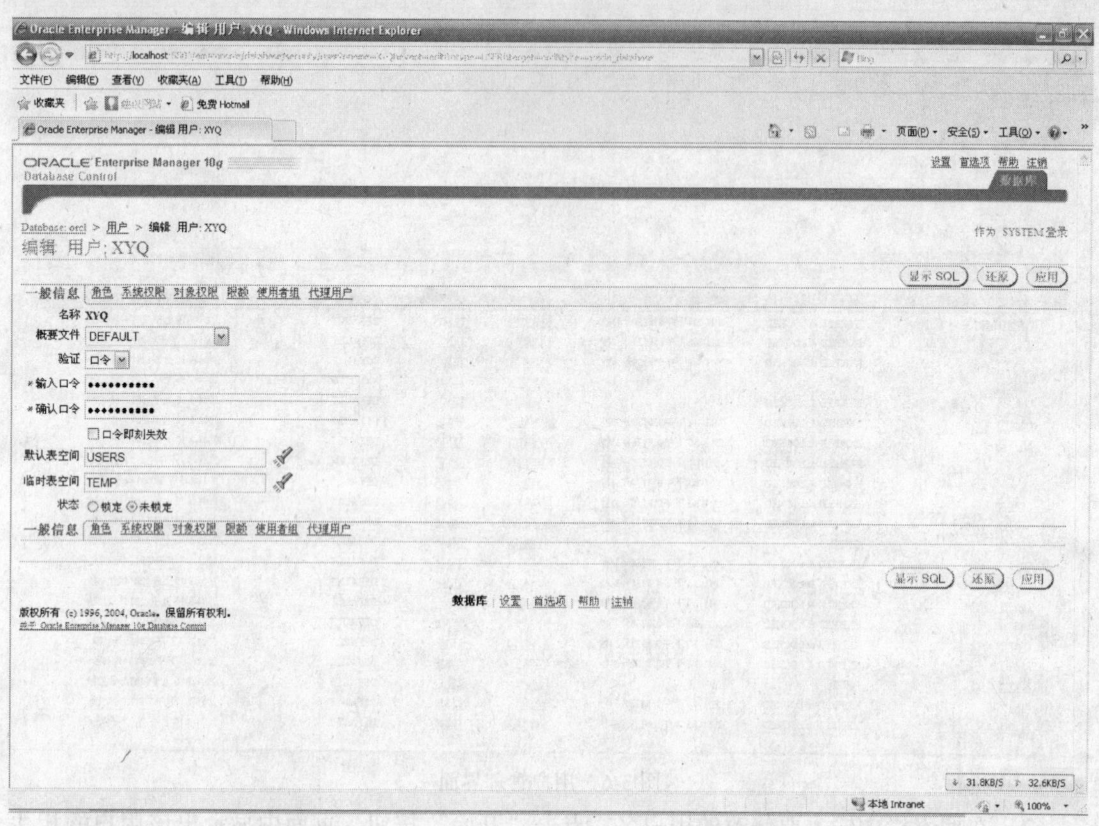

图3-8 用户信息编辑界面

3.3.2 使用SQL命令修改用户

除了可以使用OEM工具修改用户信息外，还可以使用ALTER USER语句修改用户，要求执行该语句的用户必须有ALTER USER系统权限。

ALTER USER语句的格式与CREATE USER语句的格式相似，所有在CREATE USER语句中用到的选项都可以用在ALTER USER语句中，作为被修改的内容。

例3.6 修改用户zhangsan的密码为ora，并设置默认表空间为users表空间，在该表空间中可以使用无限大的磁盘空间。

```
ALTER USER zhangsan
IDENTIFIED BY ora
DEFAULT TABLESPACE users
QUOTA UNLIMITED ON users;
```

3.3.3 启用与禁用用户

在Oracle中可以禁用用户账户，使它们不能再使用。使用以下语句可以禁用用户账户：

```
ALTER USER user_name ACCOUNT LOCK;
```

同样使用 ALTER USER 语句也可以启用用户账户：

```
ALTER USER user_name ACCOUNT UNLOCK;
```

例 3.7 为数据库中内置的用户账号 scott 解锁，启用该账号。

```
ALTER USER scott ACCOUNT UNLOCK;
```

解锁后，使用该用户连接数据库，初始密码是 tiger。

```
CONNECT scott/tiger;
```

3.3.4 删除用户

某个用户被禁用后，虽然这个用户账户不能被使用，但它还是存在。如果某个用户真的不需要了，可以使用 DROP USER 语句来删除该用户。另外，如果该用户方案中已存在方案对象，则需要带有 CASCADE 子句。DROP USER 语句的命令格式如下：

```
DROP USER user_name [CASCADE]
```

例 3.8 删除用户 zhangsan。

```
DROP USER zhangsan;
```

3.4 实验

【实验目的】

1. 掌握用户、方案与权限的基本概念。
2. 熟练掌握用户操作的相关命令。

【实验内容】

1. 以 system 身份连接到数据库，并创建一个用户。在 SQL * Plus 中输入并执行如下语句：

```
CREATE USER exer IDENTIFIED BY exer;
```

2. 向新创建的用户授权，使其连接到数据库。

```
GRANT CONNECT TO exer;
```

3. 以 exer 身份连接到数据库。

```
CONNECT exer/exer;
```

3.5 习题

一、选择题

1. 关于方案的描述下列哪一项不正确？
   A. 表或索引等对象一定属于某一个方案
   B. 在 Oracle 数据中，方案与数据库用户是一一对应
   C. 一个表可以属于多个方案
   D. 一个方案可以拥有多个表
2. 下列哪个对象属于方案对象？
   A. 数据段　　　　　　　　B. 盘区

C. 表　　D. 表空间

3. 以下哪个命令用来连接 Oracle 数据库？

A. CREATE　　B. CONNECT

C. ALTER　　D. SELECT

二、简答题

1. 简要介绍方案与用户之间的关系？
2. 说明在 CREATE USER 命令中各个选项的作用是什么？哪些是必须有的？

三、操作题

1. 创建用户 ora_temp，密码为 tem。
2. 将用户 ora_temp 的密码改为 ora。
3. 将用户 ora_temp 的账号锁定。

第 4 章　表的创建与管理

表是最基本的数据库对象，用于组织和管理数据。用户在使用 Oracle 进行信息管理系统的设计与实现时首先就是要设计和实现数据的表示与存储，即表的创建。创建表是 Oracle 最基本的工作。

本章要点

- 基本数据类型
- 表的创建、修改和删除
- 插入、更新与删除表中的数据
- 数据完整性的实施方法

4.1　创建表

表是数据库中最基本的操作对象，是实际存放数据的地方。表由行和列组成，表中的一行称为一条记录，表中的一列称为一个字段。在 Oracle 中，表分为系统表和用户表。系统表是创建数据库时就创建好的，用于存放系统自身的相关数据。用户表是用户创建的，用于存放用户数据。按照数据保存时间的长短，Oracle 中表又分为永久表和临时表两种。永久表用于长期保存数据，一般意义上的表即指永久表。临时表是指暂时存放在内存中的表，当临时表不再使用时，系统自动把临时表中的数据删除。

4.1.1　基本数据类型

在创建表时，首先需要确定表的结构，即每个表中包含哪些列，每列的数据类型等。数据类型决定了数据的取值范围和存储格式。在 Oracle 系统中，提供了多种数据类型，包括基本数据类型和用户自定义数据类型。基本数据类型大致可分为字符、数值、日期、LOB 和 ROWID 等类型。

1. 字符数据类型

字符数据类型用来存储字母、数字和符号数据。字符数据类型包括 CHAR、VARCHAR2、NCHAR、NVARCHAR2 和 LONG 等。

- CHAR(n)：用于存储长度为 n 的定长字符串，最大长度为 2000 字节，未指定长度时默认为 1。当创建一个 CHAR 类型字段时，数据库将保证在这个字段中的所有数据是定义的长度。如果某个数据比定义长度短，那么将用空格在数据的右边补到定义长度。如果长度大于定义长度将会触发错误信息。
- VARCHAR2(n)：用于存储长度为 n 的变长字符串，最大长度为 4000 字节，该类型没有默认长度，使用时必须指定。如果某个数据比定义长度短，那么该字段的长度是实际数据的长度，而不会使用空格填充。
- NCHAR(n)：用于存储长度为 n 的定长的 Unicode 字符集数据，最大长度为 2000 字节。NCHAR 类型的 1 位既可存储一个字母（或其他符号），也可以存储一个汉字，这一点和 CHAR 类型不同。
- NVARCHAR2(n)：用于存储长度为 n 的变长的 Unicode 字符集数据，最大长度为 4000 字节。
- LONG：存储最大长度为 2GB 的变长字符数据。但是有一些限制，一个表中只有一列可以定义为LONG型，LONG列不能定义为主键或唯一约束，不能建立索引，存储过程或函数不能接受LONG数据类型的参数。提供LONG类型只是为了保证向后兼容性，所以强烈建议新应用中不要使用LONG类型，而且在现有的应用中也要尽可能将LONG类型转换为CLOB类型。

2. 数值数据类型

数值类型最常用的是NUMBER类型，也可以使用INT、INTEGER、SMALLINT、FLOAT、REAL等。NUMBER类型可用于存储0、负数、正数和浮点数，精度可达38位。NUMBER可以通过下列三种方式之一来定义。

- NUMBER(p, s)：其中p是精度，表示总的有效数字的个数；s是小数位数。
- NUMBER(p)：精度为p的整数。
- NUMBER：如果没有指明精度和小数位数，则表示精度为38的浮点数。

3. 日期数据类型

- DATE：用于存储日期和时间格式的数据。可以使用函数SYSDATE获得当前的日期和时间。每个数据库系统都在初始参数NLS_DATE_FORMAT中定义了缺省日期格式，通常为DD-MON-YY格式表示。
- TIMESTAMP：时间戳类型。与DATE数据类型不同，TIMESTAMP可以包含小数秒(fractional second)，带小数秒的TIMESTAMP在小数点右边最多可以保留9位。
- TIMESTAMP WITH TIME ZONE：与前一种类型类似，不过它还提供了时区（TIME ZONE）支持。数据中会随TIMESTAMP存储有关时区的额外信息，所以原先插入的TIME ZONE会与数据一同保留。

4. LOB数据类型

LOB（Large Object）数据类型存储非结构化数据，比如二进制文件、图形文件或其他外部文件。LOB可以存储到4GB大小。数据可以存储到数据库中也可以存储到外部数据文件中。LOB数据类型有以下几种：

- BLOB：存储二进制大对象，可以是图像、音频文件以及视频文件。
- CLOB：存储字符大对象。
- BFILE：存储外部二进制文件，文件的大小由操作系统决定。

5. 其他数据类型

- ROWID：数据库中的每一行都有地址，ROWID数据类型用于存储表中每条记录的物理地址。ROWID数据类型是ORACLE数据表中的一个伪列，它是数据表中每行数据内在的唯一标识。
- RAW：这是一种变长二进制数据类型，采用这种数据类型存储的数据不会发生字符集转换，可以把它看做是由数据库存储的信息的二进制字节串。这种类型最多可以存储2000字节的信息。
- LONG RAW：能存储多达2GB的二进制信息。由于与LONG同样的原因，建议在将来的所有开发中都使用CLOB类型，另外现有的应用中也应尽可能将LONG RAW转换为BLOB类型。

4.1.2 使用OEM工具创建表

使用OEM图形化工具创建表可以分为如下步骤：

1）在OEM主界面中选择“管理”选项卡，出现如图4-1所示的数据库管理界面，在此界面上选择“方案”中的“表”选项，出现如图4-2所示的表管理界面。

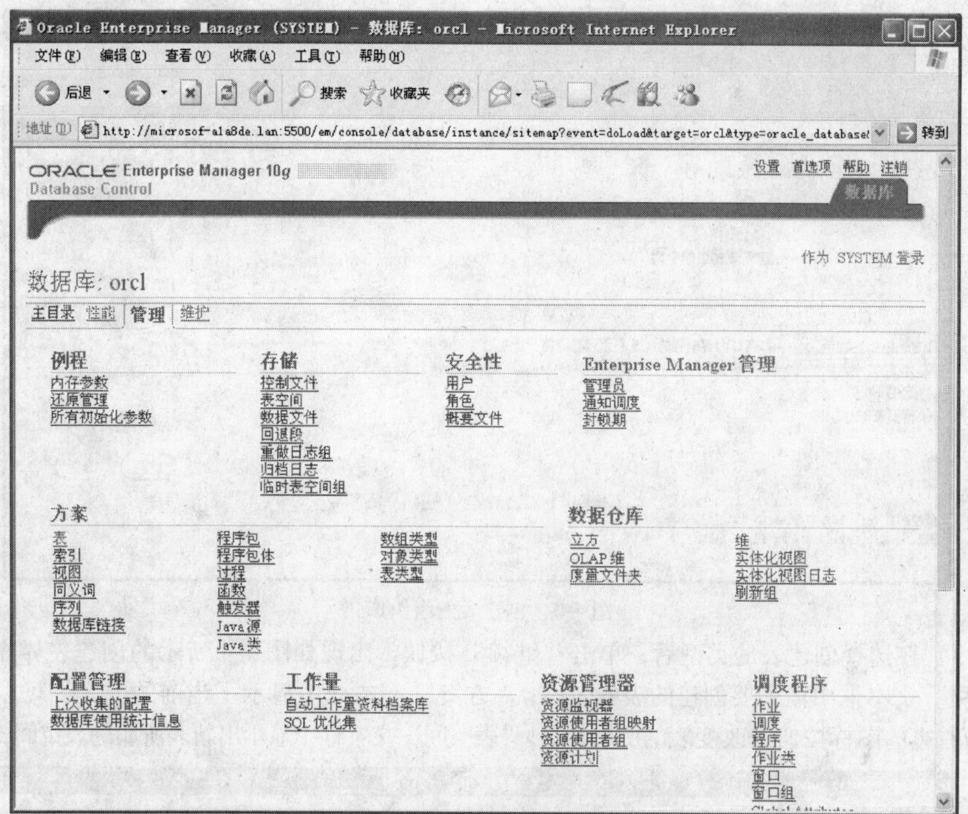

图 4-1　OEM 管理界面

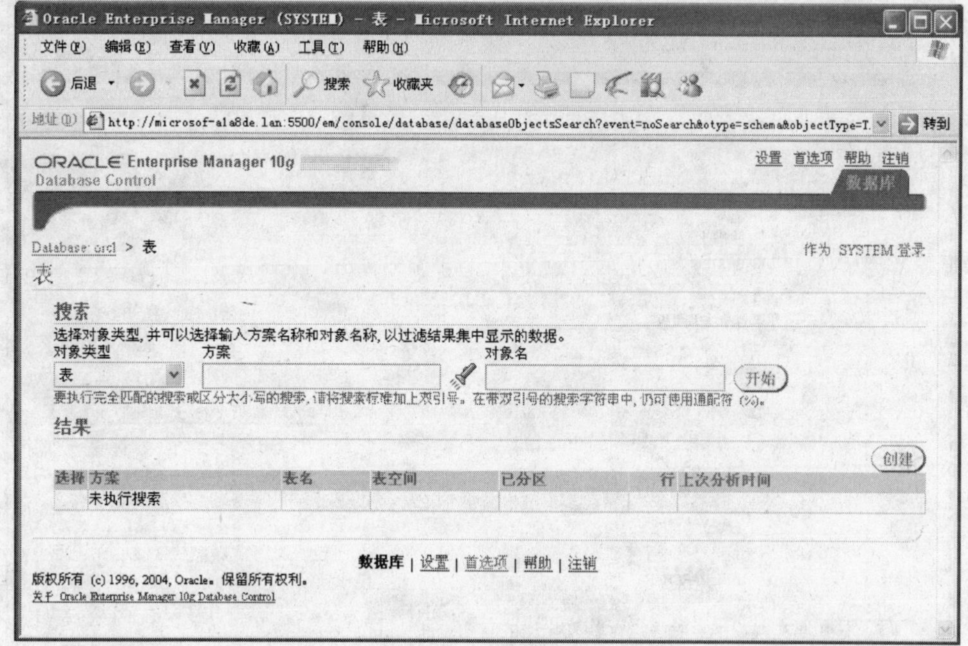

图 4-2　表管理界面

2）在图 4-2 中单击“创建”按钮，出现如图 4-3 所示的创建表的组织形式界面。在该界面中用户可以选择创建表的类型：标准表、临时表或索引表。

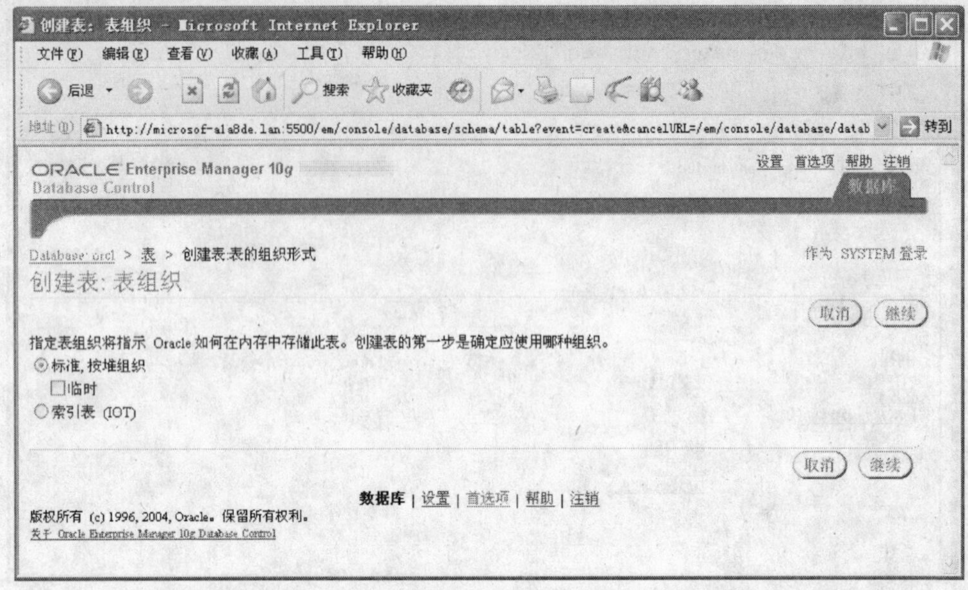

图 4-3　创建表的组织形式

3）在选择创建表的类型后，单击“继续”按钮，出现如图 4-4 所示的创建表界面。在“名称”文本框中输入要创建的表的名称；“方案”文本框中显示了当前的方案，可以通过单击右边的图标按钮来改变表的所属方案；“表空间”文本框中显示出新表所属的表空间，可以

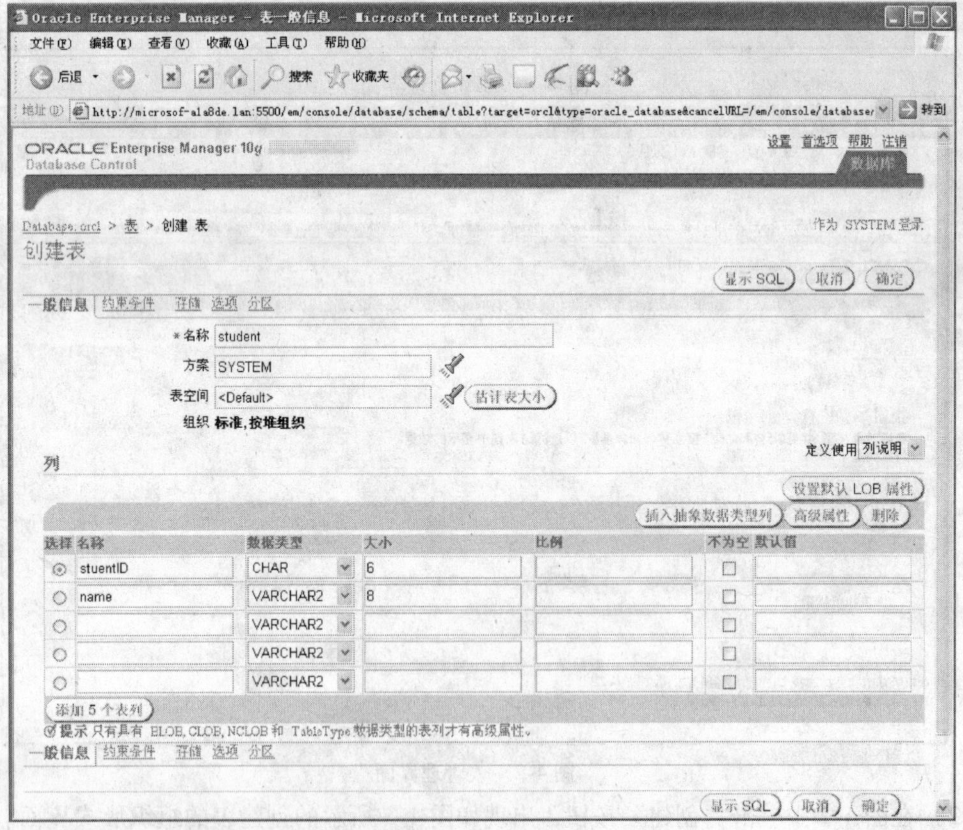

图 4-4　创建表界面

使用该用户的默认表空间，也可以选择其他表空间，如用户数据一般放在 users 表空间，系统数据一般放在 system 表空间。此页面的下半部分用于定义表中的各个列（字段），包括列的名称、数据类型、大小、是否为空、默认值等。

4）在定义完各列的相关信息后，选择“约束条件”选项卡，可以进行表约束的设置，如图 4-5 所示。可以为表添加主键约束（PRIMARY）、唯一约束（UNIQUE）、检查约束（CHECK）和外键约束（FOREIGN），对表中各种约束的介绍参见 4. 4 节。

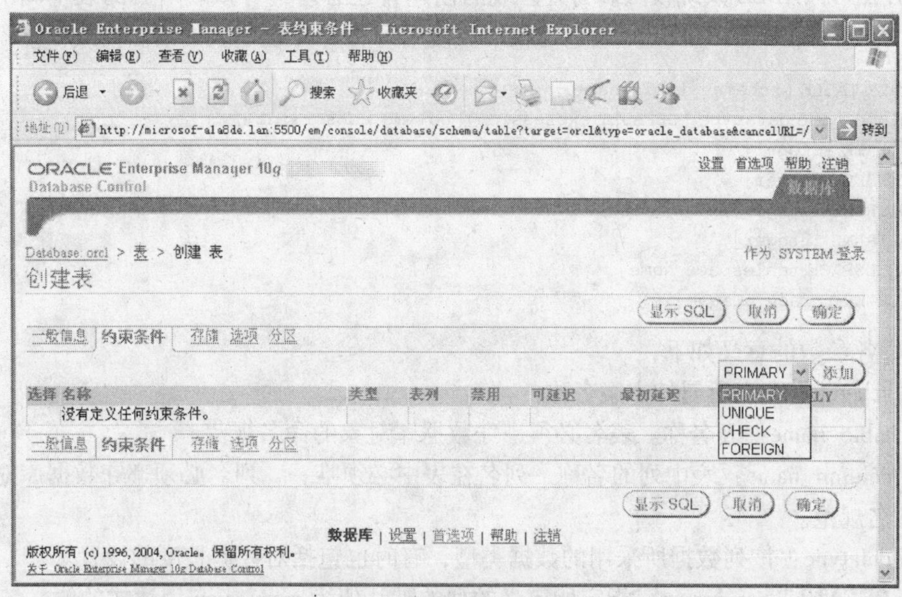

图 4-5　约束条件界面

5）选择“存储”选项卡，出现表存储界面，如图 4-6 所示，在此可以进行表存储设置。

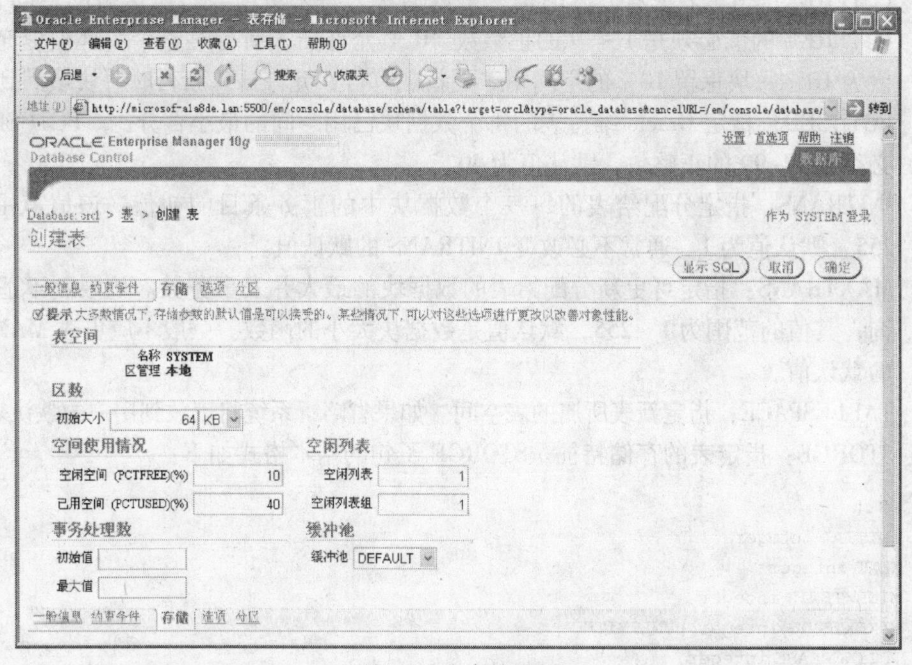

图 4-6　表存储界面

其他选项卡的设置通常保留默认值。单击“确定”按钮，系统保存表的设置，创建一个新表。用户也可以单击“显示 SQL”按钮，查看系统自动生成的 SQL 语句。

4.1.3 使用 SQL 命令创建表

除了使用 OEM 工具创建表外，用户还可以使用 CREATE TABLE 命令创建新表，不过需要该用户具有 CREATE TABLE 系统权限。如果想在其他用户的方案中创建新表，需要有 CREATE ANY TABLE 系统权限。另外，表的创建者还必须具有该表所属的表空间的磁盘配额，或 UNLIMITED TABLESPACE 系统权限。使用 SQL 命令创建表的语法格式如下：

```
CREATE TABLE [schema.]table_name
(column_name datatype [DEFAULT expression][column_constraint],…n)
[PCTFREE integer]
[PCTUSED integer]
[INITRANS integer]
[MAXTRANS integer]
[TABLESPACE tablespace_name]
[STORGE storage_clause]
```

其中各参数的意义如下：

- schema：新表所属的方案名称。
- table_name：表名称。表名必须遵守数据库对象的命名规范。
- column_name：表中列的名称，列名在表中必须唯一，列名必须遵守数据库对象的命名规范。
- datatype：该列数据所采用的数据类型，有时也包括对数据长度的设置。
- DEFAULT expression：指定所定义的列的默认值为 expression 表达式的值。
- column_constraint：定义列的完整性约束，详见 4.4 节。
- PCTFREE：指定表或者分区的每一个数据块为将来更新表行所保留的空间百分比。PCTFREE 的值必须是 1 ~ 99 的正整数。0 值允许插入新行时整个块都被填充。默认值为 10，每块保留 10% 的空间用于更新现有行，允许插入新行时每块填满到 90%。
- PCTUSED：指定 Oracle 维持表的每个数据块已用空间的最小百分比。PCTUSED 的值必须是 1 ~ 99 的正整数，默认值为 40。
- INITRANS：指定分配给表的每一个数据块中的事务条目的初值。该值范围为 1 ~ 255，默认值为 1。通常不必改变 INITRANS 的默认值。
- MAXTRANS：指定可更新分配给表的数据块的最大并发事务数。该限制不适用于查询，其值的范围为 1 ~ 255，默认值是数据块大小的函数。一般不应更改 MAXTRANS 的默认值。
- TABLESPACE：指定新表所属的表空间。如果省略，系统将表放到用户的默认表空间。
- STORGE：指定表的存储特征。STORGE 子句的基本格式如下：

```
STORGE(
   INITIAL integer
   NEXT integer
   MINEXTENTS integer
   MAXEXTENTS integer |UNLIMITED
   PCTINCREASE integer
   FREELISTS integer
```

```
    FREELIST GROUP integer
  )
```

说明：INITIAL 指定为表分配的第一个区的大小；NEXT 指定第一个扩展区的大小；MINEXTENTS 为创建段时已分配的总区数；MAXEXTENTS 表示 Oracle 数据库可以分配给该对象的总区数；PCTINCREASE 指定每个区相对于上一个区的增长百分比；FREELISTS 指定表、簇或索引的每个空闲列表组的空闲列表数量；FREELIST GROUP 指定表、簇或索引的空闲列表组的数量。

例 4.1 在当前方案中创建一个名为 student 的表，包括学号（studentID）、姓名（name）、性别（sex）、出生日期（birthday）四个字段。

```
CREATE TABLE student
(studentID CHAR(6),
name VARCHAR2(8),
sex CHAR(2),
birthday DATE)
TABLESPACE users;
```

4.1.4 基于已有的表创建新表

在 CREATE TABLE 语句中使用子查询（SELECT）就可以基于已有的表来创建新表。语法格式如下：

```
CREATE TABLE table_name
[(column_name1,column_name2,…)]
AS subquery
```

其中各参数的意义如下：

- column_name：新表的字段名，可以省略。若省略，则新表的字段名与查询结果集中包含的字段同名。用户也可以修改新表中的字段名，但不能修改字段的数据类型和宽度。
- subquery：是指子查询的 SELECT 语句。

例 4.2 将 scott 方案下的 emp 表复制到当前方案中的 emp_new 表。

```
CREATE TABLE emp_new
AS SELECT * FROM scott.emp;
```

注意：本章使用的 SELECT 语句将在第 5 章和第 6 章作详细介绍。

例 4.3 在当前方案中创建新的雇员表，包括雇员编号、姓名、工作三个字段，内容来源于 scott 方案中的 emp 表的 empno、ename、job 三个字段。

```
CREATE TABLE 雇员(编号,姓名,工作)
AS
SELECT empno,ename,job FROM scott.emp;
```

4.1.5 定义表中字段的默认值

在使用 CREATE TABLE 命令创建新表时可以指定字段的默认值。字段指定了默认值后，当使用 INSERT 语句向表中插入新数据时，若该字段未指定值，那么 Oracle 将自动为该字段插入默认值。每个字段只能设置一个默认值。

例4.4 重新创建student表，并为性别（sex）字段设置默认值‘男’。

```
CREATE TABLE student
(studentID CHAR(6),
name VARCHAR2(8),
sex  CHAR(2) DEFAULT '男',
birthday DATE);
```

4.1.6 使用DESCRIBE命令查看表结构

表创建完成后，用户可以使用DESCRIBE命令（可简写为DESC）查看表结构，其语法格式如下：

```
DESC[RIBE][schema.]object_name
```

例4.5 显示student表的表结构。

```
DESC student;
```

4.2 向表中插入、修改和删除数据

创建表的目的是利用表来存储和管理数据。实现数据存储的前提是向表中插入数据，没有数据的表只是一个空的表结构，没有任何实际意义。向表中插入数据后，可以根据用户的需要进行数据修改和删除操作。

4.2.1 插入数据

1. 插入单行数据

INSERT语句可以向表中插入数据，语法格式如下：

```
INSERT INTO table_name[(column_name[,…n])]
VALUES (expression|NULL|DEFAULT[,…n])
```

其中各参数的意义如下：

- table_name：要插入数据的表名。
- column_name：要插入数据的字段名。如果向表中的所有字段插入数据，则字段名可以省略。
- expression：为相应位置的column_name字段指定值的表达式。如果某字段的值未知，可以使用关键字NULL将其设置为空值。但如果在表定义中将此字段设置为NOT NULL，则不能使用NULL插入，具体参见4.4.2节。

如果向表中插入的是常量数据，那么需要注意：

- 数值型常量，可以直接插入数据。
- 字符型和日期型常量插入时需要加单引号。
- 日期型常量的默认格式为：‘dd-mm月-yyyy’，例如，‘10-7月-2010’表示2010年7月10号。

例4.6 向student表中插入一条完整的记录。

```
INSERT INTO student(studentID,name,sex,birthday)
VALUES('201001','张三','男','11-5月-1990');
```

或

```
INSERT INTO student
VALUES('201001','张三','男','11-5月-1990');
```

例4.7 向 student 表中插入一条记录，只给出部分字段值。

```
INSERT INTO student(studentID,name)
VALUES('201002','李四');
```

或

```
INSERT INTO student
VALUES('201002','李四',default,null);
```

注意：在使用该命令时，如果省略了表名后面的字段名，则在 VALUES 子句中必须给出所有字段的值或 NULL 值或 DEFAULT 默认值，而且值的顺序要和表中字段的顺序一致。

---

2. 插入多行数据

使用 INSERT INTO 语句一次只能插入一行数据，若想一次插入多行数据，则需在 INSERT INTO 语句中加入 SELECT 子句。通过 SELECT 子句从其他表中选出符合条件的数据，再将其插入到指定的表中，其语法格式如下：

```
INSERT INTO dest_table_name [(column_name [,…n])]
SELECT column_name [,…n]
FROM source_table_name
[ WHERE search_conditions ]
```

该语句的执行逻辑是：先执行 SELECT 子句，从 source_table_name 表中找出符合条件的行和列，然后将这些数据插入 dest_table_name 表中。

注意：在使用该命令时，要插入数据的表 dest_table_name 必须是已经存在的，不能向不存在的表中插入数据，而且 dest_table_name 表中要插入值的字段应该与 SELECT 子句中查询出来的字段的个数、数据类型、位置相同。

例4.8 创建 employee1 表，包含三个字段 empidID、cmpname 和 empjob。将例4.3的雇员表中的所有雇员信息插入 employee1 表中。

```
CREATE TABLE employee1
(empID NUMBER(4),empname VARCHAR2(10),empjob CHAR(9));

INSERT INTO employee1
SELECT * FROM 雇员;
```

4.2.2 修改数据

表中的数据会随着实际情况的变化不断更新，可以使用 UPDATE 语句修改表中的数据，使其达到用户的要求。UPDATE 语句的语法格式如下：

```
UPDATE table_name
SET column_name1 = expression1 [,column_name2 = expression2]… | (column_name1[,column_name2,…])
= subquery
[ WHERE search_conditions ]
```

其中各参数的意义如下：

- table_name：要更新数据的表名。
- column_name：要修改数据的字段名。
- expression：更新后的数据值。
- subquery：SELECT 子查询作为字段的新值。
- search_conditions：更新条件，只对表中满足该条件的记录进行更新。省略该项时，将更新表中所有的行。

例 4.9 将 scott 方案下的 emp 表中编号为 7369 的雇员的工作修改为 SALESMAN。

```
UPDATE scott.emp
SET job = 'SALESMAN'
WHERE empno = 7369;
```

例 4.10 将 scott 方案下的 emp 表中编号为 7369 的雇员的工作改为与编号 7902 雇员的工作相同。

```
UPDATE scott.emp
SET job = (SELECT job FROM scott.emp WHERE empno = 7902)
WHERE empno = 7369;
```

例 4.11 将 scott 方案下的 emp 表中工作为 SALESMAN 的雇员工资都增加 5%。

```
UPDATE scott.emp
SET sal = sal + (sal * 0.05)
WHERE job = 'SALESMAN';
```

4.2.3 删除数据

当表中的部分或全部数据无用时，可以使用删除命令将它们从表中删除。常用的删除命令包括 DELETE 和 TRUNCATE TABLE，二者的区别是：

- DELETE 命令是逻辑删除，只是将要删除的行加上删除标记，被删除后可以使用 ROLLBACK 命令回滚，删除操作时间较长；TRUNCATE TABLE 命令是物理删除，将表中的数据永久删除，不能回滚，删除操作快。
- DELETE 命令包含 WHERE 子句，可以删除表中的部分行；TRUNCATE TABLE 命令只能删除表中的所有行。

1. DELETE 命令

DELETE 语句可以用来删除表中数据，语法格式如下：

```
DELETE [ FROM ] table_name
[ WHERE search_conditions]
```

其中各参数的意义如下：

- table_name：要删除记录的表名。
- search_conditions：删除表中符合 search_conditions 条件的记录，缺省 WHERE 子句时，则删除该表中的所有数据。

例 4.12 删除 scott 方案下的 emp 表中工作为 SALESMAN 的雇员记录。

```
DELETE FROM scott.emp
WHERE job = 'SALESMAN';
```

```
--查询工作为 SALESMAN 的雇员记录
SELECT * FROM scott.emp WHERE job='SALESMAN'; --看不到符合条件的记录
--使用 ROLLBACK 命令回滚删除操作,再执行以上的查询语句
ROLLBACK;
SELECT * FROM scott.emp WHERE job='SALESMAN'; --删除操作被撤销,数据被回滚
```

注意：DELETE 命令只能删除整行记录，而不能删除某条记录中的部分数据。

2. TRUNCATE TABLE 命令

该命令可以用来快速地删除表中的所有记录。这个命令所做的修改不能回滚，对于已经删除的记录不能恢复，语法格式如下：

```
TRUNCATE TABLE table_name
```

例 4.13 永久删除雇员表中的所有记录。

```
TRUNCATE TABLE 雇员;
```

执行此命令后，雇员表中的所有记录都被删除，成为了一个空表，但雇员表仍然存在。TRUNCATE TABLE 在功能上与不带 WHERE 子句的 DELETE 语句相同，二者都能删除表中的所有记录。

4.3 修改表与删除表

4.3.1 修改表

在表结构创建好以后，如果发现有令人不满意的地方，还可以对表结构进行修改。修改的操作包括：增加或删除字段；修改字段的名称、数据类型、长度；改变表的名称等。修改表结构的方法有两种：使用 OEM 工具或使用 SQL 语句。

1. 使用 OEM 工具修改表结构

使用 OEM 图形化工具修改表结构可以分为如下步骤：

1）在 OEM 主界面中选择“管理”选项卡，选择“方案”中的“表”选项，在“方案”和“对象名”文本框中输入需要修改的表的方案名和表名，如图 4-7 所示。

2）选中要修改的表后，单击“编辑”按钮，出现表结构的修改界面，如图 4-8 所示，此界面与创建表相同。在此界面中单击“添加 5 个表列”可以添加字段；单击“删除”可以删除选中的字段；也可以修改已有的字段的定义，包括修改字段的名称、类型、宽度、是否为空属性、设置默认值。单击“显示 SQL”按钮，可显示自动生成的修改表的命令。最后单击“应用”来保存表结构的修改。

2. 使用 SQL 命令修改表结构

使用 SQL 命令修改表结构的语法格式如下：

```
ALTER TABLE [schema]table_name
ADD (column_name datatype [DEFAULT expression][column_constraint],...n)
|DROP COLUMN column_name|DROP (coloumn_name1,column_name2,...n)
|MODIFY (column_name new_datatype [DEFAULT expression][column_constraint],...n)
|RENAME COLUMN column_name TO new_cloumn_name
|RENAME TO new_table_name
```

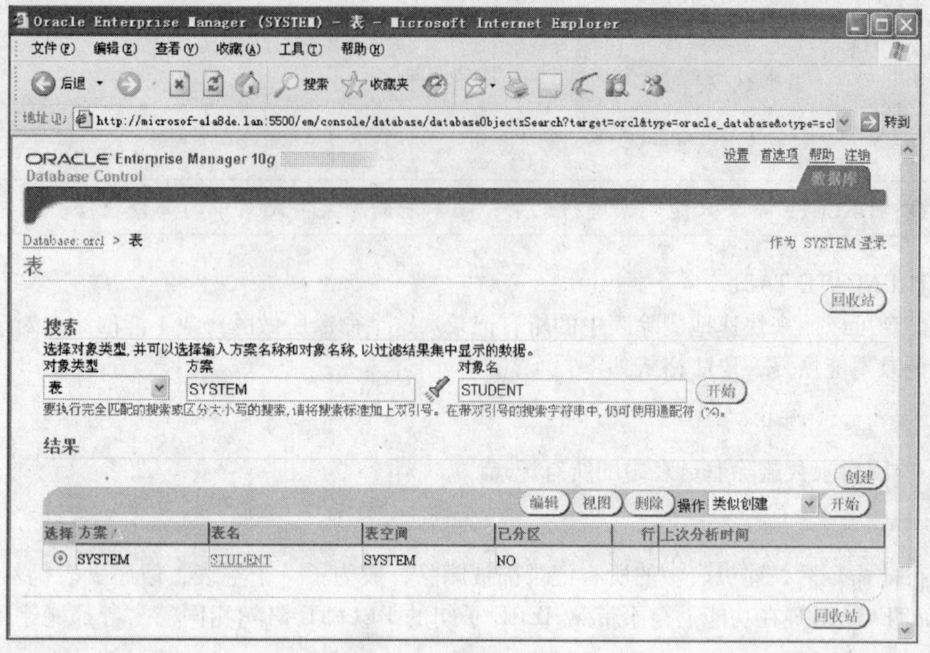

图 4-7 表搜索界面

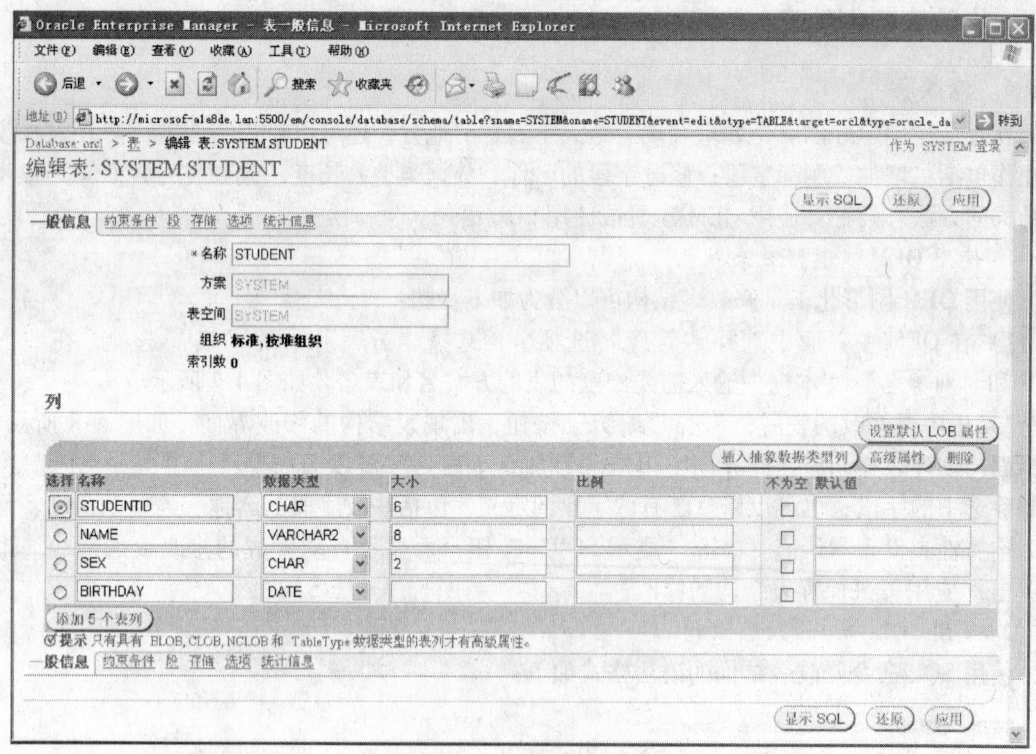

图 4-8 表结构修改界面

其中各参数的意义如下：

- schema：要修改的表所属的方案名称。

- table_name：要修改的表名称。
- ADD：向表中添加新字段。
- DROP：从表中删除字段。当删除一个字段时，必须在字段名前加上 COLUMN 关键字；当删除的是多个字段时，则需要将多个字段放在括号中，各个字段间用逗号隔开，并且不能使用 COLUMN 关键字。
- MODIFY：修改已有字段的定义。
- RENAME COLUMN：修改字段的名称。
- RENAME：修改表的名称。

其他参数的含义与创建表命令中的参数含义相同。

例 4.14 向 student 表中添加所在系 sdept 字段。

```
ALTER TABLE student
ADD sdept VARCHAR2(10);
--可以使用 DESC 命令查看修改后的表结构
DESC student;
```

例 4.15 向 employee 表中添加性别 sex、年龄 age、工资 salary 三个字段。

```
ALTER TABLE employee
ADD(sex CHAR(2),age INT,salary NUMBER(5,2));
```

例 4.16 删除 employee 表中的性别字段。

```
ALTER TABLE employee
DROP COLUMN sex;
```

例 4.17 删除 employee 表中的年龄和工资字段。

```
ALTER TABLE employee
DROP (age,salary);
```

注意： 删除多个字段的命令格式与删除一个字段的命令格式不同。

例 4.18 修改 student 表中所在系 sdept 字段的长度改为 30。

```
ALTER TABLE student
MODIFY sdept VARCHAR2(30);
```

注意： 在修改字段的长度时，如果增加长度，那么无任何限制。但是，如果缩减长度，修改操作是否成功要视情况而定。如果该字段无数据则允许缩减长度，如果该字段已经包含数据，那么只有类似 VARCHAR2 类型的字段在长度缩减后仍然能够容纳现有数据的前提下才可以缩减长度，其他类型，如 CHAR、NUMBER 等不能缩小长度。

例 4.19 修改 student 表中所在系 sdept 字段的字段名为 new_sdept。

```
ALTER TABLE student
RENAME COLUMN sdept TO new_sdept;
```

例 4.20 将 student 表改名为 new_student 表。

```
ALTER TABLE student
```

```
RENAME TO new_student;
```

使用 ALTER TABLE 命令也可以对表的约束进行修改，详细内容参见 4.4 节。

4.3.2 删除表

在数据库中如果某些表或表中的数据不再被需要时，可以将这样的表从数据库中彻底删除。删除后，表中的数据以及表结构都不存在了，这和前面章节讲的删除表中的记录不同。

1. 使用 OEM 工具删除表

在 OEM 主界面中选择“管理”选项卡，选择“方案”中的“表”选项，在“方案”和“对象名”文本框中输入需要删除的表的方案名或表名，选择需要删除的表，单击“删除”按钮即可将表删除。

2. 使用 SQL 命令删除表

使用 SQL 命令删除表的语法格式如下：

```
DROP TABLE table_name1[,...n]
```

例 4.21 将 new_student 表删除。

```
DROP TABLE new_student;
```

执行此命令后，数据库中将不再有 new_student 表。

4.4 定义数据完整性

数据完整性是指数据的正确性、一致性和安全性，它是衡量数据库中数据质量好坏的重要标准。当用户执行 INSERT、DELETE 或 UPDATE 语句修改数据库内容时，数据的完整性就可能会遭到破坏。例如可能会出现下列情况：将无效的数据添加到数据库的表中；将存在的数据修改为无效的数据；对数据库的修改不一致等。

为了解决这些问题，保证数据的完整性和一致性，可以在表上创建约束。约束是保证数据完整性的标准方法，主要包括：主键（PRIMARY KEY）约束、不允许为空（NOT NULL）约束、唯一性（UNIQUE）约束、检查（CHECK）约束、外键（FOREIGN KEY）约束等。

从约束影响的字段个数上，可将约束进一步分为以下两种：

- 列级约束：如果某个约束只作用于某个字段，则称此约束为列级约束。可在此字段定义后面直接写出列级约束，也可以在所有字段定义完成后再定义列级约束。
- 表级约束：如果某个约束作用于多个字段，则称此约束为表级约束。必须在所有字段定义完成之后再定义表级约束。

约束可以在建表的同时定义，也可以在修改表结构的时候定义。

1. 使用 CREATE TABLE 语句创建约束

```
CREATE TABLE [schema.]table_name
(column_name1 datatype [DEFAULT expression]
    [[,][CONSTRAINT constraint_name] constraint_define],
column_name2 datatype [DEFAULT expression]
   [[,][CONSTRAINT constraint_name] constraint_define],
…
[,[CONSTRAINT constraint_name] constraint_define][,..])
```

其中各参数的意义如下：

- CONSTRAINT constraint_name：定义约束时，可以在关键字 CONSTRAINT 后面给出约束的名字。该子句也可以省略，此时 Oracle 会自动为约束提供一个名字。
- constraint_define：约束的定义语句，主要包括约束类型的关键字和被约束的字段两部分。当然，由于不同类型的约束在关键字和对数据进行的限制上不同，所以约束定义语句也不一样。

注意：在使用 CREATE TABLE 命令创建约束时，如果约束只限制某一个字段的取值即列级约束，那么该约束既可以写在当前字段的后面当做字段的属性定义，也可以写在该字段或所有字段的后面独立定义，并用逗号将约束定义语句和字段的定义隔开。如果约束限制两个或以上字段的取值即表级约束，那么该约束定义语句至少要在约束影响的所有字段都定义完成后再单独定义，并用逗号将约束的定义和它前面字段的定义隔开。

---

2. 使用 ALTER TABLE 语句创建约束

如果要在已有的表上创建约束可以使用 ALTER TABLE 命令，其语法格式如下：

```
ALTER TABLE table_name
ADD [ CONSTRAINT constraint_name ] constraint_define
```

使用 ALTER TABLE 语句还可删除约束，其语法格式如下：

```
ALTER TABLE table_name
DROP CONSTRAINT constraint_name
```

这时，只删除了表中的指定约束，并没有删除表。但需注意，当表被删除时，在该表上定义的所有约束将自动取消。

4.4.1 定义主键约束

主键用于唯一地标识表中每一条记录，可以实现表的实体完整性。我们可以定义表中的一列或多列为主键，定义为主键的一列或多列的组合值在任意两行上都不能相同，即不能有重复值，并且任一个主属性都不能为空。为了有效实现数据的管理，每张表都应该有自己的主键，且只能有一个主键。

1. 使用 SQL 命令创建主键约束

主键约束的定义语句如下：

```
[ CONSTRAINT constraint_name ] PRIMARY KEY[ ( col_name [ ,...n]) ]
```

其中，CONSTRAINT 指定的约束名可以省略；PRIMARY KEY 是主键约束的类型，也是主键约束的关键字；col_name 是定义主键约束的字段，可以是一个，也可以是用逗号隔开的多个字段的组合；若主键约束直接定义在当前字段的后面，则 PRIMARY KEY 后面的字段名必须省略。

例 4.22 在当前方案中创建一个名为 student 的表，包括学号（studentID）、姓名（name）、性别（sex）、出生日期（birthday）四个字段，其中学号（studentID）为主键。

```
CREATE TABLE student
(studentID CHAR(6) PRIMARY KEY,
name VARCHAR2(8),
sex CHAR(2),
birthday DATE);
```

该语句将约束直接定义在字段后面，因此建立约束的字段名必须省略，并且命令中没有提供主键约束的名字，系统会自动为该约束提供一个名字。

该例还可写成如下三种形式。

形式一：

```
CREATE TABLE student
(studentID CHAR(6) CONSTRAINT pk_student PRIMARY KEY,
name VARCHAR2(8),
sex CHAR(2),
birthday DATE);
```

该例在 studentID 字段上创建主键约束，约束名为 pk_student。

形式二：

```
CREATE TABLE student
(studentID CHAR(6),
CONSTRAINT pk_student PRIMARY KEY(studentID),
name VARCHAR2(8),
sex CHAR(2),
birthday DATE);
```

约束的定义与字段的定义相互独立，两者之间用逗号隔开，此时建立约束的字段名不能省略。

形式三：

```
CREATE TABLE student
(studentID CHAR(6),
name VARCHAR2(8),
sex CHAR(2),
birthday DATE,
PRIMARY KEY(studentID));
```

所有的字段都定义完成后，再单独定义约束。

例 4.23 在当前方案中创建一个名为 score 的表，包括学号（studentID）、课程号（courseID）、分数（grade）三个字段，其中学号（studentID）与课程号（courseID）的组合为主键。

```
CREATE TABLE score
(studentID CHAR(6),
courseID CHAR(3),
grade NUMBER(5,2),
CONSTRAINT pk_score PRIMARY KEY(studentID,courseID));
```

主键约束定义在多个列上时，任意一列中的值可以重复，但主键中的所有列的组合值必须唯一，而且组合中的每个字段都不能取空值。

例 4.24 先在当前方案中创建一个名为 xs 的表，包括学号（studentID）、姓名（name）、性别（sex）、出生日期（birthday）、身份证号（indentity）五个字段，然后通过修改表，对学号字段创建主键约束。

```
CREATE TABLE xs
(studentID CHAR(6),
name VARCHAR2(8),
sex CHAR(2),
```

```
birthday DATE,
indentity CHAR(18));
```

然后修改表：

```
ALTER TABLE xs
ADD CONSTRAINT pk_xs PRIMARY KEY(studentID);
```

或者写成：

```
ALTER TABLE xs ADD PRIMARY KEY(studentID);
```

注意：在创建主键约束时系统会对现有数据进行检查，若现有数据在该列上出现重复或空值，即现有数据已经违反了主键约束的限制，那么此时系统会提示错误信息，并拒绝执行创建主键约束操作。

例4.25 删除例4.24中创建的主键约束。

```
ALTER TABLE xs
DROP CONSTRAINT pk_xs;
```

2. 使用OEM工具创建主键约束

可以使用OEM工具创建、修改、删除主键约束，其具体操作步骤如下：

1）在OEM中选中需要添加主键约束的表，在表的“编辑”界面中单击“约束条件”选项卡，出现如图4-9所示的界面。

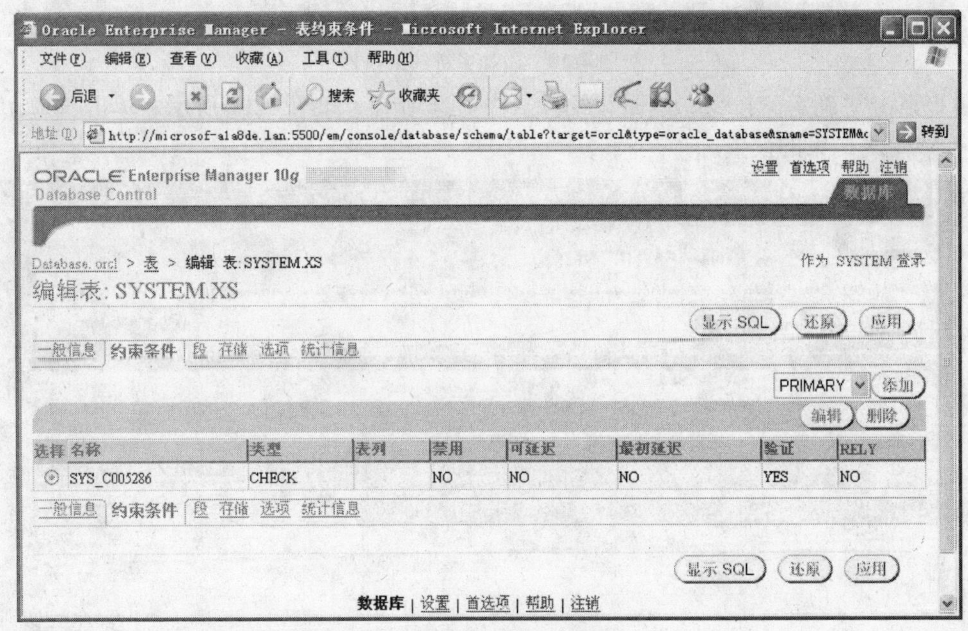

图4-9 “约束条件”选项卡

2）在约束类型的组合框中选择“PRIMARY”约束，单击“添加”按钮，弹出如图4-10所示的界面。

3）在“名称”文本框中添加约束的名称，在“表列”的“可用列”中选择需要创建主键的字段，将其移动到“所选列”中。

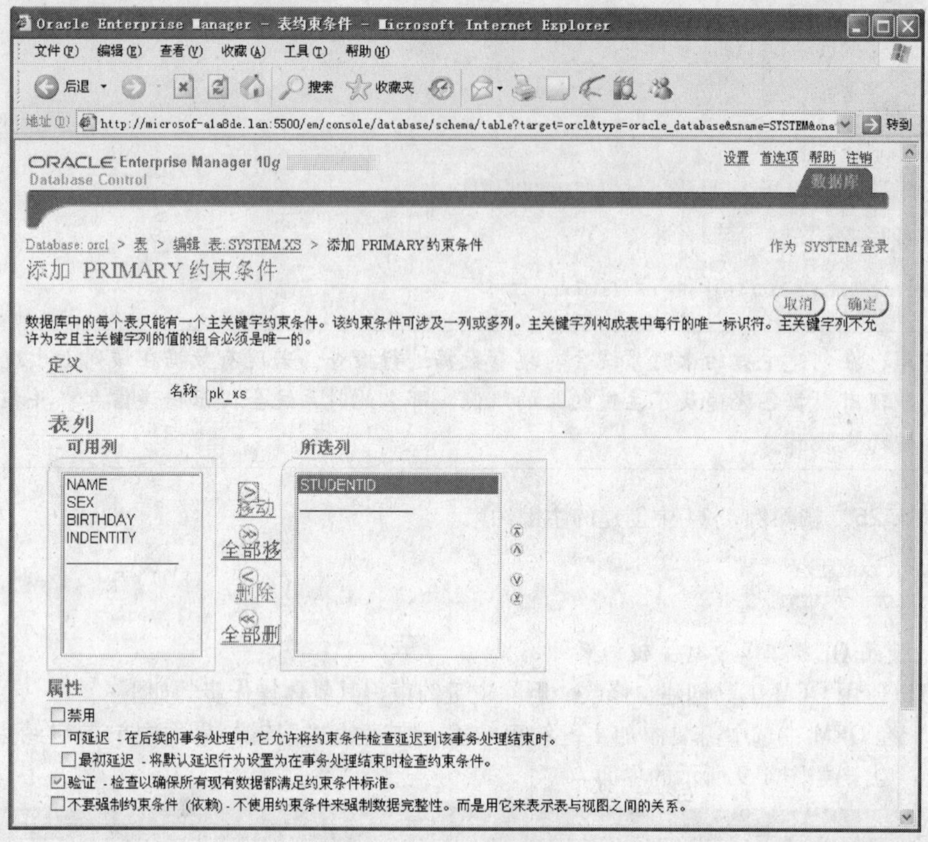

图 4-10 添加主键约束条件

4）点击“确定”按钮，返回“约束条件”选项卡，如图 4-11 所示。单击“应用”按钮，完成主键约束的设置。

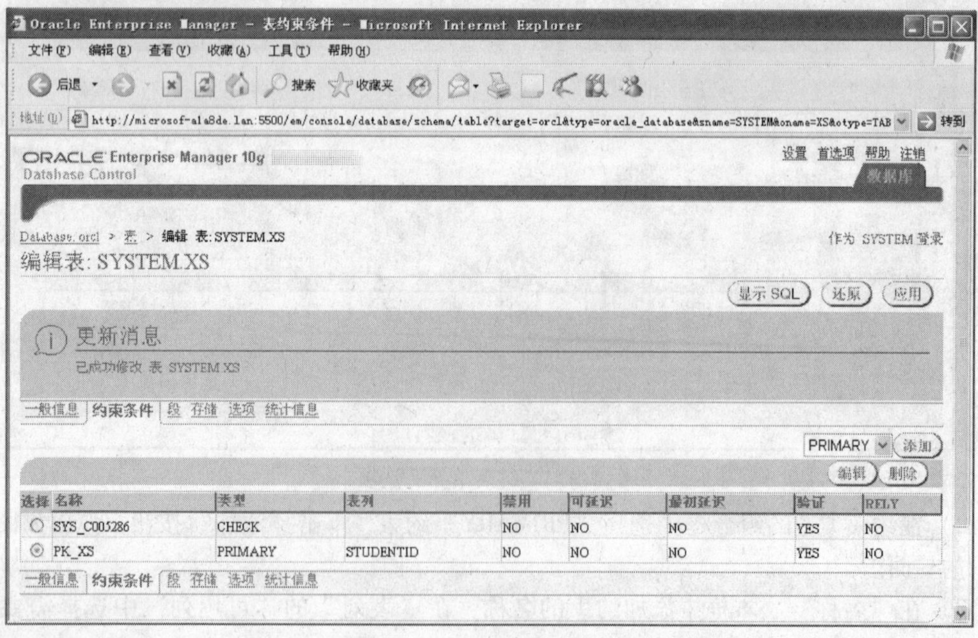

图 4-11 “约束条件”选择卡

如果需要取消主键约束的设置，选择已设置好的主键，单击“删除”按钮后，然后单击“应用”按钮即可。

4.4.2 定义不允许为空约束

不允许为空约束只能定义为列级约束，即一个 NOT NULL 约束只能限制一个字段的取值不能为空，但一个表中可以定义多个 NOT NULL 约束。

NOT NULL 约束的定义方式和其他约束不同，其他类型的约束既可以当做字段的属性定义，也可以独立定义，但 NOT NULL 约束只能当做字段的属性直接定义在字段的后面。

例 4.26 创建一个名为 course 的课程表，包括课程号（courseID）、课程名（name）、学分（credit），要求课程号、课程名不能为空，在课程号字段定义主键约束。

```
CREATE TABLE course
(courseID CHAR(3) PRIMARY KEY,
name VARCHAR2(20) NOT NULL,
credit NUMBER(3));
```

也可以在修改表时为字段定义 NOT NULL 约束，例如为上例的课程表的学分字段添加 NOTNULL 约束：

```
ALTER TABLE course MODIFY credit NOT NULL;
```

4.4.3 定义唯一性约束

唯一性约束用来限制表中的非主键列上的数据的唯一性，即表中非主键列不允许输入重复值。一个表上可以定义多个 UNIQUE 约束。

唯一性约束和主键约束有以下区别：

- 一个表只能定义一个 PRIMARY KEY 约束，而一个表可以定义多个 UNIQUE 约束。
- UNIQUE 约束允许在该列上有 NULL 值，而 PRIMARY KEY 不允许有 NULL 值。

1. 使用 SQL 命令创建唯一性约束

创建唯一性约束的语法格式如下：

```
[ CONSTRAINT constraint_name ] UNIQUE[ ( col_name [,...n])]
```

例 4.27 重新创建名为 course 的课程表，包括课程号（courseID）、课程名（name）、学分（credit）字段。要求在课程号字段上定义主键约束，在课程名字段上定义唯一性约束。

```
DROP TABLE course;   --删除上例中建立的 course 表

CREATE TABLE course
(courseID CHAR(3) PRIMARY KEY,
name VARCHAR2(20) UNIQUE,
credit NUMBER(3));
```

例 4.28 在例 4.24 的 xs 表的身份证号字段上建立唯一性约束。

```
ALTER TABLE xs
ADD CONSTRAINT un_identity UNIQUE(indentity)
```

2. 使用 OEM 工具创建唯一性约束

在 OEM 下创建 UNIQUE 约束的操作步骤与创建主键约束的步骤基本相同，只是选择约束类型时选择“UNIQUE”约束，详细操作可参考 4.4.1 节的“使用 OEM 工具创建主键约束”。

4.4.4 定义检查约束

检查约束用来指定某列的可取值的范围，通过限制输入到列中的值来强制域的完整性，即检查输入的每一个数据，只有符合条件的数据才允许输入到表中。CHECK 约束既可以定义为列级约束，也可以定义为表级约束，并且还可以在一个字段上定义多个 CHECK 约束，以它们定义的顺序来检验值的有效性。

1. 使用 SQL 命令创建检查约束

创建检查约束的语法格式如下：

```
[ CONSTRAINT constraint_name ] CHECK (expression)
```

其中，expression 定义要对字段进行检查的条件，主要是关系表达式和逻辑表达式。表达式中可以包含关系运算符、逻辑运算符和 IN、LIKE 和 BETWEEN 等特殊运算符，表达式的运算结果是布尔值真或假。

例 4.29 重新创建学生表 student，包含学号（studentID）、姓名（name）、性别（sex）、年龄（age）以及所在系（sdept）五个字段，并在年龄字段创建一个 CHECK 约束，使得年龄的值在 18 ~ 30 岁之间。

```
DROP TABLE student;

CREATE TABLE student
(studentID CHAR(6) PRIMARY KEY,
name VARCHAR2(8),
sex CHAR(2),
age number(3) CONSTRAINT ch_age CHECK (age >=18 AND age <=30),
sdept varCHAR2(10));
```

当向该表执行插入或更新操作时，系统会检查插入的新列值是否满足 CHECK 约束的条件，若不满足，系统会报错，并拒绝执行插入或更新操作。

例 4.30 修改学生表 student，在所在系 sdept 字段创建一个 CHECK 约束，以限制只能输入有效的系名称。

```
ALTER TABLE student  ADD CONSTRAINT ch_sdept
CHECK(sdept IN('软件工程系','计算机应用系','网络工程系'));
```

2. 使用 OEM 工具创建检查约束

在 OEM 下创建 CHECK 约束的操作步骤与创建主键约束的步骤基本相同，只是选择约束类型时选择“CHECK”约束，弹出如图 4-12 所示的添加 CHECK 约束条件界面，在“名称”文本框中填写约束名称，在“检查条件”文本框中填写约束条件，如 sex in（'男'，'女'）表示性别字段只能输入“男”或“女”，其他详细操作可参考 4.4.1 节的“使用 OEM 工具创建主键约束”。

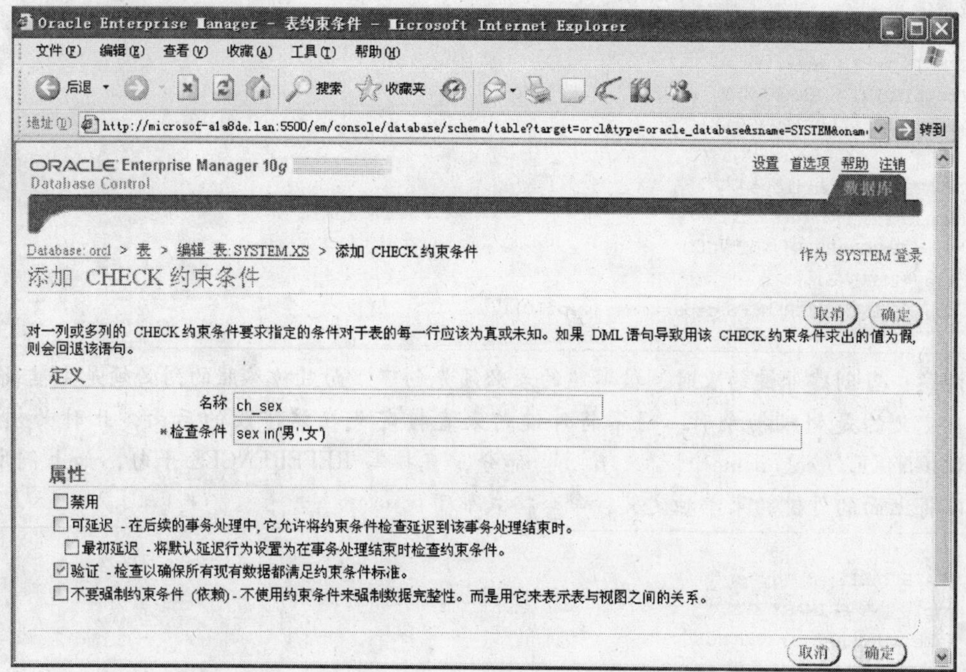

图 4-12 添加 CHECK 约束条件

4.4.5 定义外键约束

外键约束用于与其他表（称为参照表，或父表）中的列（称为参照列）建立连接。将参照表中的主键所在列或具有唯一性约束的列包含在另一个表（称为子表）中，这些列就构成了子表的外键。子表中的外键字段的取值只能在父表的参照列的值范围内，或者为空值。若父表的参照列的某个值被子表的外键引用，那么该值不能被删除，也不能被修改。通过定义外键约束来实现参照完整性。

可以为一个字段定义外键约束，也可以为多个字段的组合定义外键约束。因此，外键约束既可以在列级定义，也可以在表级定义。如果外键约束参照的是自身表的主键，这称为“自引用”。

1. 使用 SQL 命令创建外键约束

创建外键约束的语法格式如下：

```
[ CONSTRAINT constraint_name ] [ FOREIGN KEY (col_name1[,...n]) ]
REFERENCES table_name(column_name1[,...n])
```

其中各参数的意义如下：

- FOREIGN KEY (col_name1 [, ...n])：本表中要实现外键约束的列。
- table_name：参照表的表名。
- column_name1 [, ...n]：参照表中的参照列。

例 4.31 在当前方案下，创建雇员表 employee 和部门表 department，其中 department 表包含部门编号 deptID 和部门名称 deptName，deptID 为主键；employee 表包含职工编号 empID、职工姓名 name、年龄 age、所在部门 deptID，其中 empID 为主键，deptID

为外键。

```
CREATE TABLE department
(deptID INT PRIMARY KEY,
 deptName VARCHAR2(20));

CREATE TABLE employee
(empID INT PRIMARY KEY,
 name VARCHAR2(8) NOT NULL,
 age NUMBER(3),
 deptID INT REFERENCES department(deptID));
```

注意：当创建外键约束时，被参照的表必须先创建，而且被参照的列必须是主键或唯一键。当定义的是列级约束时，通常将外键约束直接定义在该字段的后面，此时必须省略“FOREIGN KEY(col_name1 [, ...n])”部分，直接写 REFERENCES 子句，如上例所示。也可以将上面的外键约束单独定义，命令格式如下：

```
CREATE TABLE employee
(empID INT PRIMARY KEY,
 name VARCHAR2(8) NOT NULL,
 age NUMBER(3),
 deptID INT,
 CONSTRAINT fk_emp FOREIGN KEY(deptID) REFERENCES department(deptID));
```

注意：比较两种写法的区别。

例 4.32 删除 employee 表上的外键约束。

```
ALTER TABLE employee
DROP CONSTRAINT fk_emp;
```

例 4.33 通过 ALTER TABLE 命令在 employee 表上创建外键约束。

```
ALTER TABLE employee
ADD CONSTRAINT fk_emp FOREIGN KEY(deptID) REFERENCES department(deptID);
```

注意：将外键约束添加到一个已有数据的列上时，默认情况下系统会自动检查表中已有数据，以确保这些数据和参照表中的主键保持一致，或者为 NULL。

2. 使用 OEM 创建外键约束

在 OEM 下创建 FOREIGN 约束的操作步骤与创建主键约束的步骤基本相同，只是选择约束类型时选择“FOREIGN”约束，弹出如图 4-13 所示的添加 FOREIGN 约束条件界面。在“名称”文本框中填写约束名称，在“表列”的“可用列”中将需要定义外键的字段移动到“所选列”表框中。在“引用表列”的“引用”文本框中添加引用表的表名（即父表的表名），也可以通过单击搜索需要的引用表，单击“开始”按钮，引用表的所有字段出现在“引用表列”的“可用列”表框中，将引用的字段移动到“所选列”中，单击“确定”按钮，即可完成外键约束的定义。

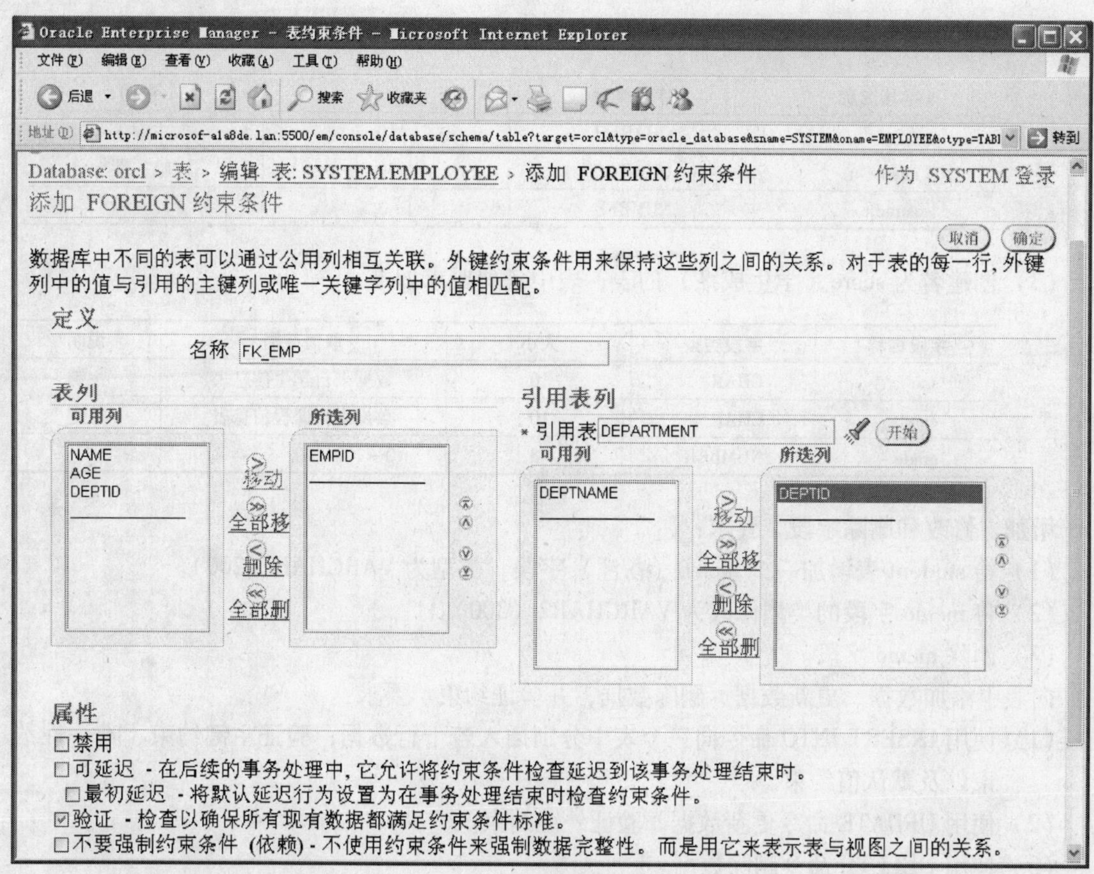

图 4-13 添加 FOREIGN 约束条件

4.5 实验

【实验目的】

1. 掌握使用 OEM 工具创建、修改和删除表。
2. 掌握使用 SQL 语句创建、修改和删除表。
3. 掌握使用 SQL 语句插入、修改和删除数据。
4. 理解各种约束的作用，并能够使用 OEM 工具和 SQL 命令为表创建各种约束。

【实验内容】

分别使用 OEM 和 SQL 语句完成下面的内容。

1. 创建表并添加相应的约束。要求：

（1）创建名为 student（学生信息）的表，表中各列要求如下：

字段名称	字段类型	大小	说明
sno	CHAR	10	主键
sname	VARCHAR2	8	
sex	CHAR	2	默认值为男，只能输入男或女
birthday	DATE		
sdept	CHAR	20	

（2）创建名为 course（课程信息）的表，表中各列要求如下：

字段名称	字段类型	大小	说明
cno	CHAR	10	主键
cname	CHAR	30	唯一性
ccredit	NUMBER	3	

（3）创建名为 score（学生成绩）的表，表中各列要求如下：

字段名称	字段类型	大小	取值范围	说明
sno	CHAR	10	数据来自学生信息表	主键
cno	CHAR	10	数据来自课程信息表	主键
grade	NUMBER	3	0~100	

2. 增加、修改和删除字段，要求：

（1）给 student 表增加一个 memo（备注）字段，类型为 VARCHAR2(200)。

（2）将 memo 字段的类型修改为 VARCHAR2（300）。

（3）删除 memo 字段。

3. 向表中添加数据、更新数据、删除数据，并验证约束。要求：

（1）使用 INSERT INTO 命令向三个表中分别插入若干行数据，验证主键约束、唯一性约束以及默认值约束。

（2）使用 UPDATE 命令更新数据，验证外键约束。

（3）使用 DELETE 命令删除数据。

4. 删除表。要求：

（1）使用 OEM 工具删除表。

（2）利用 DROP TABLE 语句删除表。

4.6 习题

1. 以下关于 INSERT 语句的 VALUES 子句的说法哪个是正确的？

A. 如果没有指定字段的列表，则这些值必须按照表中列的顺序列出

B. INSERT 语句中的 VALUES 子句是可选的

C. 在 VALUES 子句中，字符、日期和数字数据必须用单引号引起来

D. 要在 VALUES 子句中指定一个空值，可使用空字符串（" "）

2. 为人力资源部门设计表，此表必须用一列来包含每个雇员的聘用日期。应该为此列指定以下哪一种数据类型？

A. CHAR　B. DATE　C. TIMESTAMP　D. INTERVAL YEAR TO MONTH

3. 如果某一列用于存储多达 4GB 的二进制数据，则应该定义为哪种数据类型？

A. LONG　B. NUMBER　C. BLOB　D. LONGRAW

4. 需要删除 student 表中的所有数据、该表的结构以及与该表相关的索引，应使用下面哪条语句？

A. DROP TABLE　B. TRUNCATE TABLE

C. ALTER TABLE　　　　　　D. DELETE TABLE

5. 以下关于创建表的说法哪个是正确的?
   A. 使用 CREATE TABLE 语句时，随时会在当前用户方案中创建表
   B. 如果 CREATE TABLE 语句中没有明确包含某个方案，则会在当前用户方案中创建表
   C. 如果 CREATE TABLE 语句中没有明确包含某个方案，CREATE TABLE 语句则会失效
   D. 如果 CREATE TABLE 语句中明确包含某个方案，但是该方案不存在，则会创建该方案
6. 以下关于列的说法哪个是正确的?
   A. 不可以增大 CHAR 列的宽度
   B. 如果列包含非空数据，则可以修改列的数据类型
   C. 可以将 CHAR 数据类型的列转换为 VARCHAR2 数据类型
   D. 可以将 DATE 数据类型列转换为 VARCHAR2 数据类型
7. 以下关于 NOT NULL 约束条件的说法哪个是正确的?
   A. 必须在列级定义 NOT NULL 约束条件
   B. 可以在列级或表级定义 NOT NULL 约束条件
   C. NOT NULL 约束条件要求列包含字母数字值
   D. NOT NULL 约束条件要求列不能包含字母数字值
8. 以下关于 FOREIGN KEY 约束条件的说法哪个是正确的?
   A. 自动为 FOREIGN KEY 约束条件创建索引
   B. FOREIGN KEY 约束条件允许受约束的列包含存在于父表的主键或特殊键列中的值
   C. FOREIGN KEY 约束条件要求在将某个值添加到受约束的列之前检查允许的值列表
   D. FOREIGN KEY 列可以具有与其引用的主键列不同的数据类型
9. Oracle 允许你在子表中创建 FOREIGN KEY 约束条件之前，父表应当先具备什么条件?
   A. 在父表的主键列已经存在 FOREIGN KEY 约束条件
   B. 在父表中必须存在 PRIMARY KEY 或 UNIQUE 约束条件
   C. 在父表中必须存在索引
   D. 在父表中必须存在 CHECK 约束条件
10. 需要对雇员表的雇员标识列添加 PRIMARY KEY 约束条件，应该使用以下哪条 ALTER TABLE 语句?

A.
```
ALTER TABLE 雇员
ADD PRIMARY KEY (雇员标识);
```
B.
```
ALTER TABLE
ADD CONSTRAINT PRIMARY KEY 雇员 (雇员标识);
```
C.
```
ALTER TABLE 雇员
MODIFY 雇员标识 PRIMARY KEY;
```
D.
```
ALTER TABLE 雇员
MODIFY CONSTRAINT PRIMARY KEY (雇员标识);
```

第5章 SQL基本查询

数据查询可以从数据库中检索出符合条件的数据记录，是数据库应用中最常用的操作。数据查询使用SELECT语句完成，该语句功能强大、使用灵活。

本章要点

- 基本查询语句SELECT
- SQL * Plus的常用函数
- 格式查询结果
- SQL脚本文件的创建与执行

5.1 SELECT基本查询语句

在Oracle中，SELECT语句是使用频率最高的语句之一。SELECT语句的作用是让数据库服务器根据客户的要求从数据库中搜索出所需要的信息，并且可以按规定的格式进行分类、统计、排序，再把结果返回给客户。另外，利用SELECT语句还可以设置和显示系统信息、给局部变量赋值等。

SELECT语句具有强大的查询功能，完整的语法非常复杂，掌握了SELECT语句就可以轻松地利用数据库来完成自己的工作。SELECT语句的基本语法格式如下：

```
SELECT [ ALL | DISTINCT ]  select_list
FROM [schema.]table_name |[schema.]view_name
[ WHERE search_condition ]
[ GROUP BY group_by_expression [ HAVING search_condition ] ]
[ ORDER BY order_expression [ ASC | DESC ] ]
```

SELECT语句的含义是：根据WHERE子句的条件表达式，从FROM子句所指定的表或视图中查找满足条件的记录，再按select_list所指定的查询列表项显示结果。还可以根据GROUP BY子句给出的分组表达式将查询结果进行分组。ORDER BY子句的作用是将查询结果进行排序。在Oracle中，SELECT语句必须包含SELECT和FROM子句，即使有些查询不需要表时，通常也要用DUAL表来补足语法；而其他子句可以根据查询的要求进行选择。下面先介绍SELECT子句和FROM子句。

5.1.1 SELECT子句和FROM子句

SELECT子句和FROM子句是SELECT语句的必选项，也就是说，每个SELECT语句都必须包含这两个子句。其语法格式如下：

```
SELECT [ ALL | DISTINCT ]  select_list
FROM [schema.]table_name |[schema.]view_name
```

其中各参数的意义如下：

- SELECT：用于查询的关键字。
- ALL | DISTINCT：ALL表示筛选出表中满足条件的所有记录，一般情况下可省略；

DISTINCT 表示从查询结果集中去掉重复的行。

- select_list：指定查询的字段，如果要查询所有的字段可以使用星号（*）代替。
- [schema.] table_name：指定查询的数据源的表名称和它的方案名，如果表是当前数据库连接用户方案下的表，则方案名可以省略。
- [schema.] view_name：指定查询的数据源的视图名称和它的方案名，方案名也可以省略。

1. 选择所有列

在 SELECT 子句中可以使用星号（*）显示表中所有的列。

例 5.1 显示 scott 方案下的 emp 表中的所有列。

```
SELECT * FROM scott.emp;
```

2. 指定列

指定列的语法格式如下：

```
SELECT column_name1[,column_name2,…]
FROM [schema.]table_name |[schema.]view_name
```

其中，column_name1[，column_name2，…] 是要查询的字段列表，中间用逗号隔开。

例 5.2 查询 scott 方案下的 emp 表中每个雇员的 empno、ename、job 的值。

```
SELECT empno,ename,job
FROM scott.emp;
```

执行结果如图 5-1 所示。

注意：

- 在数据查询时，列的显示顺序由 SELECT 子句指定，该顺序可以和列定义时顺序不同，这并不影响数据在表中的存储顺序。
- 在查找多列内容时，用逗号将各字段分开。

---

3. 改变列标题

在缺省情况下，查询结果中显示的列标题就是在创建表时使用的字段名，用户可以根据要求在 SELECT 语句中改变列标题，语法格式如下：

```
SELECT column_name1 [ AS] alias, column_name2 [ AS] alias,…
FROM [schema.]table_name |[schema.]view_name
```

其中，column_name 是要查询的字段名；AS 是为字段起别名的关键字，可以省略；alias 是为字段起的别名。

例 5.3 查询 scott 方案下的 emp 表中每个雇员的 empno、ename、job 的值，并将结果中各列的标题指定为编号、姓名、工作。

```
SELECT empno AS 编号,ename AS 姓名,job AS 工作
FROM scott.emp;
```

或

```
SELECT empno 编号,ename 姓名,job 工作
FROM scott.emp;
```

执行结果如图 5-2 所示。

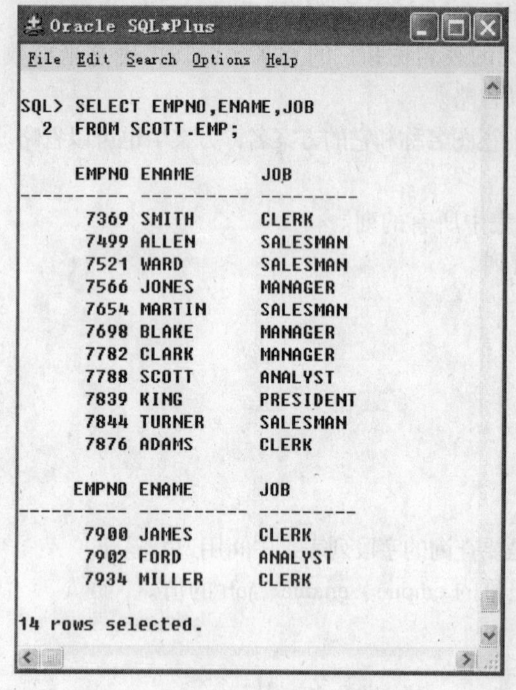

图 5-1　在 emp 表中选择列

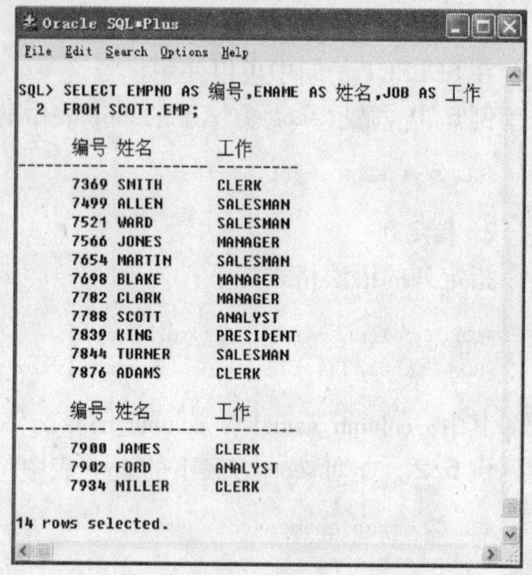

图 5-2　在查询结果中添加列标题

注意：如果列标题中包含了一些特殊的字符，如空格，就必须用双引号将列标题括起来。

---

4. 使用计算列

在进行数据查询时，经常需要对表中数据计算后才能得到满意的结果。在查询结果中可以输出对列计算后的值，即 SELECT 子句中可以使用表达式作为查询对象。可以使用各种运算符和函数对字段的值进行计算。函数包括普通函数和统计函数，分别在后面的章节介绍。而运算符通常使用算术运算符和字符串连接运算符（||）。算数运算符包括加（+）、减（-）、乘（*）、除（/）和取模（%）运算。

例 5.4　查询 scott 方案下的 emp 表中每个雇员的姓名、工作和工资增加 300 元后的新工资。

```
SELECT ename||'的工作是'||job AS 雇员, sal+300 AS 新工资 FROM scott.emp;
```

执行结果如图 5-3 所示。

注意：如果不为计算列指定列标题，系统将直接使用计算表达式作为列标题。对表中列的计算只是影响查询结果，并不改变表中的数据。

---

5. DISTINCT 关键字

使用 DISTINCT 关键字可以从结果集中消除重复的行，使结果更简洁。其语法格式如下：

```
SELECT DISTINCT column_name1[,column_name2,…]
FROM [schema.]table_name |[schema.]view_name
```

```
C:\oracle\product\10.1.0\db_1\bin\sqlplus.exe
SQL> SELECT ename||'的工作是'||job AS 雇员, sal+300 AS 新工资
  2  FROM scott.emp;

雇员                                 新工资
--------------------------- ----------
SMITH的工作是CLERK                   1800
ALLEN的工作是SALESMAN                1900
WARD的工作是SALESMAN                 1550
JONES的工作是MANAGER                 3275
MARTIN的工作是SALESMAN               1550
BLAKE的工作是MANAGER                 3150
CLARK的工作是MANAGER                 2750
SCOTT的工作是ANALYST                 3300
KING的工作是PRESIDENT                4300
TURNER的工作是SALESMAN               1800
ADAMS的工作是CLERK                   1400

雇员                                 新工资
--------------------------- ----------
JAMES的工作是CLERK                   1250
FORD的工作是ANALYST                  3300
MILLER的工作是CLERK                  1600

已选择14行。

SQL> _
```

图 5-3　增加计算列后的查询结果

例 5.5　查询 scott 方案下的 emp 表中的 job 和 deptno 字段，要求去除重复的行。

```
SELECT job,deptno
FROM scott.emp;
SELECT DISTINCT job,deptno
FROM scott.emp;
```

执行结果分别如图 5-4 和图 5-5 所示。可以看到，不带 DISTINCT 关键字的查询结果集包含 14 条记录，而使用 DISTINCT 关键字的查询结果集只包含 9 条记录，去掉了重复的行。

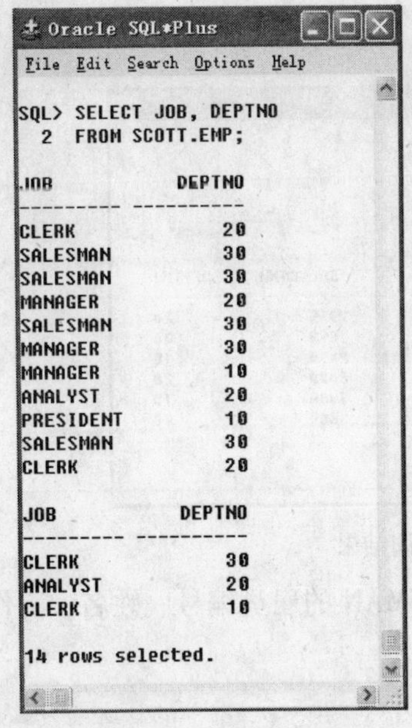

图 5-4　不使用 DISTINCT 的结果集

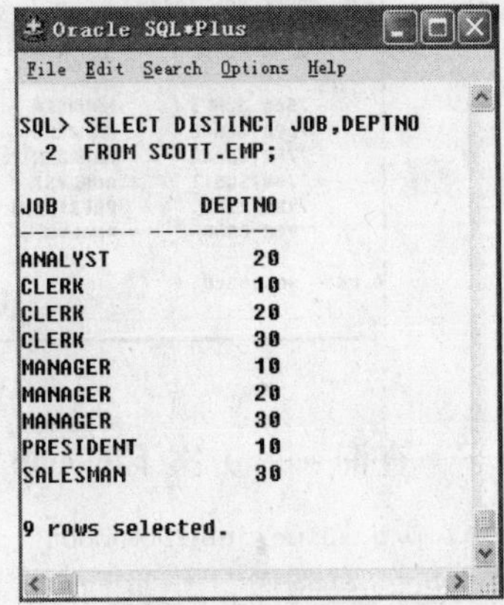

图 5-5　使用 DISTINCT 消除重复行

注意：DISTINCT关键字的作用范围是整个查询的结果集，而不是单独的一列。如果同时对两列或多列数据进行查询时使用了DISTINCT关键字，将返回整条记录不重复的行。

5.1.2 WHERE子句

在实际工作中，大部分查询并不是针对表中所有记录进行查询，而是要找出满足某些条件的记录。此时我们可以在SELECT语句中使用WHERE子句，目的是从表中筛选出符合条件的行，WHERE子句必须紧跟在FROM子句之后，其语法格式如下：

```
SELECT select_list
FROM [schema.]table_name | [schema.]view_name
WHERE search_condition
```

其中，search_condition指定从表中查询记录的筛选条件。筛选条件是指由比较运算符、逻辑运算符、字符串模式匹配符、是否为空运算符等构成的表达式，该表达式的结果是逻辑值真或假。

在使用字符串和日期数据进行比较时，应符合下面的规定：

- 字符串和日期必须用单引号括起来。
- 字符串数据区分大小写。
- 日期数据的格式是敏感的，默认的日期格式是DD-MON-YY。

1. 比较运算符

WHERE子句允许使用的比较运算符包括以下几种：=（等于）、<（小于）、>（大于）、<=（小于等于）、>=（大于等于）、<>或!=（不等于）、!>（不大于）、!<（不小于）。

例5.6 查询scott方案下的emp表中工资大于2000的雇员信息。

```
SELECT * FROM scott.emp
WHERE sal>2000;
```

执行结果如图5-6所示。

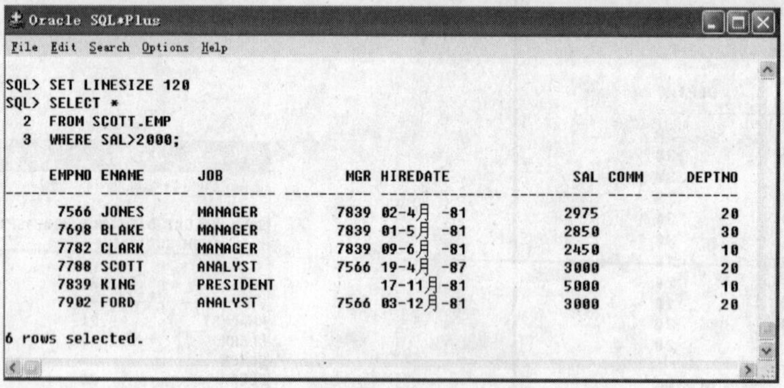

```
Oracle SQL*Plus
File Edit Search Options Help

SQL> SET LINESIZE 120
SQL> SELECT *
  2  FROM SCOTT.EMP
  3  WHERE SAL>2000;

     EMPNO ENAME      JOB              MGR HIREDATE          SAL       COMM     DEPTNO
---------- ---------- --------- ---------- -------------- ---------- ---- ----------
      7566 JONES      MANAGER         7839 02-4月 -81          2975               20
      7698 BLAKE      MANAGER         7839 01-5月 -81          2850               30
      7782 CLARK      MANAGER         7839 09-6月 -81          2450               10
      7788 SCOTT      ANALYST         7566 19-4月 -87          3000               20
      7839 KING       PRESIDENT            17-11月-81          5000               10
      7902 FORD       ANALYST         7566 03-12月-81          3000               20

6 rows selected.
```

图5-6 工资大于2000的查询结果

例5.7 查询scott方案下的emp表中工作为SALESMAN的雇员编号、姓名、工作信息。

```
SELECT empno,ename,job FROM scott.emp
WHERE job='SALESMAN';
```

执行结果如图5-7所示。

注意：表中的字符串常量是区分大小写的，而表名、字段名和SQL命令不区分大小写。

2. 逻辑运算符

在WHERE子句中可以使用逻辑运算符把若干个查询条件连接起来，从而实现比较复杂的选择查询。可以使用的逻辑运算符包括逻辑与（AND）、逻辑或（OR）和逻辑非（NOT）。其语法格式如下：

```
SELECT select_list
FROM [schema.]table_name | [schema.]view_name
WHERE [ NOT ] search_condition { AND | OR } [ NOT ] search_condition
```

例5.8 查询scott方案下的emp表中工资在2000~3000元之间的雇员记录。

```
SELECT empno,ename,job,sal FROM scott.emp
WHERE sal >=2000 AND sal <3000;
```

执行结果如图5-8所示。

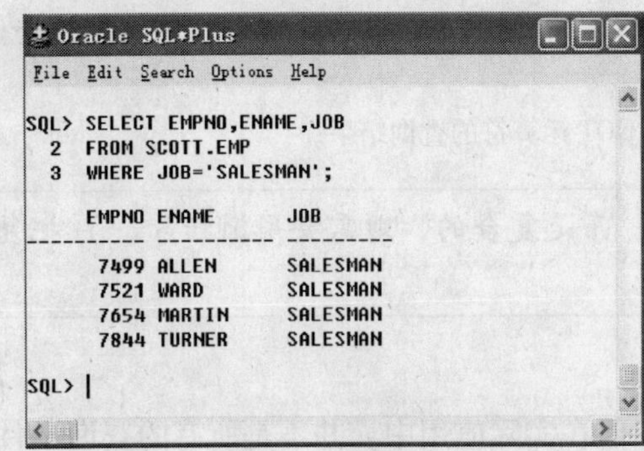

图5-7 工作为SALESMAN的查询结果

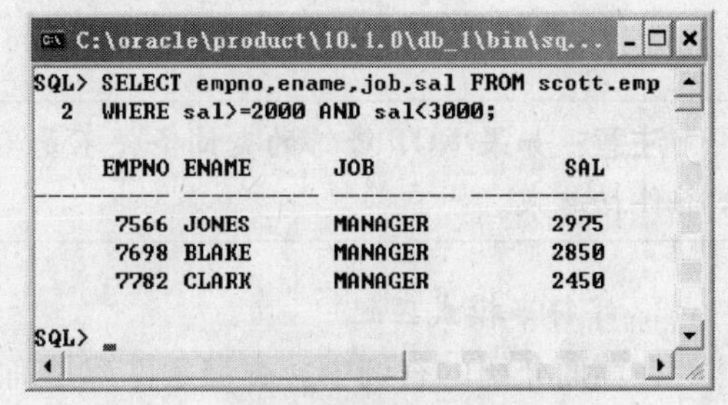

图5-8 工资在2000~3000的查询结果

例5.9 查询scott方案下的emp表中工作为SALESMAN或CLERK的雇员的编号、姓名、工作。

```
SELECT empno,ename,job FROM scott.emp
WHERE job = 'SALESMAN' OR job = 'CLERK';
```

执行结果如图5-9所示。

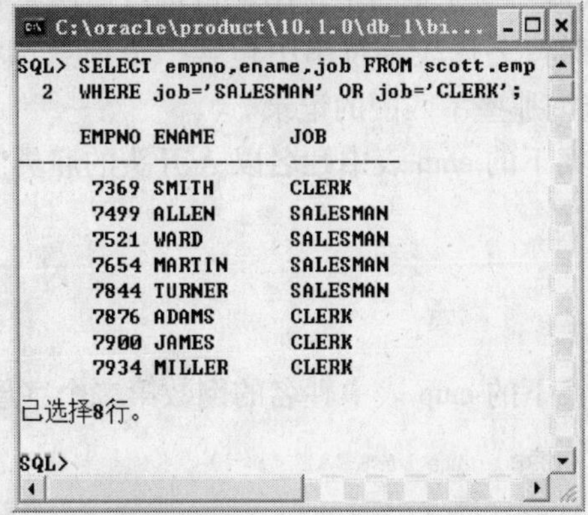

图5-9 在WHERE子句中使用OR运算符的查询结果

例 5.10 查询 scott 方案下的 emp 表中不在 10 和 20 部门工作的雇员信息。

```
SET linesize 140    --设置每行显示的字符数
SELECT * FROM scott.emp WHERE NOT (deptno =10 OR deptno =20);
```

执行结果如图 5-10 所示。

```
C:\oracle\product\10.1.0\db_1\bin\sqlplus.exe
SQL> set linesize 140
SQL> SELECT * FROM scott.emp WHERE NOT (deptno=10 OR deptno=20);

     EMPNO ENAME      JOB              MGR HIREDATE            SAL       COMM     DEPTNO
---------- ---------- --------- ---------- -------------- ---------- ---------- ----------
      7369 SMITH      CLERK           7902 17-12月-80          1500                    30
      7499 ALLEN      SALESMAN        7698 20-2月 -81          1600        300         30
      7521 WARD       SALESMAN        7698 22-2月 -81          1250        500         30
      7654 MARTIN     SALESMAN        7698 28-9月 -81          1250       1400         30
      7698 BLAKE      MANAGER         7839 01-5月 -81          2850                    30
      7844 TURNER     SALESMAN        7698 08-9月 -81          1500          0         30
      7900 JAMES      CLERK           7698 03-12月-81           950                    30

已选择7行。

SQL>
```

图 5-10 在 WHERE 子句中使用 NOT 运算符的查询结果

注意：如果 NOT 修饰的查询条件不是单个的，而是复合的，则需要用圆括号（）把复合条件括起来。

3. 字符串模式匹配

在前面介绍的查询中，查询条件都是确定的。但在实际应用中，并不是所有的查询条件都是确定的。例如，要查询公司中一个姓张的销售人员，但不知道叫什么名字，此时，精确查询就不管用了，必须使用 LIKE 关键字进行模糊查询。其语法格式如下：

```
SELECT select_list
FROM [schema.]table_name |[schema.]view_name
WHERE expression [ NOT ] LIKE 'string'
```

其中，string 是匹配字符串，其含义是查找由 expression 指定的表达式与匹配字符串相匹配的记录。匹配字符串可以是一个完整的字符串，也可以使用% 和_两种匹配符。% 代表字符串中包含零个或多个任意字符；_代表字符串中包含一个任意字符。NOT 关键字是对 LIKE 运算符的否定，表示可以查询那些不匹配的记录。

例 5.11 查询 scott 方案下的 emp 表中姓名以 A 开头的雇员信息。

```
SELECT * FROM scott.emp
WHERE ename LIKE 'A%';
```

执行结果如图 5-11 所示。

例 5.12 查询 scott 方案下的 emp 表中姓名的倒数第二个字母是 E 的雇员信息。

```
SELECT * FROM scott.emp WHERE ename LIKE '%E_';
```

执行结果如图 5-12 所示。

```
C:\oracle\product\10.1.0\db_1\bin\sqlplus.exe
SQL> SELECT * FROM scott.emp
  2  WHERE ename LIKE 'A%';

     EMPNO ENAME      JOB              MGR HIREDATE          SAL       COMM     DEPTNO
---------- ---------- --------- ---------- ---------- ---------- ---------- ----------
      7499 ALLEN      SALESMAN        7698 20-2月 -81       1600        300         30
      7876 ADAMS      CLERK           7788 23-5月 -87       1100                    20

SQL> _
```

图 5-11　姓名以 A 开头的雇员查询结果

```
C:\oracle\product\10.1.0\db_1\bin\sqlplus.exe
SQL> SELECT * FROM scott.emp WHERE ename LIKE '%E_';

     EMPNO ENAME      JOB              MGR HIREDATE          SAL       COMM     DEPTNO
---------- ---------- --------- ---------- ---------- ---------- ---------- ----------
      7499 ALLEN      SALESMAN        7698 20-2月 -81       1600        300         30
      7566 JONES      MANAGER         7839 02-4月 -81       2975                    20
      7844 TURNER     SALESMAN        7698 08-9月 -81       1500          0         30
      7900 JAMES      CLERK           7698 03-12月-81        950                    30
      7934 MILLER     CLERK           7782 23-1月 -82       1300                    10

SQL>
```

图 5-12　姓名的倒数第二个字母是 E 的查询结果

4. 范围比较

在 WHERE 子句中可以使用 BETWEEN 和 AND 关键字对表中某一范围内的数据进行查询，系统将逐行检查表中的数据是否在 BETWEEN 和 AND 关键字设定的范围内，该范围是一个连续的闭区间。如果在其设定的范围内，则取出该行，否则不取该行。其语法格式如下：

```
SELECT select_list
FROM [schema.]table_name |[schema.]view_name
WHERE column_name [ NOT ] BETWEEN expression1 AND expression2
```

例 5.13　查询 scott 方案下的 emp 表中雇佣日期为 1987 年的雇员的记录。

```
SELECT * FROM scott.emp
WHERE hiredate BETWEEN '1-1月-1987' AND '31-12月-1987';
```

执行结果如图 5-13 所示。

```
C:\oracle\product\10.1.0\db_1\bin\sqlplus.exe
SQL> SELECT * FROM scott.emp
  2  WHERE hiredate BETWEEN '1-1月-1987' AND '31-12月-1987';

     EMPNO ENAME      JOB              MGR HIREDATE          SAL       COMM     DEPTNO
---------- ---------- --------- ---------- ---------- ---------- ---------- ----------
      7788 SCOTT      ANALYST         7566 19-4月 -87       3000                    20
      7876 ADAMS      CLERK           7788 23-5月 -87       1100                    20

SQL> _
```

图 5-13　BETWEEN 关键字的使用

与 BETWEEN…AND…相对的 NOT BETWEEN…AND…，用于查询不在某一范围内的数据。

5. 使用查询列表

如果要查询的字段的取值范围不是一个连续的区间，而是一些离散的值，那么可以使用关键字 IN 进行查询。其语法格式如下：

```
SELECT select_list
FROM [schema.]table_name | [schema.]view_name
WHERE column_name [ NOT ] IN (value1,value2,…)
```

例 5.14　查询 scott 方案下的 emp 表中工作分别为 CLERK、ANALYST、MANAGER 的雇员信息。

```
SELECT * FROM scott.emp
WHERE job IN ('CLERK','ANALYST','MANAGER');
```

该命令与下面命令等价：

```
SELECT * FROM scott.emp
WHERE job = 'CLERK' OR job = 'ANALYST' OR job = 'MANAGER';
```

执行结果如图 5-14 所示。

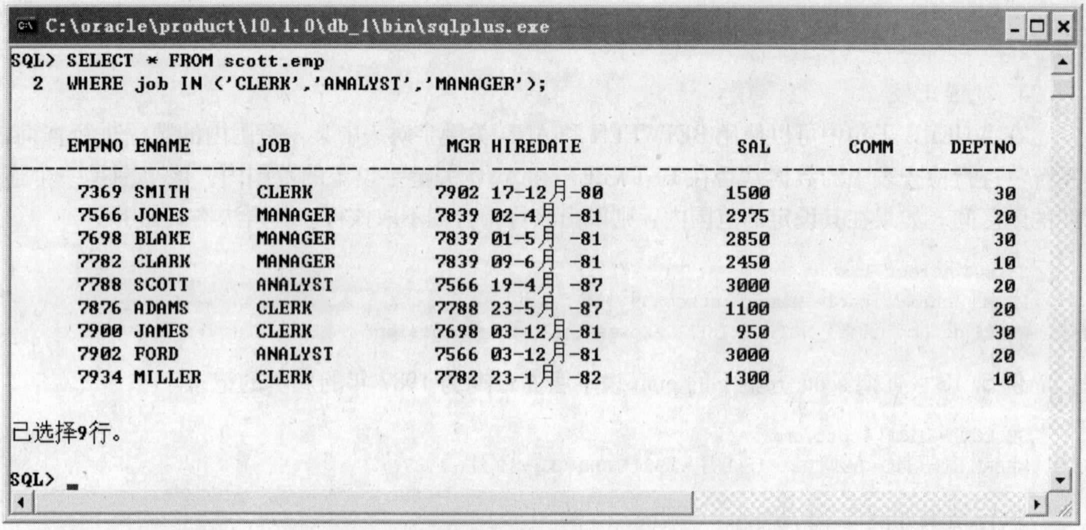

```
C:\oracle\product\10.1.0\db_1\bin\sqlplus.exe
SQL> SELECT * FROM scott.emp
  2  WHERE job IN ('CLERK','ANALYST','MANAGER');

     EMPNO ENAME      JOB              MGR HIREDATE              SAL       COMM     DEPTNO
---------- ---------- --------- ---------- -------------- ---------- ---------- ----------
      7369 SMITH      CLERK           7902 17-12月-80           1500                    30
      7566 JONES      MANAGER         7839 02-4月 -81           2975                    20
      7698 BLAKE      MANAGER         7839 01-5月 -81           2850                    30
      7782 CLARK      MANAGER         7839 09-6月 -81           2450                    10
      7788 SCOTT      ANALYST         7566 19-4月 -87           3000                    20
      7876 ADAMS      CLERK           7788 23-5月 -87           1100                    20
      7900 JAMES      CLERK           7698 03-12月-81            950                    30
      7902 FORD       ANALYST         7566 03-12月-81           3000                    20
      7934 MILLER     CLERK           7782 23-1月 -82           1300                    10

已选择9行。

SQL> _
```

图 5-14　IN 关键字的使用

与 IN 相对的 NOT IN，用于查询字段值不属于指定集合的记录。

6. 空值的判定

当需要判定一个表达式的值是否为空值时，使用 IS NULL 关键字。空值判定的语法格式如下：

```
SELECT select_list
FROM [schema.]table_name | [schema.]view_name
WHERE column_name IS [ NOT ] NULL
```

例 5.15　查询 scott 方案下的 emp 表中经理为空的记录。

```
SELECT * FROM scott.emp WHERE mgr IS NULL;
```

5.1.3 ORDER BY 子句

经常需要对查询结果排序输出，如雇员工资由高到低排列。SELECT 语句通过 ORDER BY 子句对查询结果进行排序显示。其语法格式如下：

```
SELECT select_list
FROM [schema.]table_name |[schema.]view_name
ORDER BY column_name |expression [ ASC | DESC ] [ , column_name |expression[ ASC | DESC ] …]
```

其中各参数的意义如下：

- column_name | expression：表示排序时用的字段或表达式。字段或表达式可以是一个也可以是多个。
- ASC：表示按升序排列，可省略。
- DESC：表示按降序排列。

例 5.16　将 scott 方案下的 emp 表中工作是 SALESMAN 的记录按工资的降序排列。

```
SELECT * FROM scott.emp
WHERE job = 'SALESMAN'
ORDER BY sal DESC
```

执行结果如图 5-15 所示。

```
C:\oracle\product\10.1.0\db_1\bin\sqlplus.exe
SQL> SELECT * FROM scott.emp
  2  WHERE job='SALESMAN'
  3  ORDER BY sal DESC;

     EMPNO ENAME      JOB              MGR HIREDATE              SAL       COMM     DEPTNO
---------- ---------- --------- ---------- -------------- ---------- ---------- ----------
      7499 ALLEN      SALESMAN        7698 20-2月 -81           1600        300         30
      7844 TURNER     SALESMAN        7698 08-9月 -81           1500          0         30
      7521 WARD       SALESMAN        7698 22-2月 -81           1250        500         30
      7654 MARTIN     SALESMAN        7698 28-9月 -81           1250       1400         30

SQL> _
```

图 5-15　工资降序排列的查询结果

注意：在默认情况下，ORDER BY 子句按升序进行排序，即默认使用的是 ASC 关键字。如果特别要求按降序进行排列，必须使用 DESC 关键字。另外，ORDER BY 子句后边的排序字段名可以写成该字段在 SELECT 子句后边位置的数字序号；如果查询命令中为字段起了别名，那么还可以用字段的别名进行排序。如下面两条命令所示：

```
--使用字段的数字序号进行排序
SELECT ename,sal FROM scott.emp
ORDER BY 2 asc;
--使用字段的别名进行排序
SELECT ename,sal AS salary FROM scott.emp
ORDER BY salary asc;
```

当 ORDER BY 子句指定了多个排序列时，系统先将查询结果按照 ORDER BY 子句中第一列指定的顺序排列，当该列出现相同值时，再将这些行按照第二列的顺序排列，依次类推。

例 5.17 将 scott 方案下的 emp 表中的记录先按工作升序排列，当工作相同时再按工资的降序排列。

```
SELECT empno,ename,job,sal FROM scott.emp
ORDER BY job,sal DESC;
```

执行结果如图 5-16 所示。

```
C:\oracle\product\10.1.0\db_1\bi...
SQL> SELECT empno,ename,job,sal FROM scott.
  2  ORDER BY job,sal DESC;

     EMPNO ENAME      JOB              SAL
---------- ---------- --------- ----------
      7788 SCOTT      ANALYST         3000
      7902 FORD       ANALYST         3000
      7369 SMITH      CLERK           1500
      7934 MILLER     CLERK           1300
      7876 ADAMS      CLERK           1100
      7900 JAMES      CLERK            950
      7566 JONES      MANAGER         2975
      7698 BLAKE      MANAGER         2850
      7782 CLARK      MANAGER         2450
      7839 KING       PRESIDENT       4000
      7499 ALLEN      SALESMAN        1600

     EMPNO ENAME      JOB              SAL
---------- ---------- --------- ----------
      7844 TURNER     SALESMAN        1500
      7521 WARD       SALESMAN        1250
      7654 MARTIN     SALESMAN        1250

已选择14行。
```

图 5-16 多个列排序的查询结果

5.1.4 使用统计函数

在实际应用中，常常会对表中的数据进行分类、统计、汇总等操作，如统计雇员的人数，统计某部门的平均工资等，这些操作都可以使用 Oracle 提供的统计函数来实现。统计函数用来处理数值型数据，常用的统计函数如表 5-1 所示。

表 5-1 常用统计函数表

函数名	描述
AVG ([DISTINCT]expression)	返回表达式的平均值，若使用 DISTINCT 则去掉重复值后再求平均值，忽略空值
MAX (expression)	返回表达式中的最大值，忽略空值
MIN(expression)	返回表达式中的最小值，忽略空值
SUM ([DISTINCT]expression)	返回表达式中所有值的和，忽略空值。使用 DISTINCT 关键字时只对不重复的值求和
COUNT ([DISTINCT]column_name)	返回表的指定字段中有数据的行数。使用 DISTINCT 关键字将忽略重复值的行
COUNT (*)	返回表中所有记录的行数

例 5.18 求 scott 方案下的 emp 表中所有雇员的平均工资、最高工资、最低工资、工资的总和。

```
SELECT AVG(sal) AS 平均工资,MAX(sal) AS 最高工资,
MIN(sal) AS 最低工资,SUM(sal) AS 工资总和
FROM scott.emp;
```

执行结果如图 5-17 所示。

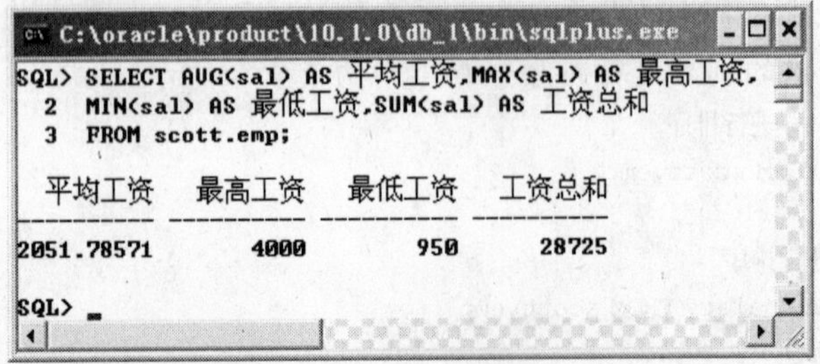

图 5-17 统计函数的使用

例 5.19 统计 scott 方案下的 emp 表中工作为 SALESMAN 的雇员的人数。

```
SELECT COUNT(empno) AS 人数 FROM scott.emp
WHERE job = 'SALESMAN';
```

执行结果如图 5-18 所示。

例 5.20 统计 scott 方案下的 emp 表中雇员的总人数。

```
SELECT COUNT(*) AS 总人数 FROM scott.emp;
```

执行结果如图 5-19 所示。

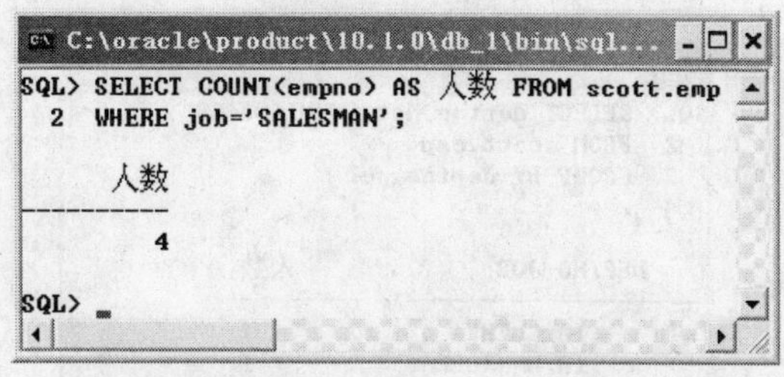

图 5-18 统计函数 COUNT 的使用

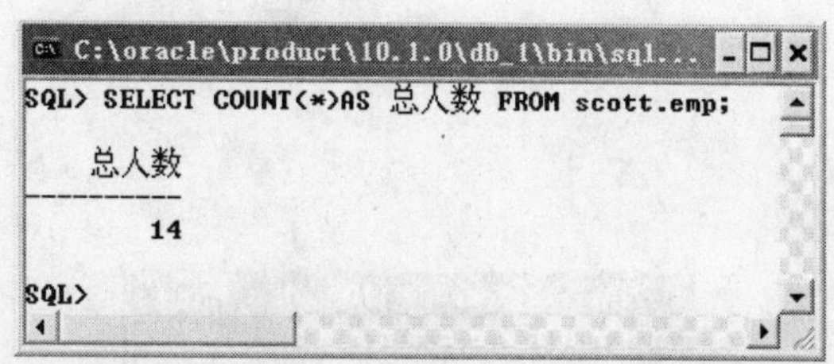

图 5-19 统计函数 COUNT（*）的使用

5.1.5 GROUP BY 子句

前面介绍的统计函数都是对表中的所有行或满足 WHERE 条件的部分行进行一次统计运算，返回一个汇总结果。但有时候，需要将表中的数据按照某些字段值分组，然后对每组内的数据进行统计，从而得到多个汇总结果，此时必须使用 GROUP BY 子句。该子句的功能是根据指定的列将表中数据分成多个组后进行汇总。其语法格式如下：

```
SELECT select_list
FROM [schema.]table_name |[schema.]view_name
WHERE search_condition
GROUP BY group_by_expression[,…n]
```

其中，group_by_expression 是用于分组的表达式，通常为字段名，可以是一个也可以是多个。如果分组的字段是多个，那么先按照第一个字段值分组，也就是将第一个分组字段值相同的行作为一组，然后在每个组内再按照第二个字段值进行分组，也就是说最终是基于这些列的唯一组合进行分组的，最后在分好的组中进行汇总。

在使用 GROUP BY 子句时，需要注意以下几个原则：

- 使用 GROUP BY 子句时，将分组字段值相同的行作为一组，而且每组只产生一个汇总结果，每个组只返回一行，不返回详细信息。
- 在 SELECT 子句的后面，只能有两种类型的表达式，一种是出现在 GROUP BY 子句后面的字段名或者是它的非统计函数表达式，另一种是其他非分组字段的统计函数表达式（统计函数可参见前面的介绍）。
- 如果在该查询语句中使用了 WHERE 子句，那么先在表中查询满足 WHERE 条件的记录，再将这些记录按照 GROUP BY 子句分组，也就是说 WHERE 子句先生效。
- GROUP BY 子句后面可以出现多个分组字段名，它们用逗号隔开。

例 5.21 统计 scott 方案下的 emp 表中各种工作的雇员人数。

```
SELECT job,COUNT(*) AS 人数
FROM scott.emp
GROUP BY job;
```

执行结果如图5-20所示。

例5.22 统计scott方案下的emp表中各个部门中的各种工作的雇员人数。

```
SELECT deptno,job,COUNT(*) AS 人数
FROM scott.emp
GROUP BY deptno,job;
```

执行结果如图5-21所示。

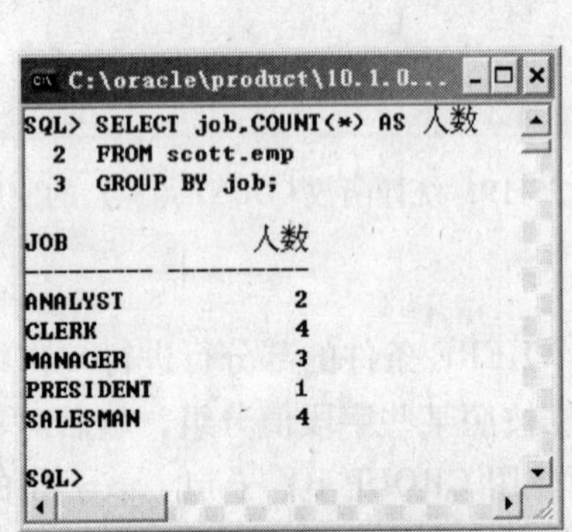

图5-20 分组汇总结果

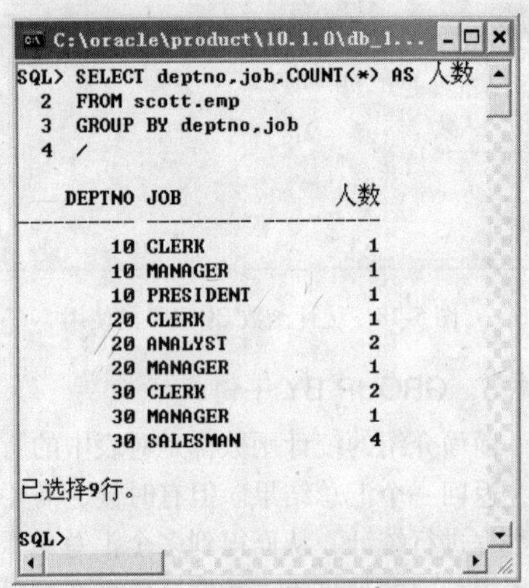

图5-21 按多个字段分组

5.1.6 HAVING子句

使用GROUP BY子句和统计函数对记录进行分组后，还可以使用HAVING子句对分组后的结果进一步筛选。如按工作分组后，求出各组的平均工资，然后在所有的组中查找平均工资大于2500的组记录。

例5.23 统计scott方案下的emp表中平均工资大于2500的工作。

```
SELECT job,AVG(sal) AS 平均工资
FROM scott.emp
GROUP BY job
HAVING AVG(sal)>2500;
```

执行结果如图5-22所示。

在SELECT语句中，当同时存在GROUP BY子句、HAVING子句和WHERE子句时，其执行顺序为：先WHERE子句，后GROUP BY子句，再HAVING子句。即先用WHERE子句从数据源中筛选出符合条件的记录，接着用GROUP BY子句对选出的记录按指定字段分组、汇总，最后再用HAVING子句筛选出符合条件的组。

例5.24 统计scott方案下的emp表中1982年后参加工作的、雇员人数超过了2人的部门编号。

```
SELECT deptno,COUNT(*) AS 人数
```

```
FROM scott.emp
WHERE hiredate > '1 - 1 月 - 1982'
GROUP BY deptno
HAVING COUNT ( * ) >= 2;
```

执行结果如图 5-23 所示。

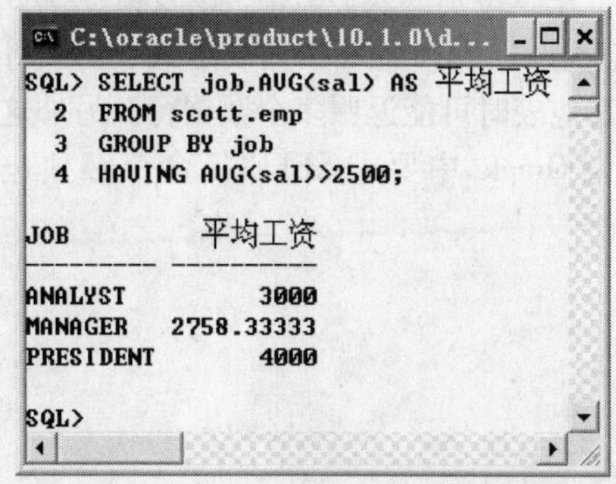

图 5-22 HAVING 关键字的使用

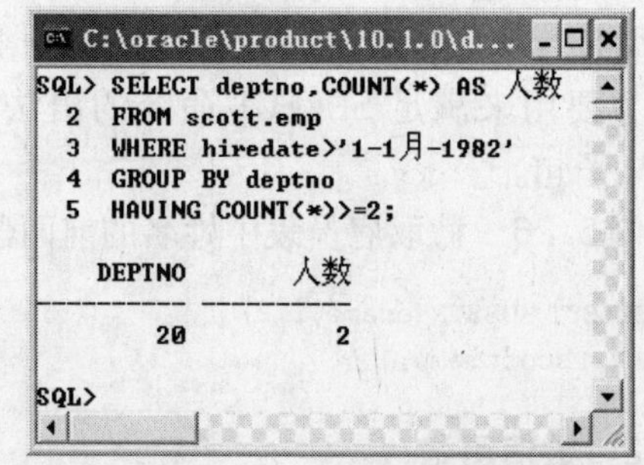

图 5-23 WHERE 与 HAVING 关键字同时使用

5.2 SQL * Plus 中常用函数介绍

Oracle 提供了大量函数，用户可以利用这些函数完成特定的运算和操作。常用的函数包括以下几种：字符串函数，数学函数，日期时间函数，转换函数。

5.2.1 字符串函数

字符串函数主要用于对字符串数据进行处理。可以在 SELECT 语句中使用字符串函数。常用的字符串函数如下所示：

- CONCAT(string1, string2)：连接两个字符串。
- LENGTH(string)：返回字符串 string 的长度。
- LOWER(string)：将给定字符串 string 的全部字母变成小写。
- UPPER(string)：将给定字符串 string 的全部字母变成大写。
- INITCAP(string)：将给定字符串 string 的首字母变成大写，其余字母不变。
- INSTR(string, value)：查询字符 value 在字符串 string 中出现的位置。
- LPAD(string, length[, padding])：在 string 左侧填充 padding 指定的字符串直到达到 length 指定的长度，若未指定 padding，则默认为用空格填充。
- RPAD(string, length[, padding])：在 string 右侧填充 padding 指定的字符串直到达到 length 指定的长度，若未指定 padding，则默认为用空格填充。
- LTRIM(string, [trimming_value])：去掉字符串 string 左边的由 trimming_value 指定的字符。
- RTRIM(string, [trimming_value])：去掉字符串 string 右边的由 trimming_value 指定的字符。
- REPLACE(string, string1[, string2])：替换字符串。在字符串 string 中查找 string1，并用 string2 替换。如果没有指定 string2，则查找到指定的字符串时，删除该字符串。
- SUBSTR(string, start, [count])：获取字符串 string 的子串。返回 string 中从 start 位

置开始长度为 count 的子串。

例5.25 转换字符的大小写。

```
SELECT UPPER('abc'),LOWER('ABC'),INITCAP('abc')
FROM DUAL;
```

在上面的查询语句中，使用了 Oracle 系统的一个比较特别的表 DUAL。该表属于 SYS 方案，但所有用户都可以使用 DUAL 名称直接访问它。用 SELECT 计算常量表达式、伪列等值时经常使用该表，因为它只返回一行数据，而使用其他表时可能返回多个数据行。另外这个表还主要用来满足 SELECT 命令的语法要求，因为 Oracle 中要求 SELECT 命令必须包含 FROM 子句。

例5.26 截取雇员表中姓名的前两位字母。

```
SELECT SUBSTR(ename,1,2)
FROM scott.emp;
```

5.2.2 数值函数

数值函数通常对输入的数字参数执行某些特定的数学计算，并返回运算结果。常用的数值函数如下所示：

- ABS(value)：返回给定数字表达式的绝对值。
- CEIL(value)：返回大于或等于 value 的最小整数值。
- FLOOR(value)：返回等于或小于 value 的最大整数值。
- COS(value)：求余弦值。
- COSH(value)：求反余弦值。
- EXP(value)：返回以 e 为底的指数值。
- LN(value)：返回 value 的自然对数。
- POWER(value, exponent)：返回 value 的 exponent 次幂。
- SQRT(value)：返回 value 的平方根。
- ROUND(value, precision)：将 value 按 precision 精度进行四舍五入。
- MOD(value, divisor)：返回 value 除以 divisor 的余数。
- TRUNC(value, precision)：将 value 按 precision 精度进行截取，不进行四舍五入。

例5.27 比较 ROUND 函数和 TRUNC 函数的区别。

```
SELECT ROUND(3.567,2),TRUNC(3.567,2)
FROM DUAL;
```

5.2.3 日期和时间函数

Oracle 提供了丰富的日期时间函数来处理日期型数据，常用的日期时间函数如下所示：

- ADD_MONTHS(date, number)：在指定的日期 date 上增加 number 个月。
- LAST_DAY(date)：返回日期 date 所在月的最后一天。
- MONTHS_BETWEEN(date1, date2)：返回 date1 和 date2 之间隔多少个月。
- NEW_TIME(date, current_zone, future_zone)：将 date 从 current_zone 时区转换为 future_zone 时区。
- NEXT_DAY(date, 'day')：返回指定日期（date）后的星期（day）对应的新日期。

- SYSDATE：返回系统的当前日期。
- CURRENT_TIMESTAMP：返回当前的日期和时间。
- EXTRACT（c1 from d1）：从日期 d1 中抽取 c1 指定的年、月、日、时、分、秒。

例 5.28 求指定日期所在月份的最后一天。

```
SELECT LAST_DAY(SYSDATE)
FROM DUAL;
```

例 5.29 求两日期之间相隔的月数。

```
SELECT MONTHS_BETWEEN(SYSDATE,'20 -1 月 -2010')
FROM DUAL;
```

例 5.30 求下一个星期五的日期。

```
SELECT NEXT_DAY(SYSDATE,'星期五')
FROM DUAL;
```

5.2.4 转换函数

在执行运算的过程中，经常需要把数据从一种数据类型转换为另一种数据类型，这种转换既可以是隐式转换，也可以是显式转换。隐式转换是在运算过程中系统自动完成的，而显式转换则需要调用相应的转换函数来实现。常用的转换函数如下所示：

- TO_CHAR(date, 'format')：按照 format 的格式将日期型数据转换为字符串。
- TO_NUMBER(char)：将包含了数字的字符串转换为数值型数据。
- TO_DATE(string, 'format')：按照 format 的格式将 string 字符串数据转换为日期型。
- CHARTOROWID(char)：将字符串转换为 ROWID 类型。
- ROWIDTOCHAR(x)：将 ROWID 类型转换为字符串类型。

例 5.31 将系统日期转换为字符串。

```
SELECT TO_CHAR(SYSDATE, 'YYYY MONTH DD')
FROM DUAL;
```

例 5.32 将字符串转换为数字。

```
SELECT TO_NUMBER('1234')
FROM DUAL;
```

5.3 使用 SQL * Plus 命令格式化查询结果

在 SQL * Plus 环境下，有许多参数可以控制 SQL * Plus 的输出显示格式。利用 SHOW ALL 命令，用户可以知道当前的显示格式的设置。用户可以通过 SET 命令设置各参数来改变当前的工作环境，也可以通过“环境”对话框来设置。设置的环境变量是临时的，当用户退出 SQL * Plus 后，设置的参数将全部丢失。

5.3.1 SQL * Plus 环境中的常用格式化选项

SQL * Plus 环境中的常用格式化选项如下：

- arraysize：设置 SQL * Plus 一次从数据库中取出的行数，其取值范围为 1 ~ 500。
- autocommit：设置 Oracle 的提交方式。当设置为 On 时，自动提交用户做的更改；当设置为 Off 时，则必须等待用户使用 COMMIT 命令才能提交。

- linesize：设置 SQL * Plus 在一行中能够显示的总字符数，默认为 80。
- null：设置当 SELECT 语句返回 NULL 值时显示的字符串。
- numformat：设置数字的默认显示格式。
- newpage：设置每页打印标题前空的行数，默认值为 1。
- pagesize：设置每页打印的行数，该值包括 newpage 设置的空行数。
- pause：设置 SQL * Plus 输出结果时是否暂停。
- space：设置输出结果中列与列之间的空格数，默认值为 1。
- sqlcase：设置执行 SQL 命令前是否转换大小写。取值可以为 mixed（不转换）、lower（转换为小写）、upper（转换为大写）。
- sqlcontinue：设置 SQL * Plus 的命令提示符，默认为大于号。
- timing：控制是否统计每个 SQL 命令的运行时间。
- underline：设置 SQL * Plus 是否在列标题下面添加分隔符。
- wrap：当要显示的数据比列的宽度长时，该参数可设置是否截断数据项的显示。设置为 Off 时表示截断，设置为 On 时表示超出部分折叠到下一行显示。

除了上面列出的参数外，还有很多参数，可以通过 SHOW ALL 命令查看这些参数。若想查看某一个参数当前的设置值，可用 SHOW 命令加参数名称直接查看。

5.3.2 使用“环境”对话框设置格式化选项的值

使用“环境”对话框设置格式化选项的步骤如下：

1）启动 SQL * Plus 工具。

2）选择“Options”菜单下的“Environment”项，弹出如图 5-24 所示的对话框。在此对话框中可以对各个参数设置所需要的值，改变当前的工作环境。从“Set Option”列表中选择某一项后，“Value”选项区域变亮，表示可以重新设置，设置完成后，单击“OK”按钮即可。

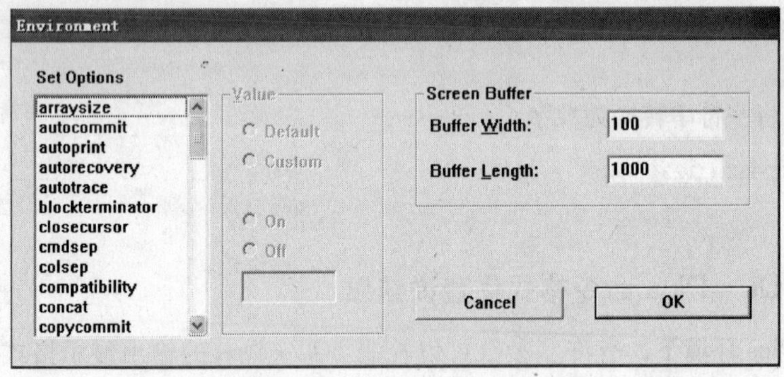

图 5-24 Environment 对话框

5.3.3 使用命令设置格式化选项的值

1. 使用 SET 命令设置环境参数

命令格式如下：

```
SET <option> <value>
```

其中各参数的意义如下：

- option：用来控制当前环境的参数名称，option包括用SHOW ALL命令输出的所有显示格式化参数。
- value：为该参数设置的新值。

例如，命令SET LINESIZE指定页宽的大小，默认值为80；命令SET PAGESIZE指定一页的大小，默认值为14。当页面和行的大小使用默认值时，查询scott.emp表中的记录的效果如图5-25所示。

```
Oracle SQL*Plus
File Edit Search Options Help
SQL> SELECT * FROM SCOTT.EMP;

     EMPNO ENAME      JOB              MGR HIREDATE          SAL       COMM
---------- ---------- --------- ---------- ---------- ---------- ----------
    DEPTNO
----------
      7369 SMITH      CLERK           7902 17-12月-80        800
        20

      7499 ALLEN      SALESMAN        7698 20-2月 -81       1600        300
        30

      7521 WARD       SALESMAN        7698 22-2月 -81       1250        500
        30

     EMPNO ENAME      JOB              MGR HIREDATE          SAL       COMM
---------- ---------- --------- ---------- ---------- ---------- ----------
    DEPTNO
----------
      7566 JONES      MANAGER         7839 02-4月 -81       2975
        20

      7654 MARTIN     SALESMAN        7698 28-9月 -81       1250       1400
        30

      7698 BLAKE      MANAGER         7839 01-5月 -81       2850
        30

     EMPNO ENAME      JOB              MGR HIREDATE          SAL       COMM
---------- ---------- --------- ---------- ---------- ---------- ----------
    DEPTNO
----------
      7782 CLARK      MANAGER         7839 09-6月 -81       2450
```

图5-25 页面和行的大小使用默认值

例5.33 设置页宽和页的大小后查询scott.emp表中的记录，结果如图5-26所示。

```
SET LINESIZE 120
SET PAGESIZE 30
SELECT * FROM scott.emp;
```

2. 使用COLUMN命令设置列的显示格式

命令格式如下：

```
COLUMN column_name |expression option
```

其中各参数的意义如下：

- column_name | expression：指定要格式化显示的数据项，可以是一个字段名也可以是一个表达式。
- option：指定数据项的显示属性。包括FORMAT、HEADING、JUSTIFY、CLEAR等。其中，FORMAT用于设置列的显示宽度和格式；HEADING用于设置列标题；JUSTIFY用于设置列的对齐方式；CLEAR用于清除列的显示属性。

```
Oracle SQL*Plus
File Edit Search Options Help

SQL> SET LINESIZE 120
SQL> SET PAGESIZE 30
SQL> SELECT * FROM SCOTT.EMP;

     EMPNO ENAME      JOB              MGR HIREDATE          SAL       COMM     DEPTNO
---------- ---------- --------- ---------- ----------- ---------- ---------- ----------
      7369 SMITH      CLERK           7902 17-12月-80         800                    20
      7499 ALLEN      SALESMAN        7698 20-2月 -81        1600        300         30
      7521 WARD       SALESMAN        7698 22-2月 -81        1250        500         30
      7566 JONES      MANAGER         7839 02-4月 -81        2975                    20
      7654 MARTIN     SALESMAN        7698 28-9月 -81        1250       1400         30
      7698 BLAKE      MANAGER         7839 01-5月 -81        2850                    30
      7782 CLARK      MANAGER         7839 09-6月 -81        2450                    10
      7788 SCOTT      ANALYST         7566 19-4月 -87        3000                    20
      7839 KING       PRESIDENT            17-11月-81        5000                    10
      7844 TURNER     SALESMAN        7698 08-9月 -81        1500          0         30
      7876 ADAMS      CLERK           7788 23-5月 -87        1100                    20
      7900 JAMES      CLERK           7698 03-12月-81         950                    30
      7902 FORD       ANALYST         7566 03-12月-81        3000                    20
      7934 MILLER     CLERK           7782 23-1月 -82        1300                    10

14 rows selected.

SQL> |
```

图5-26 设置页面和行的大小

例5.34 查询scott方案下的emp表中的姓名、工作和工资，要求分别设置job、sal的显示格式。

```
COLUMN job FORMAT a8 WRAPPED
COLUMN sal FORMAT 999,999.00
SELECT ename,job,sal FROM scott.emp;
```

执行结果如图5-27所示。job字段使用a8指定显示宽度为8个字符，如果列值长度超过了定义的显示宽度，折行显示；sal字段使用999,999.00指定显示6位数字，2位小数，用逗号作为分隔符。

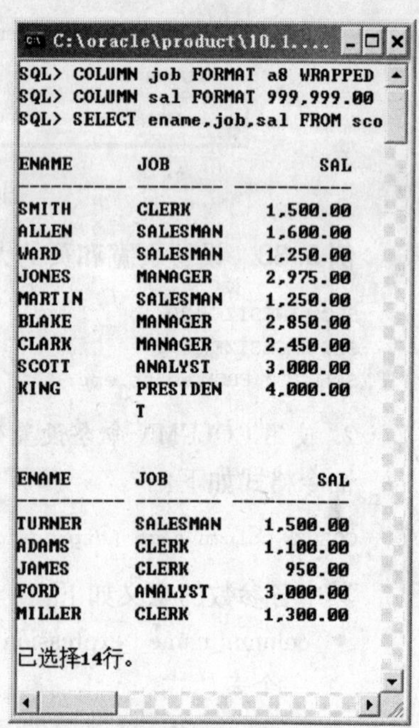

```
C:\oracle\product\10.1....
SQL> COLUMN job FORMAT a8 WRAPPED
SQL> COLUMN sal FORMAT 999,999.00
SQL> SELECT ename,job,sal FROM sco

ENAME      JOB              SAL
---------- -------- -----------
SMITH      CLERK       1,500.00
ALLEN      SALESMAN    1,600.00
WARD       SALESMAN    1,250.00
JONES      MANAGER     2,975.00
MARTIN     SALESMAN    1,250.00
BLAKE      MANAGER     2,850.00
CLARK      MANAGER     2,450.00
SCOTT      ANALYST     3,000.00
KING       PRESIDEN    4,000.00
           T

ENAME      JOB              SAL
---------- -------- -----------
TURNER     SALESMAN    1,500.00
ADAMS      CLERK       1,100.00
JAMES      CLERK         950.00
FORD       ANALYST     3,000.00
MILLER     CLERK       1,300.00

已选择14行。
```

图5-27 设置列的显示格式

用户如果想查看某列的显示格式，可以使用“COLUMN加字段名”查看，如COLUMN job；用户可以通过ON或OFF设置某列的显示属性是否起作用，如COLUMN job OFF，则禁用job列的显示属性；用户还可以通过CLEAR选项清除设置的显示属性，如COLUMN job CLEAR。

3. 使用TTITLE命令和BTITLE命令设置页眉页脚

可用TTITLE命令设置每页的标题，通常使用的默认设置为：标题文本在行中央，每页上都有日期和页码。可用BTITLE命令在每页的底部指定一些信息。例如：

```
SET LINESIZE 100
TTITLE 'SALESMAN雇员信息'
BTITLE CENTER '--report1--'
SELECT * FROM scott.emp WHERE job='SALESMAN';
```

执行结果如果5-28所示。

```
C:\oracle\product\10.1.0\db_1\bin\sqlplus.exe
SQL> SET LINESIZE 100
SQL> TTITLE 'SALESMAN雇员信息'
SQL> BTITLE CENTER '--report1--'
SQL> SELECT * FROM scott.emp WHERE job='SALESMAN';
星期六 8月  13                         SALESMAN雇员信息                         第    1
     EMPNO ENAME      JOB              MGR HIREDATE              SAL       COMM     DEPTNO
---------- ---------- --------- ---------- -------------- ---------- ---------- ----------
      7499 ALLEN      SALESMAN        7698 20-2月 -81       1,600.00        300         30
      7521 WARD       SALESMAN        7698 22-2月 -81       1,250.00        500         30
      7654 MARTIN     SALESMAN        7698 28-9月 -81       1,250.00       1400         30
      7844 TURNER     SALESMAN        7698 08-9月 -81       1,500.00          0         30
                                     --report1--
SQL>
```

图5-28　页眉和页脚的设置

5.4　SQL脚本文件的创建与执行

SQL脚本文件由SQL语句或PL/SQL程序组成，是一个可在SQL * Plus中执行的文件。用户可以把一个或多个SQL命令或PL/SQL块存放到SQL脚本文件中，可以编辑或执行指定的SQL脚本文件。

5.4.1　创建SQL脚本文件

SAVE命令可将用户输入的SQL语句或PL/SQL程序保存到一个SQL脚本文件中，当用户需要时，可直接执行该文件，不需要重新输入。SAVE命令的语法格式如下：

```
SAVE filename [CREATE | REPLACE | APPEND]
```

其中各参数的意义如下：

- filename：指定SQL脚本文件名，如果用户没有提供扩展名，则默认扩展名为.sql。
- CREATE | REPLACE | APPEND：CREATE选项用于指定如果脚本文件不存在，则创建一个新文件，该选项为默认选项；REPLACE选项用于指定如果文件不存在，则创建，否则用SQL * Plus缓冲区中的内容覆盖文件中的内容；APPEND选项则把缓冲区中的内容追加到文件的末尾。

例5.35　保存在SQL * Plus中执行的SQL语句到D:\select_emp.sql脚本文件中。

```
SELECT * FROM SCOTT.EMP;
SAVE D:\select_emp.sql
```

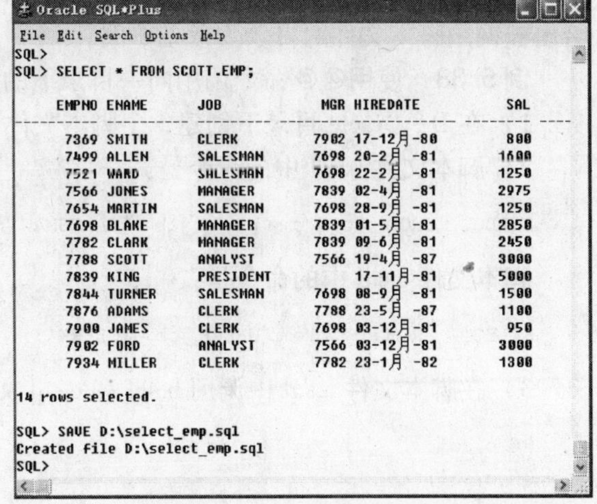

```
Oracle SQL*Plus
File Edit Search Options Help
SQL>
SQL> SELECT * FROM SCOTT.EMP;
     EMPNO ENAME      JOB              MGR HIREDATE          SAL
---------- ---------- --------- ---------- -------------- ----------
      7369 SMITH      CLERK           7902 17-12月-80        800
      7499 ALLEN      SALESMAN        7698 20-2月 -81       1600
      7521 WARD       SALESMAN        7698 22-2月 -81       1250
      7566 JONES      MANAGER         7839 02-4月 -81       2975
      7654 MARTIN     SALESMAN        7698 28-9月 -81       1250
      7698 BLAKE      MANAGER         7839 01-5月 -81       2850
      7782 CLARK      MANAGER         7839 09-6月 -81       2450
      7788 SCOTT      ANALYST         7566 19-4月 -87       3000
      7839 KING       PRESIDENT            17-11月-81       5000
      7844 TURNER     SALESMAN        7698 08-9月 -81       1500
      7876 ADAMS      CLERK           7788 23-5月 -87       1100
      7900 JAMES      CLERK           7698 03-12月-81        950
      7902 FORD       ANALYST         7566 03-12月-81       3000
      7934 MILLER     CLERK           7782 23-1月 -82       1300

14 rows selected.

SQL> SAVE D:\select_emp.sql
Created file D:\select_emp.sql
SQL>
```

图5-29　保存SQL语句到文件

执行结果如图5-29所示。

可以使用EDIT命令编辑指定的脚本文件，其语法格式如下：

```
EDIT filename
```

例如，在SQL * Plus中执行EDIT D:\select_emp.sql命令可以打开文件的编辑窗口。

5.4.2 执行 SQL 脚本文件

可以使用@、@@、START 命令执行脚本文件。命令的语法格式如下：

```
@ |@@ |START filename [arg,…]
```

其中各参数的意义如下：

- filename：指定要执行的脚本文件名。
- arg：为脚本文件中的参数提供的值。

例 5.36 执行例 5.35 创建的脚本文件 select_emp.sql。

```
START D:\select_emp.sql
```

或

```
@ D:\select_emp.sql
```

例 5.37 创建带参数的查询，保存到 D:\select_emp1.sql 中，并执行此脚本文件。

```
SELECT * FROM scott.emp
WHERE sal > &1;
SAVE D:\select_emp1.sql
@ D:\select_emp1.sql 3000
```

在该例中出现了符号‘&’，它表示定义替代变量，它后面的名字是替代变量的名字，可以是任意符合命名规范的标识符。在执行包含替代变量的命令时，要求用户为替代变量输入值。但是，如果在脚本文件的命令中包含替代变量，那么该替代变量的形式必须为&[1-9]格式，否则在执行脚本文件的命令时指定的实参无法传给命令中的替代变量。

@@命令也可以执行 SQL 脚本文件，但与@稍有不同。当主调用脚本文件和被调用脚本文件在同一目录时，@@命令可以直接以文件名执行被调用脚本文件，而@命令必须要求给出被调用脚本文件的目录。参见下例。

例 5.38 使用@@命令调用同一目录下的脚本文件。

1）在 D:\Oracle 目录下创建 3 个脚本文件，分别是 a.sql、b.sql、c.sql。

2）脚本文件 b.sql 中的命令是：

```
SELECT * FROM scott.emp WHERE job = 'SALESMAN';
```

脚本文件 c.sql 中的命令是：

```
SELECT * FROM scott.emp WHERE job = 'CLERK';
```

3）在脚本文件 a.sql 中调用 b.sql 和 c.sql 文件，因此 a.sql 中的命令是：

```
@@ b.sql;
@@ c.sql;
```

4）在 SQL * Plus 中执行 a.sql 文件。

```
@ d:\oracle\a.sql
```

本例中，步骤 3）中的命令还可以写成如下形式：

```
@@ D:\Oracle\b.sql;
```

```
@@ D:\Oracle\c.sql;
```

或者

```
@ D:\Oracle\b.sql;
@ D:\Oracle\c.sql;
```

5.5 实验

【实验目的】

1. 掌握 SELECT 语句的基本语法。
2. 掌握常用函数的使用。
3. 了解格式化查询结果的常用命令。

【实验内容】

使用 scott 方案下的 emp 表和 dept 表，完成以下操作：

（1）查询部门编号是 20 的员工信息。
（2）查询工作为 CLERK 的员工的员工号、员工名和部门号。
（3）查询奖金 COMM 高于工资 SAL 的员工信息。
（4）查询奖金高于工资 20% 的员工信息。
（5）查询部门编号是 10 并且工作为 MANAGER 的员工和部门编号是 20 并且工作为 CLERK 的员工的信息。
（6）查询工作不是 MANAGER 和 CLERK，并且工资大于或等于 2000 的员工信息。
（7）查询有奖金的员工信息。
（8）查询所有员工的人数和他们的平均工资。
（9）查询没有奖金或奖金低于 100 的员工信息。
（10）查询最近两年入职的员工信息。
（11）查询工龄大于或等于 10 年的员工信息。
（12）查询员工信息，要求以首字母大写的方式显示所有员工的姓名。
（13）查询员工名正好为 6 个字母的员工信息。
（14）查询员工名字中不包含字母 S 的员工。
（15）查询员工姓名的第二个字母为 M 的员工信息。
（16）查询所有员工姓名的前三个字符。
（17）查询所有员工的姓名，如果包含字母 s，则用 S 替换。
（18）查询员工的姓名和入职日期，并按入职日期从先到后进行排序。
（19）显示所有员工的姓名、工作、工资，按工作降序排序，若工作相同则按工资升序排序。
（20）显示所有员工的姓名、入职的年份和月份，按入职日期所在的月份排序，若月份相同则按入职的年份排序。
（21）查询每个部门中的员工数量、平均工资和平均工作年限。
（22）查询各个部门的人数及平均工资。
（23）查询各种工作的最低工资，并输出最低工资低于 3000 的工作名称。
（24）查询各个部门中不同工种的最高工资。

(25) 统计各个工种的员工人数与平均工资。

5.6 习题

1. SELECT 语句

```
SELECT LENGTH(电子邮件) FROM 雇员;
```

将显示什么结果?

A. 雇员表中最长的电子邮件地址

B. 雇员表中每个雇员的电子邮件地址

C. 雇员表中“电子邮件”列中每个值的字符数

D. “电子邮件”列中允许使用的最多字符数

2. 若雇员表包含以下列：姓氏 VARCHAR2(20)、名字 VARCHAR2(20)、聘用日期 DATE、计算月份 NUMBER(3)，那么下面的 SELECT 语句

```
SELECT 聘用日期 + 计算月份 FROM 雇员;
```

返回的值属于哪种数据类型?

A. DATE　　B. NUMBER　　C. DATETIME　　D. INTEGER

3. 假设有雇员表结构同上，以下哪条 SQL 语句会正确地显示部门 90 中所有雇员的姓氏和聘用的周数?

A. `SELECT 姓氏,(SYSDATE - 聘用日期)/7 AS 周 FROM 雇员 WHERE 部门标识 = 90;`

B. `SELECT 姓氏,(SYSDATE - 聘用日期)/7 DISPLAY 周 FROM 雇员 WHERE 部门标识 = 90;`

C. `SELECT 姓氏,周数 FROM 雇员 WHERE 部门标识 = 90;`

D. `SELECT 姓氏,(SYSDATE - 聘用日期)AS 周 FROM 雇员 WHERE 部门标识 = 90;`

4. 假设产品表中包括价格 NUMBER(7, 2) 列，对于下面的语句

```
SELECT NVL(10 / 价格, '0')   FROM 产品;
```

如果“价格”列中包含空值，将会出现什么情况?

A. 该语句将失败，因为值不能被 0 除　　B. 将显示值 0

C. 将显示值 10　　D. 该语句将失败，因为值不能被空值除

5. 如果需要从雇员表中查询部门 10（销售部）中薪金不足 25 000 美元的雇员信息，应执行以下哪个查询语句才能完成此任务?

A. `SELECT 姓氏,名字,薪金 FROM 雇员 WHERE 薪金 >25 000AND 部门标识 =10;`

B. `SELECT 姓氏,名字,薪金 FROM 雇员 WHERE 薪金 =25 000AND 部门标识 =10;`

C. `SELECT 姓氏,名字,薪金 FROM 雇员 WHERE 薪金 <25 000AND 部门标识 =10;`

D. `SELECT 姓氏,名字,薪金 FROM 雇员 WHERE 薪金 <25 000OR 部门标识 =10;`

6. 评估以下 SELECT 语句：

```
SELECT MIN(聘用日期),部门标识 FROM 雇员 GROUP BY 部门标识;
```

将显示哪个值?

A. 每个部门中最早的聘用日期　　B. 雇员表中最早的聘用日期

C. 雇员表中最晚的聘用日期　　D. 包含空值的雇员表中的聘用日期

7. 以下哪个说法准确地解释了无法执行以下 SQL 语句的原因？

```
SELECT 部门标识"部门",AVG(薪金) "平均值" FROM 雇员 GROUP BY 部门;
```

A. 无法对薪金求平均值，因为并不是所有的数值都能被平分
B. 不能在 GROUP BY 子句中使用列别名
C. GROUP BY 子句中必须有要分组的内容
D. 部门表中没有列出部门标识

8. 应使用以下哪个统计函数来显示雇员表中的最高薪金值？
A. AVG　B. COUNT　C. MAX　D. MIN

9. 统计函数将针对（　　）返回一个值，并在计算过程中（　　）空值。
A. 行集，忽略　B. 每行，忽略　C. 行集，包括　D. 每行，包括

10. 可对数据类型为 DATE 的列使用以下哪个统计函数？
A. AVG　B. MAX　C. STDDEV　D. SUM

第 6 章　SELECT 高级查询

第 5 章介绍了 SELECT 语句的基本查询，但在实际应用中，为了获取更多的信息经常需要从多个表中获取数据，这就需要多表连接查询、子查询等高级 SELECT 语句的应用。

本章要点

- 简单连接查询
- 使用 JOIN 关键字的连接查询
- 查询结果的集合操作
- 子查询

6.1　简单连接查询

前面介绍的查询语句的数据源是单表。但在实际应用中，单表查询较少，而经常是从多张表中查询数据，这就需要多表连接查询。多表查询是指 SELECT 命令中显示的列来源于多个数据表。所谓连接查询是将多个表以某个或某些列为条件进行连接，从中检索出关联数据。

6.1.1　两表的笛卡儿积运算

当两表仅通过 SELECT 子句和 FROM 子句建立连接，而不加连接条件时，那么查询结果为两张表的笛卡儿积。所谓笛卡儿积是指用第一个表中的每一行与第二个表中的每一行进行连接。因此，结果集中的行数是两表行数的乘积、列数是两表列数的和，但笛卡儿积的结果集中包含了大量的无用信息。

下面有两张表分别是系部信息表和学生信息表，如图 6-1 和图 6-2 所示，使用它们执行 SELECT 语句的连接运算后，得到的笛卡儿积全集结果如图 6-3 所示。

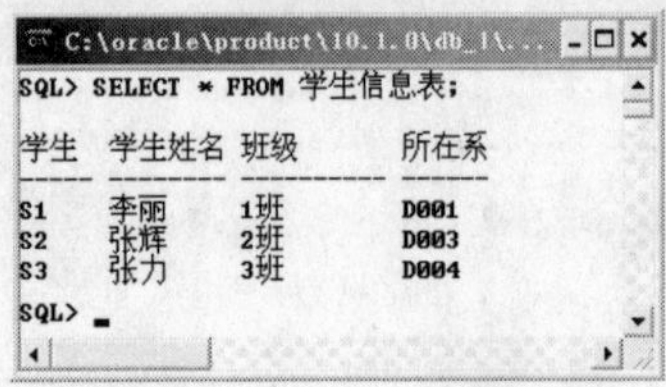
SQL> SELECT * FROM 学生信息表;

学生	学生姓名	班级	所在系
S1	李丽	1班	D001
S2	张辉	2班	D003
S3	张力	3班	D004

SQL>

图 6-1　学生信息表

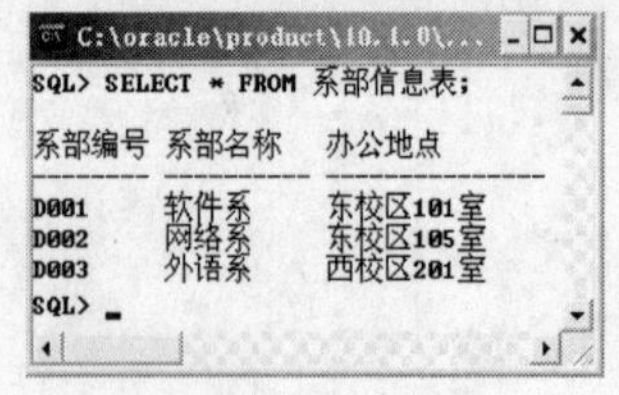
SQL> SELECT * FROM 系部信息表;

系部编号	系部名称	办公地点
D001	软件系	东校区101室
D002	网络系	东校区105室
D003	外语系	西校区201室

SQL>

图 6-2　系部信息表

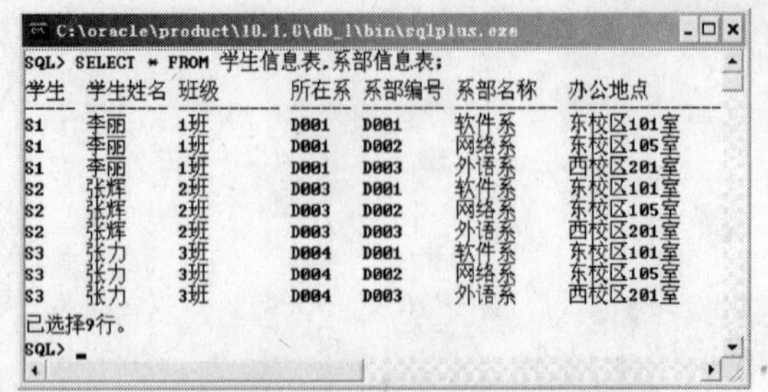
SQL> SELECT * FROM 学生信息表,系部信息表;

学生	学生姓名	班级	所在系	系部编号	系部名称	办公地点
S1	李丽	1班	D001	D001	软件系	东校区101室
S1	李丽	1班	D001	D002	网络系	东校区105室
S1	李丽	1班	D001	D003	外语系	西校区201室
S2	张辉	2班	D003	D001	软件系	东校区101室
S2	张辉	2班	D003	D002	网络系	东校区105室
S2	张辉	2班	D003	D003	外语系	西校区201室
S3	张力	3班	D004	D001	软件系	东校区101室
S3	张力	3班	D004	D002	网络系	东校区105室
S3	张力	3班	D004	D003	外语系	西校区201室

已选择9行。

SQL>

图 6-3　学生信息表和系部信息表的笛卡儿积全集

从图 6-3 中可以看出，两表执行了笛卡儿积运算后，得到的结果全集是两表的行数相乘、列数相加，但在这么多的行和列中，有许多是重复数据和无用数据。比如，结果集中包含了两列系部编号的数据，尽管列名不同，但数据及其含义是相同的。还有每个学生的信息在结果集中都出现了三次，但这三次中只有一行数据是能反映客观事实有用的。因此，通常情况下需要在笛卡儿积运算的全集上作进一步的筛选，也就是说在上面的 SELECT 语句的基础上增加连接条件。这就是接下来要讲的连接查询，所有的连接查询的结果都是从笛卡儿积运算的全集上筛选出来的。

6.1.2 表之间的简单连接查询

由于笛卡儿积得到的查询结果集中包含大量冗余信息，为此，可以在 SELECT 语句的 WHERE 子句中提供一个连接条件，以过滤无意义的信息。简单连接查询的语法格式如下：

```
SELECT column_list
FROM [schema.]table_name1 |[schema.]view_name1,[schema.]table_name2 |[schema.]view_name2
[,…]
WHERE {connection_condition AND | OR search_condition }
```

其中各参数的意义如下：

- column_list：表示连接查询可以选择的字段列表，这些字段可以是 FROM 后面指定的所有表中包含的任意列。
- connection_condition：表示两表之间的连接条件，通常由两表的公共字段和关系运算符组成。
- search_condition：表示查询条件。

表与表之间的简单连接查询最大的特点是：FROM 子句中包含了多个表或视图，它们之间用逗号分隔。当查看的字段为多个表共有时，列名必须被限制，即在此字段前面必须加“表名”作为前缀，如 scott.emp 表和 scott.dept 表中都包含 deptno 字段，那么在它们的连接查询中 deptno 字段应该表示为 scott.emp.deptno 和 scott.dept.deptno。另外，简单连接查询中，将连接查询的连接条件写在 WHERE 子句中，格式通常是“表 1. 公共字段名 = 表 2. 公共字段名”。从语法角度讲连接条件中的“ = ”运算符也可以换成其他任意关系运算符，但两个表的公共字段作相等比较时比较符合现实意义，应用较多。读者可以利用图 6-3 来加深对这些知识的理解。

例 6.1 利用 scott 方案下的 emp 表和 dept 表，查询每个雇员的 empno、ename、job、dname、loc 的信息。

```
SELECT empno,ename,job,dname,loc
FROM scott.emp,scott.dept
WHERE emp.deptno = dept.deptno;
```

执行结果如图 6-4 所示。

图 6-4 表的简单连接查询

下面的多个例题都是以学生选课系统中的学生表、课程表和成绩表为例，其中学生表 student 包括学号（studentID）、姓名（sname）、性别（sex）、出生日期（birthday）字段；课程表 course 包括课程号（courseID）、课程名（cname）、学分（credit）；成绩表 score 包括学号（studentID）、课程号（courseID）、分数（grade）三个字段。

例 6.2 查询选修了课程的学生的学号、姓名、课程号、成绩。

```
SELECT student.studentID,sname,score.courseID,grade
FROM student,score
WHERE student.studentID=score.studentID ;
```

例 6.3 从 3 个表中查询选修了课程的学生的学号、姓名、课程号、课程名、成绩。

```
SELECT student.studentID,sname, score.courseID,cname,grade
FROM student,course,score
WHERE student.studentID=score.studentID AND course.courseID=score.courseID;
```

此查询与例 6.2 的区别是要查看课程名，而课程名在课程表 course 中，这样查询的字段就涉及 3 张表，这 3 张表要通过公共字段两两连接。

例 6.4 查询选修了课程并且成绩及格的学生的学号、姓名、课程号、课程名、成绩。

```
SELECT student.studentID,sname,score.courseID,cname,grade
FROM student,course,score
WHERE student.studentID=score.studentID AND course.courseID=score.courseID
AND grade >=60;
```

在该例子中“student.studentID = score.studentID AND course.courseID = score.courseID”是三张表的连接条件，“grade >=60”是查询条件。

6.1.3 为表设置别名

在多表查询时，如果多个表之间存在同名的列，则必须使用表名来限定。另外，随着查询变得越来越复杂，语句会由于每次使用表名限定列而变得冗长。为了增加可读性，可以使用表的别名。设置表别名的语句格式如下：

```
FROM table_name table_alias
```

其中，table_alias 为表的别名。

为例 6.4 的查询中使用的表设置别名，代码如下：

```
SELECT s.studentID,sname,sc.courseID,cname,grade
FROM student s,course c ,score sc
WHERE s.studentID=sc.studentID AND c.courseID=sc.courseID
AND grade >=60;
```

其中，student 表的别名为 s；course 表的别名为 c；score 表的别名为 sc。

注意：如果为表指明了别名，则所有引用表名的地方都必须使用别名，不能再用原表名；另外，为表设置别名时不能使用 AS 关键字；当查询多个表之间的同名字段时，必须使用“表名.同名字段”进行限制；对于表间不同名的字段，可以在字段名前加表名进行限制，也可以不加表名，如果字段名前加上表名，则查询效率更高。

6.2 使用 JOIN 关键字的连接查询

除了简单连接外，SQL 还支持使用关键字 JOIN 的连接。使用 JOIN 连接的语法格式如下：

```
SELECT column_list
FROM table_name1 [ join_type ] JOIN table_name2 ON connection_condition [[ join_type ] JOIN table_name3 ON connection_condition [···]]
WHERE search_condition
```

其中，[join_type]JOIN 表示连接类型。包括：

- 内连接：INNER JOIN。
- 外连接：[LEFT | RIGHT | FULL]OUTER JOIN。
- 交叉连接：CROSS JOIN。

ON 关键字后面是连接条件，与简单连接查询中写在 WHERE 关键字后面的连接条件相同。

6.2.1 内连接查询

内连接是最常用的连接查询，一般使用 INNER JOIN 关键字来指定内连接，INNER 可以省略。所谓内连接是指查询结果集中只包含从笛卡儿积的全集中筛选出来的满足连接条件的记录。当未指明连接类型时，默认为内连接。使用 JOIN 关键字的内连接查询与上一节中的简单连接查询等价，即查询结果中只包含两个表中相匹配的行。内连接又可以分为等值内连接、不等值内连接和自然连接。

1. 等值内连接

等值内连接是在 ON 后面给出的连接条件中使用等号（=）运算符比较被连接的两张表的公共字段，其查询结果中只包含两表的公共字段值相等的行，列可以是两表中的任意列。

例 6.5 利用 scott 方案下的 emp 表和 dept 表，查询雇员工资大于 2000 的雇员编号、姓名、工资、所在部门编号、部门名称。

```
SELECT empno,ename,sal,e.deptno,dname
FROM scott.emp e INNER JOIN scott.dept d
ON e.deptno = d.deptno
WHERE SAL >2000;
```

执行结果如图 6-5 所示。

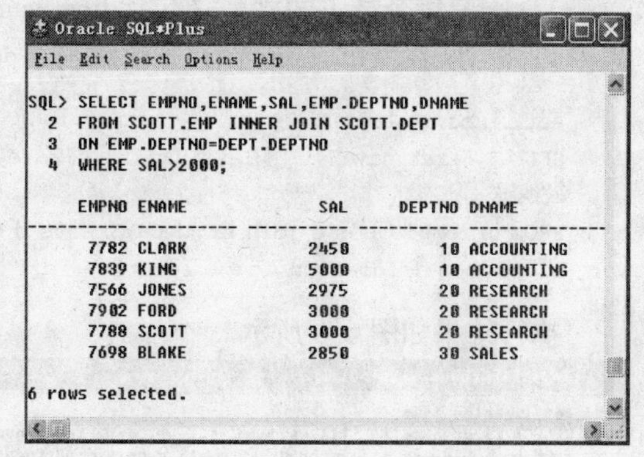

图 6-5 INNER JOIN 连接

例 6.6 查询选修了数据库原理课程且成绩在 80 分以上的学生的学号、姓名、课程名和成绩。

```
SELECT s.studentID,sname,cname,grade
FROM student s JOIN score sc on s.studentID = sc.studentID
JOIN course c on sc.courseID = c.courseID
WHERE cname = '数据库原理' AND grade >80;
```

2. 不等值内连接

不等值内连接是在连接条件中使用除“=”运算符以外的其他比较运算符比较被连接的公共字段。这些运算符包括 >、>=、<=、<、!>、!< 和 <>。不等值内连接查询没有多大的实际应用价值，因此使用较少。

3. 自然连接

自然连接（NATURAL JOIN）是一种特殊的等值内连接，它是由系统根据两表的同名字段自动作等值比较的内连接，因此不需要用 ON 关键字指定连接条件。在使用自然连接时需要注意两表的同名字段不能（也没必要）用表名进行限制。因为进行的是等值比较，查询的结果集中同名字段的值是完全一样的，所以如果在SELECT后面使用“*”号，那么在查询结果集中系统只包含一列同名字段和它的值。

例6.7 将例6.5改为自然连接。

```
SELECT empno,ename,sal,deptno,dname
FROM scott.emp NATURAL JOIN scott.dept
WHERE SAL > 2000;
```

注意：*在该例中两表的同名字段deptno前面是不能加表名进行限制的。*

若将以上命令改为如下形式，读者自己观察查询结果集与以往有何区别：

```
SELECT *
FROM scott.emp NATURAL JOIN scott.dept
WHERE SAL > 2000;
```

4. 三个及更多表的内连接查询

三个及更多表之间的内连接查询与两表的内连接查询一样，先为前两个表执行内连接查询，将查询结果集再与第三张表作内连接查询，以此类推。

例6.8 使用hr方案下的employees（雇员表）、departments（部门表）和locations（位置表），查询每个员工的姓名（包括first_name和last_name）、部门名称（department_name）以及该部门所在城市（city）和邮政编码（postal_code）。

```
set linesize 150;
SELECT first_name||'_'||last_name as 姓名, department_name 部门名称, city 所在城市, postal_code 邮政编码
FROM hr.employees e join hr.departments d on e.department_id = d.department_id join hr.locations l on d.location_id = l.location_id;
```

执行结果如图6-6所示。

```
C:\oracle\product\10.1.0\db_1\bin\sqlplus.exe
SQL> set linesize 150;
SQL> SELECT first_name||'_'||last_name as 姓名, department_name 部门名称, city 所在城市, postal_code 邮政编码
  2  FROM hr.employees e join hr.departments d on e.department_id=d.department_id join hr.locations l on d.location_id=l.loca
姓名                                    部门名称                       所在城市                       邮政编码
--------------------------------------- ------------------------------ ------------------------------ ------------
Steven_King                             Executive                      Seattle                        98199
Neena_Kochhar                           Executive                      Seattle                        98199
Lex_De Haan                             Executive                      Seattle                        98199
Alexander_Hunold                        IT                             Southlake                      26192
Bruce_Ernst                             IT                             Southlake                      26192
David_Austin                            IT                             Southlake                      26192
Valli_Pataballa                         IT                             Southlake                      26192
Diana_Lorentz                           IT                             Southlake                      26192
Nancy_Greenberg                         Finance                        Seattle                        98199
Daniel_Faviet                           Finance                        Seattle                        98199
John_Chen                               Finance                        Seattle                        98199
姓名                                    部门名称                       所在城市                       邮政编码
--------------------------------------- ------------------------------ ------------------------------ ------------
Ismael_Sciarra                          Finance                        Seattle                        98199
Jose Manuel_Urman                       Finance                        Seattle                        98199
Luis_Popp                               Finance                        Seattle                        98199
Den_Raphaely                            Purchasing                     Seattle                        98199
Alexander_Khoo                          Purchasing                     Seattle                        98199
Shelli_Baida                            Purchasing                     Seattle                        98199
Sigal_Tobias                            Purchasing                     Seattle                        98199
Guy_Himuro                              Purchasing                     Seattle                        98199
Karen_Colmenares                        Purchasing                     Seattle                        98199
Matthew_Weiss                           Shipping                       South San Francisco            99236
Adam_Fripp                              Shipping                       South San Francisco            99236
```

图6-6 三表内连接查询

6.2.2 外连接查询

内连接查询是保证查询结果集中的所有行都要满足连接条件，而使用外连接查询时，它返回的查询结果集中不仅包含符合连接条件的行，而且还包含连接运算符左边的表（简称左表，左外连接时）或右边的表（简称右表，右外连接时），或两个连接表（完全外连接时）中的不符合连接条件的行。

外连接分为：左外连接、右外连接和完全外连接。

1. *左外连接*（LEFT JOIN 或 LEFT OUTER JOIN）

左外连接的结果集中包括两表连接后满足 ON 后面指定的连接条件的行（也就是内连接的结果集）和 LEFT OUTER JOIN 子句中指定的左表中不满足条件的行。也就是说左表中所有的行都会出现在查询的结果集中。如果左表的某行在右表中没有匹配行（即不满足比较条件的行），则在这些相关联的结果集中右表的所有选择列均为 NULL。

例 6.9 查询每个部门包括的雇员，如某部门没雇员，也要显示其情况。要求显示部门名称、雇员名字。

```
SELECT dname,ename
FROM scott.dept LEFT JOIN scott.emp
ON dept.deptno = emp.deptno;
```

执行结果如图 6-7 所示，从查询结果中可以看出，最后的 OPERATIONS 部门没有对应的雇员，雇员姓名为 NULL。

在本例中，题目要求显示所有部门的名称，如果使用左外连接，那么部门信息表（dept 表）应放在关键字 LEFT JOIN 左边。

使用简单连接的方式也可以实现两个表的左外连接，格式如下：

```
FROM 表1,表2
WHERE 表1.公共字段 = 表2.公共字段 (+)
```

注意，左外连接中（+）符号要在等号的右边，此时会将等号左边表中的所有行都显示出来，等号右边表中只显示满足连接条件的行。将上面的例题改为如下形式：

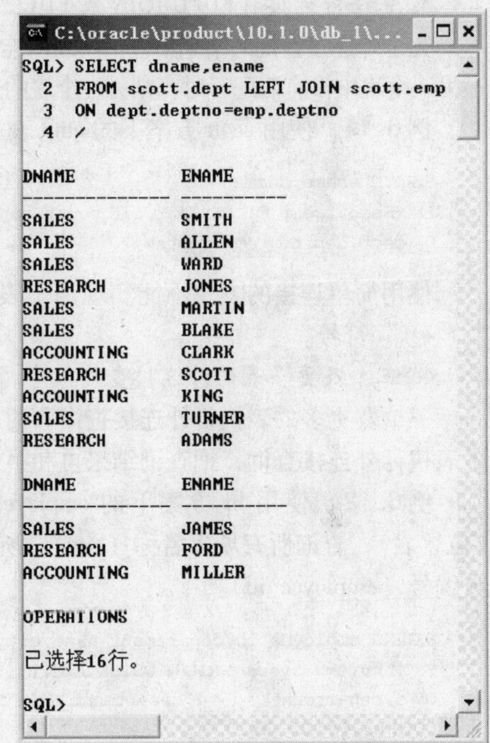

图 6-7 左外连接

```
SELECT dname,ename
FROM scott.dept ,scott.emp
WHERE dept.deptno = emp.deptno (+);
```

运行结果和图 6-7 是一样的。

2. *右外连接*（RIGHT JOIN 或 RIGHT OUTER JOIN）

右外连接是左外连接的反向连接，将返回两表内连接的结果集和右表中不匹配的行。也就是说返回 RIGHT OUTER JOIN 关键字右边表中的所有行。如果右表的某行在左表中没有匹配行，则将为左表返回 NULL。

例 6.10 将例 6.9 中的左外连接改为右外连接。

```
SELECT ename,dname
FROM scott.emp RIGHT OUTER JOIN scott.dept
ON dept.deptno = emp.deptno;
```

如果要显示 dept 表中所有的行，则应将 dept 表放到 RIGHT OUTER JOIN 关键字的右边。

使用简单连接的方式也可以实现两个表的右外连接，格式如下：

```
FROM 表1,表2
WHERE 表1.公共字段(+) = 表2.公共字段
```

注意，右外连接中（+）符号要在等号的左边，此时会将等号右边表中的所有行都显示出来，等号左边表中只显示满足连接条件的行。也可以将上面的例题改为如下形式：

```
SELECT ename,dname
FROM scott.emp ,scott.dept
WHERE emp.deptno(+) = dept.deptno;
```

3. 完全外连接（FULL JOIN 或 FULL OUTER JOIN）

完全外连接查询的结果集包括两表内连接的结果集和左表与右表中不满足条件的行。当某行在另一个表中没有匹配行时，则另一个表的选择列为 NULL。即两个表的所有行都将被返回。

例 6.11　使用 scott 方案下的 emp 表和 dept 表执行完全外连接查询。

```
SELECT ename,dname
FROM scott.emp full OUTER JOIN scott.dept
ON dept.deptno = emp.deptno;
```

使用简单连接的方式不能实现两个表的完全外连接，因为一个关系运算符最多有一个“(+)”符号。

4. 三个及更多表的外连接查询

三个及更多的表执行外连接查询和两表之间执行外连接查询的原理是一样的。先将前两个表执行外连接查询，把查询结果再和第三个表执行外连接查询，以此类推。

例 6.12　使用 hr 方案下的 employees（雇员表）、departments（部门表）和 locations（位置表），查询所有城市名称（city）、所有部门名称（department_name）、属于该部门的雇员编号（employee_id）。

```
SELECT employee_id,department_name,city
FROM hr.employees e RIGHT OUTER JOIN hr.departments d
ON e.department_id = d.department_id FULL OUTER
JOIN hr.locations l
ON d.location_id = l.location_id;
```

根据题意要求查询所有部门的员工编号和所有部门的名称，因此雇员表和部门表之间作右外连接查询（也可以左外连接，与部门表的位置有关）。另外题目还要求查询所有的城市、所有的部门，所以前两个表的查询结果集再和位置表连接时选择完全外连接，这样所有城市和所有部门才能都显示出来。

该查询结果的部分结果集如图 6-8 所示。

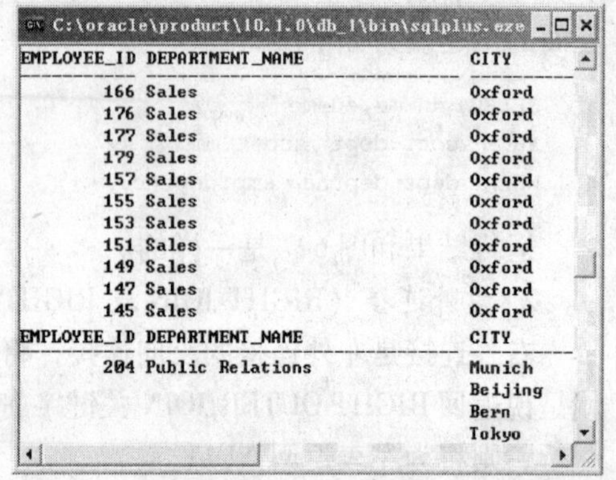

图 6-8　三表的外连接

6.2.3 交叉连接

交叉连接（CROSS JOIN）是用左表中的每一行与右表中的每一行进行连接，不能使用 ON 关键字。因此，结果集中的行数是左表的行数乘以右表的行数，该连接查询的全集就是两个表的“笛卡儿乘积”。

例 6.13 对 scott.emp 表和 scott.dept 表进行交叉连接。

```
SELECT *
FROM scott.emp CROSS JOIN scott.dept;
```

注意：交叉连接没有 ON 关键字，但可以有 WHERE 子句。当带有 WHERE 子句时，则返回笛卡儿积中满足 WHERE 条件的所有行。

6.3 SELECT 查询的集合操作

集合操作就是将两个或多个 SQL 查询结果集合并到一起的复合查询语句，以完成复杂的任务。集合操作主要由集合运算符实现，集合运算符包括：UNION、INTERSECT 和 MINUS。

6.3.1 UNION 集合运算

UNION 运算符可以将多个查询结果集合并，形成一个结果集。多个查询的列的数量必须相同，数据类型必须兼容，且顺序必须一致，其语法格式如下：

```
SELECT_statement1
UNION [ ALL ] SELECT_statement2
UNION [ ALL ] SELECT_statement3 [ ...n]
```

其中，SELECT_statement1 等都是 SELECT 查询语句。

例 6.14 使用 UNION 将工资大于 2000 的雇员信息与工作为 MANAGER 的雇员信息合并。

```
SELECT empno,ename,job,sal FROM scott.emp
WHERE sal >2000
UNION
SELECT empno,ename,job,sal FROM scott.emp
WHERE job = 'MANAGER';
```

执行结果如图 6-9 所示。

从上例可以看出，UNION 操作符会消除两个结果集中重复的行，但如果使用关键字 ALL，将保留结果集中的所有的行，包括重复行，查询结果集中的列标题来自第一个 SELECT语句：

```
SELECT empno,ename,job,sal FROM scott.emp
WHERE sal >2000
UNION ALL
SELECT empno,ename,job,sal FROM scott.emp
WHERE job = 'MANAGER';
```

执行结果如图 6-10 所示，结果中包含了重复的行。

```
Oracle SQL*Plus
File Edit Search Options Help
SQL> SELECT EMPNO,ENAME,JOB,SAL FROM SCOTT.EMP
  2  WHERE SAL>2000
  3  UNION
  4  SELECT EMPNO,ENAME,JOB,SAL FROM SCOTT.EMP
  5  WHERE JOB='MANAGER';
     EMPNO ENAME      JOB              SAL
---------- ---------- --------- ----------
      7566 JONES      MANAGER         2975
      7698 BLAKE      MANAGER         2850
      7782 CLARK      MANAGER         2450
      7788 SCOTT      ANALYST         3000
      7839 KING       PRESIDENT       5000
      7902 FORD       ANALYST         3000
6 rows selected.
SQL>
```

图 6-9　UNION 操作符

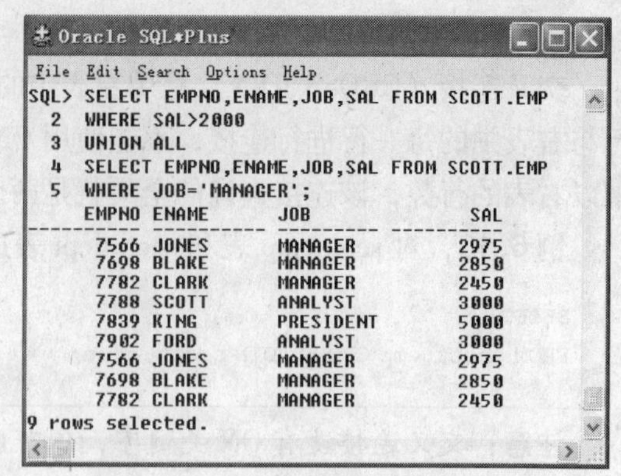

图 6-10　UNION ALL 操作符

6.3.2　INTERSECT 集合运算

与 UNION 类似，INTERSECT 也是对两个 SQL 语句所产生的结果进行处理。但与UNION 不同，INTERSECT 集合运算是取两个结果集的交集。当使用该操作符时，只会显示同时存在于两个结果集中的数据，其语法格式如下：

```
SELECT_statement1
INTERSECT SELECT_statement2
INTERSECT SELECT_statement3 [...n]
```

其中，SELECT_statement1 等都是 SELECT 查询语句。

例 6.15　通过 INTERSECT 集合运算，查询工资大于 2000，并且工作为 MANAGER 的雇员信息。

```
SELECT empno,ename,job,sal FROM scott.emp
WHERE sal >2000
INTERSECT
SELECT empno,ename,job,sal FROM scott.emp
WHERE job = 'MANAGER';
```

执行结果如图 6-11 所示。

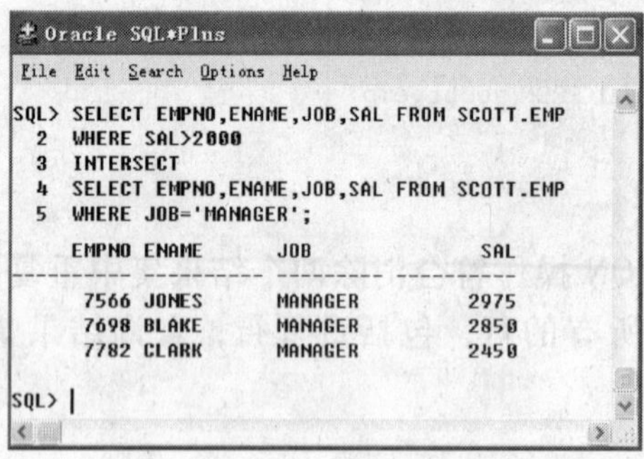

图 6-11　INTERSECT 操作符

6.3.3　MINUS 集合运算

MINUS 集合运算可以找到多个查询结果集的差异，即 MINUS 集合运算的结果包含在第一个结果集中但不在第二个结果集中的行，也就是两结果的差集。其语法格式如下：

```
SELECT_statement1
MINUST SELECT_statement2
MINUS SELECT_statement3 [...n]
```

例 6.16 使用 MINUS 集合查询工资大于 2000，但工作不是 MANAGER 的雇员信息。

```
SELECT empno,ename,job,sal FROM scott.emp
WHERE sal >2000
MINUS
SELECT empno,ename,job,sal FROM scott.emp
WHERE job = 'MANAGER';
```

```
Oracle SQL*Plus
File Edit Search Options Help
SQL> SELECT EMPNO,ENAME,JOB,SAL FROM SCOTT.EMP
  2  WHERE SAL>2000
  3  MINUS
  4  SELECT EMPNO,ENAME,JOB,SAL FROM SCOTT.EMP
  5  WHERE JOB='MANAGER';
     EMPNO ENAME      JOB              SAL
---------- ---------- --------- ----------
      7788 SCOTT      ANALYST         3000
      7839 KING       PRESIDENT       5000
      7902 FORD       ANALYST         3000
SQL>
```

图 6-12 MINUS 集合运算

执行结果如图 6-12 所示。

当然，一些集合运算的功能可以使用 AND、OR、NOT 逻辑运算符来实现，读者可以将本节中的例子使用逻辑运算符实现。

6.4 子查询

在查询条件中，可以嵌套另一个查询，即在一个 SELECT 查询内再嵌入一个 SELECT 查询。外层的 SELECT 语句叫外部查询，内层的 SELECT 语句叫子查询。子查询可以嵌套多层，但每层嵌套需要用圆括号()括起来。子查询除了可以用在 SELECT 语句中，还可以用在 INSERT、UPDATE 和 DELETE 语句中。子查询是一个完整的SELECT 语句，只不过它作为其他 SQL 命令的一部分。大部分子查询是放在 SELECT 语句中的 WHERE 子句中实现的，也可以放到 FROM 子句中当做虚拟表。根据子查询返回的结果情况可将子查询分为单行子查询、多行子查询和多列子查询。

6.4.1 单行子查询

单行子查询是指子查询只返回单列单行数据，即只返回一个值，也可称为单值子查询。可以使用比较运算符，包括等于（=）、不等于（<>）、小于（<）、大于（>）、小于等于（<=）和大于等于（>=）。单行子查询应用最广泛，经常用在 SELECT、UPDATE、DELETE 语句的 WHERE 子句中充当查询、修改或删除的条件。

例 6.17 利用 scott 方案下的 emp 表和 dept 表查询在 SALES 部门工作的雇员姓名。

```
SELECT ename
FROM scott.emp
WHERE deptno = (SELECT deptno FROM scott.dept WHERE dname = 'SALES');
```

执行结果如图 6-13 所示。该查询语句的执行过程为：首先对子查询求值，求出 SALES 的部门编号，然后把子查询的结果代入外部查询，执行外部查询。外部查询依赖于子查询的结果。

例 6.18 利用 scott 方案下的 emp 表查询工资低于平均工资的雇员信息。

```
SELECT * FROM scott.emp
WHERE sal < (SELECT avg(sal) FROM scott.emp);
```

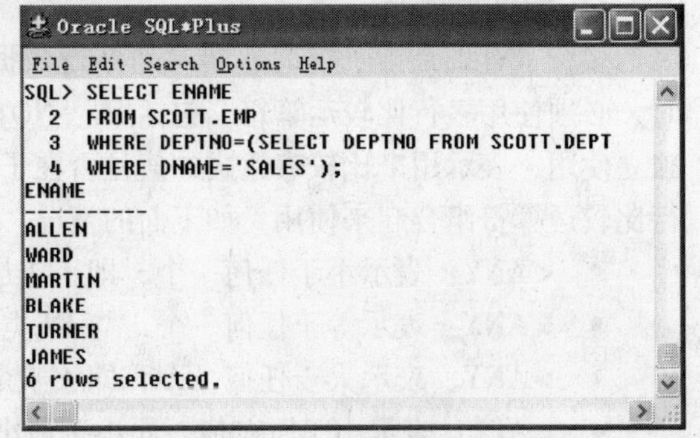

图 6-13 单值子查询

执行结果如图 6-14 所示。

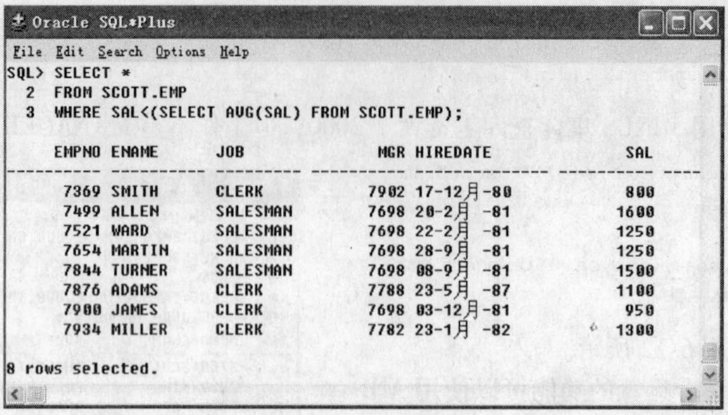

```
Oracle SQL*Plus
File Edit Search Options Help
SQL> SELECT *
  2  FROM SCOTT.EMP
  3  WHERE SAL<(SELECT AVG(SAL) FROM SCOTT.EMP);

     EMPNO ENAME      JOB              MGR HIREDATE              SAL
---------- ---------- --------- ---------- -------------- ---------- ----
      7369 SMITH      CLERK           7902 17-12月-80            800
      7499 ALLEN      SALESMAN        7698 20-2月 -81           1600
      7521 WARD       SALESMAN        7698 22-2月 -81           1250
      7654 MARTIN     SALESMAN        7698 28-9月 -81           1250
      7844 TURNER     SALESMAN        7698 08-9月 -81           1500
      7876 ADAMS      CLERK           7788 23-5月 -87           1100
      7900 JAMES      CLERK           7698 03-12月-81            950
      7934 MILLER     CLERK           7782 23-1月 -82           1300

8 rows selected.
```

图6-14　查询低于平均工资的雇员信息

一些使用子查询实现的功能，也可以用表之间的连接查询实现。如例6.17中的查询用连接查询实现，代码如下：

```
SELECT ename,dname
FROM scott.emp e INNER JOIN scott.dept d
On e.deptno=d.deptno
WHERE dname='SALES';
```

该查询语句也可以获得例6.17中的查询结果，但两种方式有不同之处，那就是连接查询中的SELECT关键字的后面可以查询出scott.dept表中的数据，但是在例6.17中的结果集中是不能输出的。

例6.19　将scott方案下的emp表中雇员编号是7369的员工的工资改为平均工资的1.5倍。

```
UPDATE scott.emp
SET sal=1.5*(SELECT avg(sal)FROM scott.emp)
WHERE empno=7369;
```

例6.20　利用scott方案下的emp表和dept表，删除部门是SALES的员工信息。

```
DELETE FROM scott.emp
WHERE deptno=(SELECT deptno FROM scott.dept WHERE dname='SALES');
```

6.4.2　多行子查询

多行子查询是指子查询返回单列多行数据，即一组数据。当子查询是单列多行子查询时，必须使用多行比较运算符，包括IN、NOT IN、ANY、ALL、SOME。IN和NOT IN可以独立使用，表示用来比较表达式的值是否在子查询的结果集中。但是ANY和ALL必须与单行比较运算符组合起来使用，如下面的情况：

- <ANY：表示小于任何一个，即小于最大值即可。
- =ANY：表示等于任何一个，与IN类似。
- >ANY：表示大于任何一个，即大于最小值即可。
- <ALL：表示小于所有值，即小于最小值。
- >ALL：表示大于所有值，即大于最大值。

- = ALL：无意义。

SOME 和 ANY 类似。

例 6.21 利用 scott 方案下的 emp 表和 dept 表，查询所有部门名称是 SALES 和 RESEARCH 的员工编号、姓名、工资和工作。

```
SELECT empno 编号,ename 姓名,sal 工资,deptno 部门编号
FROM scott.emp
WHERE deptno IN (SELECT deptno FROM scott.dept
WHERE dname = 'SALES' OR dname = 'RESEARCH')
ORDER BY deptno;
```

执行结果如图 6-15 所示。

该查询的执行顺序为：首先执行括号内的子查询得到结果，然后再利用该结果当做条件执行外部查询。对于复杂的查询，可以使用子查询的嵌套。

例 6.22 在学生选课系统中查询选修了课程名为数据库原理的学生信息。

```
SELECT *
FROM student
WHERE studentID IN (SELECT studentID FROM score
WHERE courseID = (SELECT courseID FROM course
WHERE cname = '数据库原理'));
```

例 6.23 利用 scott 方案下的 emp 表查询每个部门的最低工资的雇员信息。

```
SELECT ename,deptno,sal
FROM scott.emp
WHERE sal IN (SELECT MIN(sal)FROM scott.emp
GROUP BY deptno);
```

执行结果如图 6-16 所示。

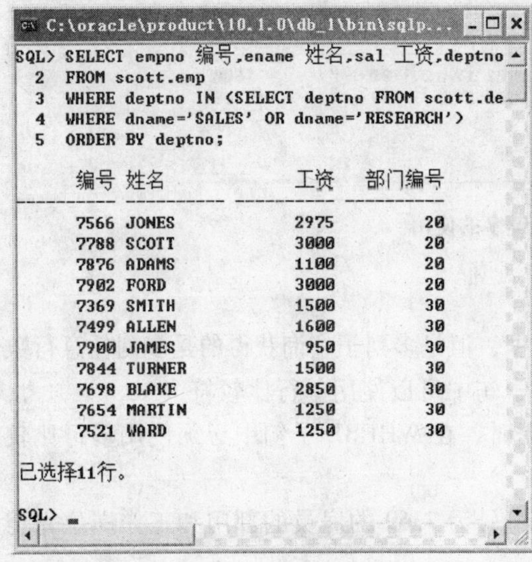

```
C:\oracle\product\10.1.0\db_1\bin\sqlp...
SQL> SELECT empno 编号,ename 姓名,sal 工资,deptno
  2  FROM scott.emp
  3  WHERE deptno IN (SELECT deptno FROM scott.de
  4  WHERE dname='SALES' OR dname='RESEARCH')
  5  ORDER BY deptno;

      编号 姓名              工资   部门编号
---------- ---------- ---------- ----------
      7566 JONES            2975         20
      7788 SCOTT            3000         20
      7876 ADAMS            1100         20
      7902 FORD             3000         20
      7369 SMITH            1500         30
      7499 ALLEN            1600         30
      7900 JAMES             950         30
      7844 TURNER           1500         30
      7698 BLAKE            2850         30
      7654 MARTIN           1250         30
      7521 WARD             1250         30

已选择11行。

SQL>
```

图 6-15 多行子查询

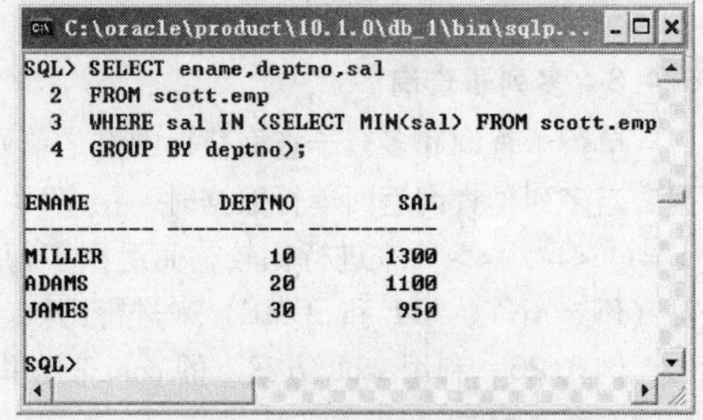

```
C:\oracle\product\10.1.0\db_1\bin\sqlp...
SQL> SELECT ename,deptno,sal
  2  FROM scott.emp
  3  WHERE sal IN (SELECT MIN(sal) FROM scott.emp
  4  GROUP BY deptno);

ENAME          DEPTNO        SAL
---------- ---------- ----------
MILLER             10       1300
ADAMS              20       1100
JAMES              30        950

SQL>
```

图 6-16 IN 关键字的使用

例 6.24 利用 scott 方案下的 emp 表查询比工作是 SALESMAN 的所有员工工作早的那些雇员的信息。

```
SELECT *
FROM scott.emp
WHERE hiredate < ALL (SELECT hiredate FROM scott.emp
WHERE job = 'SALESMAN');
```

执行结果如图 6-17 所示。

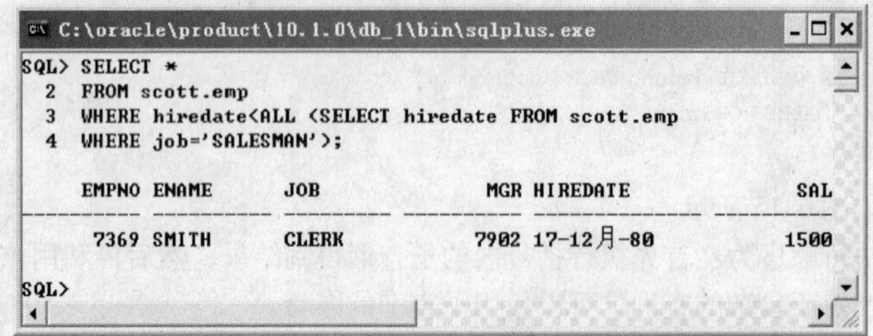

图 6-17 ALL 关键字的使用

例 6.25 利用 scott 方案下的 emp 表查询工作是 CLERK 并且工资不低于工作是 SALESMAN 的最低工资的雇员信息。

```
SELECT * FROM scott.emp
WHERE job = 'CLERK' AND sal > = ANY (SELECT sal
FROM scott.emp WHERE job = 'SALESMAN');
```

执行结果如图 6-18 所示。

```
C:\oracle\product\10.1.0\db_1\bin\sqlplus.exe
SQL> SELECT *
  2  FROM scott.emp
  3  WHERE job='CLERK' AND sal>=ANY(SELECT sal
  4  FROM scott.emp WHERE job='SALESMAN');

     EMPNO ENAME      JOB              MGR HIREDATE              SAL
---------- ---------- --------- ---------- -------------- ----------
      7369 SMITH      CLERK           7902 17-12月-80           1500
      7934 MILLER     CLERK           7782 23-1月 -82           1300

SQL>
```

图 6-18 ANY 关键字的使用

6.4.3 多列子查询

单行子查询和多行子查询获得的都是单列数据，但是多列子查询获得的是多列任意行数据。当多列子查询返回单行数据时，在 WHERE 子句中可以使用单行比较符（=，>，<，>=，<=，<>）来进行比较；而返回多行数据时，在 WHERE 子句中必须使用多行比较符（IN、ANY、ALL 和 SOME）来进行比较。

例 6.26 利用 scott 方案下的 emp 表查询与编号为 7369 的雇员的部门和工作岗位完全相同的所有雇员。

```
SELECT ename,job,sal,deptno
FROM scott.emp
WHERE (deptno,job) = (SELECT deptno,job FROM scott.emp
```

```
WHERE empno = 7369);
```

执行结果如图 6-19 所示。

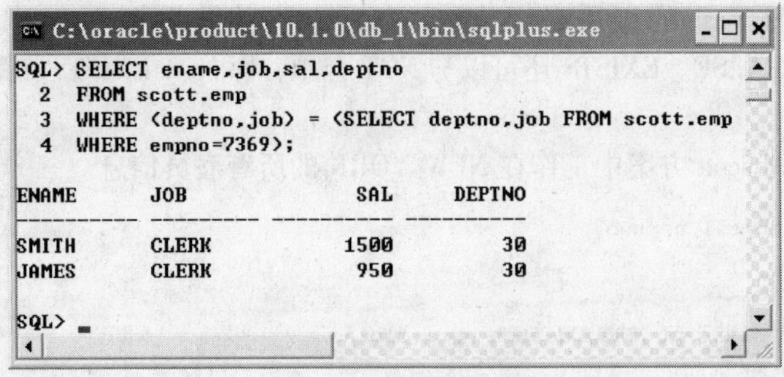

图 6-19 多列单行子查询

使用子查询比较多列数据时，既可以使用成对比较，也可以使用非成对比较。其中，成对比较要求多个列的数据必须同时匹配，而非成对比较则不要求多个列的数据必须同时匹配，此时是单独写的查询条件，各个条件之间是彼此独立的。

例 6.27 利用 scott 方案下的 emp 表查询工资和奖金与部门编号为 30 的雇员的工资和奖金完全相同的雇员信息。

```
SELECT ename,sal,comm,deptno
FROM scott.emp
WHERE(sal,NVL(comm, -1))IN (SELECT sal,NVL(comm, -1)
FROM scott.emp WHERE deptno = 30);
```

执行结果如图 6-20 所示，此查询为成对比较。

例 6.28 利用 scott 方案下的 emp 表查询工资匹配于部门 30 的工资列表、奖金匹配于部门 30 的奖金列表的所有雇员。

```
SELECT ename,sal,comm,deptno
FROM scott.emp
WHERE sal IN(SELECT sal FROM scott.emp
WHERE deptno = 30)AND NVL(comm, -1)IN (SELECT NVL(comm, -1)
FROM scott.emp WHERE deptno = 30);
```

执行结果如图 6-21 所示，此查询为非成对比较。

```
C:\oracle\product\10.1.0\db_1\bin\sqlplus.exe
SQL> SELECT ename,sal,comm,deptno
  2  FROM scott.emp
  3  WHERE(sal,NVL(comm,-1))IN (SELECT sal,NVL(comm,-1)
  4  FROM scott.emp WHERE deptno=30);

ENAME            SAL       COMM     DEPTNO
---------- ---------- ---------- ----------
SMITH           1500                    30
ALLEN           1600        300         30
WARD            1250        500         30
MARTIN          1250       1400         30
BLAKE           2850                    30
TURNER          1500          0         30
JAMES            950                    30

已选择7行。
```

图 6-20 多行成对比较查询

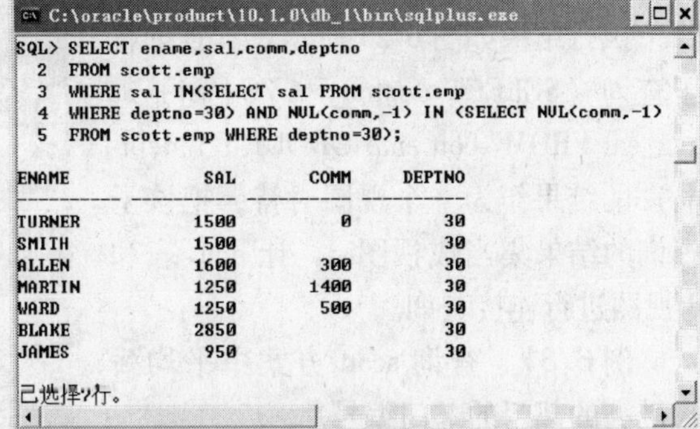

图 6-21 多行非成对比较查询

6.4.4 相关子查询

相关子查询是指需要引用外查询表列的子查询语句，通过 EXISTS 运算符实现的查询。EXISTS 用于测试子查询的结果是否为空，如子查询的结果集不为空，则 EXISTS 返回 TRUE，否则返回 FALSE。EXISTS 还可以与 NOT 合用，即 NOT EXISTS，其返回值与 EXISTS 恰好相反。

例 6.29 查询 scott 方案中工作在 NEW YORK 的所有雇员信息。

```
SELECT ename,job,sal,deptno
FROM scott.emp
WHERE EXISTS(
SELECT * FROM scott.dept WHERE deptno = emp.deptno
AND loc = 'NEW YORK');
```

执行结果如图 6-22 所示。在该查询语句中，外层 SELECT 语句返回的每一行数据都要根据子查询来评估，如果 EXISTS 关键字中指定的条件为真，查询结果就包含这一行，否则不包含这一行。本例的执行过程是：首先查找外层查询中 emp 表的第 1 行，根据该行的 deptno 值处理子查询，若结果不为空，则条件为真，就把该行的信息取出作为结果集的一行。然后继续查找 emp 表的第 2 行，第 3 行……重复上面的处理过程直到 emp 表的所有行都查找完为止。

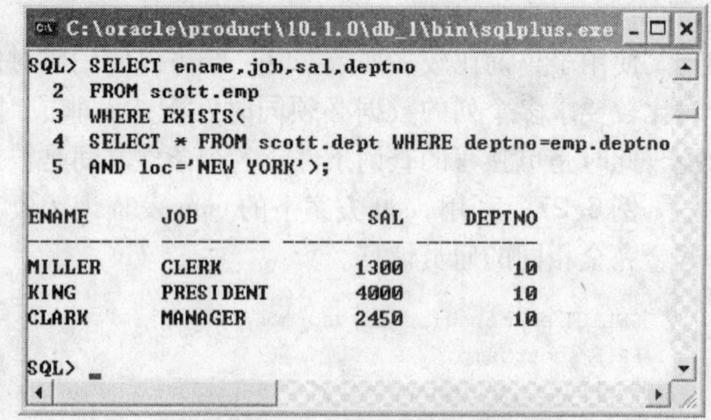

图 6-22 EXISTS 运算符

6.4.5 在 FROM 子句中使用子查询

前面介绍的子查询都是用在 WHERE 子句，子查询还可以用在 FROM 子句，该子查询会被作为视图对待，因此也被称为内嵌视图。

例 6.30 利用 scott 方案中的 emp 表查询高于部门平均工资的雇员信息。

```
SELECT ename,job,sal
FROM scott.emp e,(SELECT deptno,AVG(sal)as avg_sal FROM
scott.emp GROUP BY deptno)d
WHERE e.deptno = d.deptno AND sal > d.avg_sal;
```

执行结果如图 6-23 所示。本查询将子查询（SELECT deptno, AVG(sal) as avg_sal FROM scott.emp GROUP BY deptno）的结果作为一个视图对待，把该子查询的结果集当成视图 d，让 emp 表和 d 视图进行连接查询。

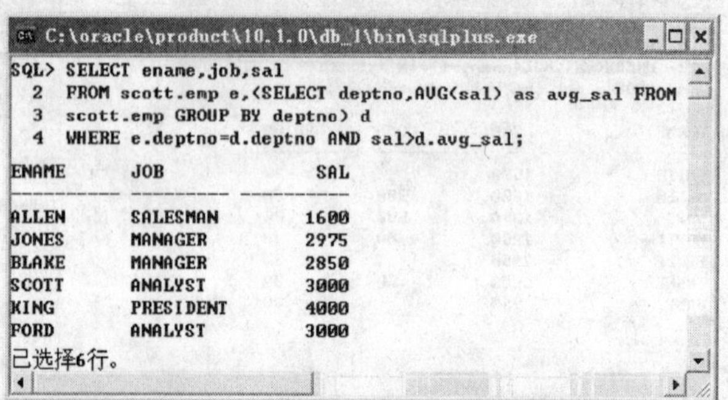

图 6-23 FROM 子句中使用子查询

例 6.31 查询 scott 方案中平均薪水最高的部门的部门编号。

```
SELECT deptno
```

```
FROM (SELECT deptno,AVG(sal)avg_sal FROM scott.emp
GROUP BY deptno)
WHERE avg_sal = (SELECT MAX(avg_sal)
FROM (SELECT deptno,AVG(sal)avg_sal FROM scott.emp
GROUP BY deptno));
```

执行结果如图 6-24 所示。

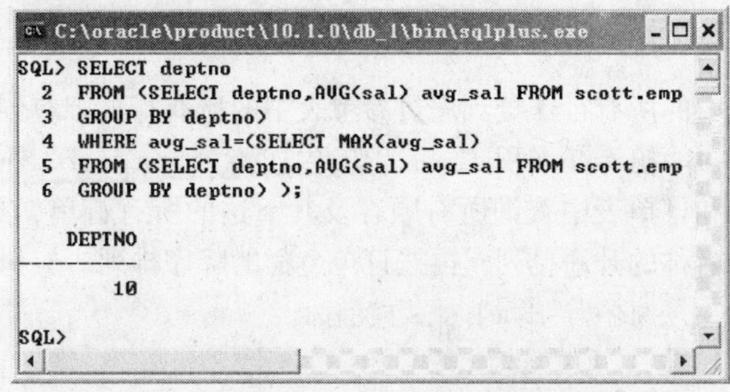

图 6-24　平均薪水最高的部门的部门编号

6.5　实验

【实验目的】

1. 掌握 SELECT 语句的多表连接查询。
2. 掌握 SELECT 语句的子查询。

【实验内容】

根据 Oracle 数据库 scott 方案下的 emp 表和 dept 表，完成下列操作：

(1) 查询所有工种为 CLERK 的员工的姓名及其部门名称。
(2) 查询所有部门及其员工信息，包括那些没有员工的部门。
(3) 查询所有员工及其部门信息，包括那些还不属于任何部门的员工。
(4) 查询在 SALES 部门工作的员工的姓名信息。
(5) 查询所有员工的姓名及其直接上级的姓名。
(6) 查询入职日期早于其上级领导的所有员工信息。
(7) 查询从事同一种工作但不属于同一部门的员工信息。
(8) 查询 10 号部门员工及其领导的信息。
(9) 使用 UNION 将工资大于 2500 的雇员信息与工作为 ANALYST 的雇员信息合并。
(10) 通过 INTERSECT 集合运算，查询工资大于 2500，并且工作为 ANALYST 的雇员信息。
(11) 使用 MINUS 集合查询工资大于 2500，但工作不是 ANALYST 的雇员信息。
(12) 查询工资高于公司平均工资的所有员工信息。
(13) 查询与 SMITH 员工从事相同工作的所有员工信息。
(14) 查询工资比 SMITH 员工工资高的所有员工信息。
(15) 查询比所有在 30 号部门中工作的员工的工资都高的员工姓名和工资。
(16) 查询部门人数大于 5 的部门的员工信息。
(17) 查询所有员工工资都大于 2000 的部门的信息。
(18) 查询人数最多的部门信息。

（19）查询至少有一个员工的部门信息。
（20）查询工资高于本部门平均工资的员工信息。
（21）查询工资高于本部门平均工资的员工信息及其部门的平均工资。
（22）查询每个员工的领导所在部门的信息。
（23）查询平均工资低于2000的部门及其员工信息。

6.6 习题

1. 如果需要将雇员表中的所有行连接到雇员参考表中的所有行，则应创建哪种类型的连接？

A. 等值连接 B. 笛卡儿乘积 C. 内连接 D. 外连接

2. 如果需要从顾客表和订单表中查询所有顾客及其下达的所有订单，并且要求查询结果中先按顾客所在公司名称的升序排列，再按订单金额的降序排列。应执行以下哪条语句？

A.
```
SELECT c.顾客标识,c.公司名称,o.订单日期,o.顾客标识,o.金额
FROM 顾客 c,订单 o
WHERE c.顾客标识 =o.顾客标识
ORDER BY 金额 DESC,公司名称;
```

B.
```
SELECT c.顾客标识,c.公司名称,o.订单日期,o.顾客标识,o.金额
FROM 顾客 c,订单 o
WHERE c.顾客标识 =o.顾客标识
ORDER BY 公司名称,金额 DESC;
```

C.
```
SELECT c.顾客标识,c.公司名称,o.订单日期,o.顾客标识,o.金额
FROM 顾客 c,订单 o
WHERE c.顾客标识 =o.顾客标识
ORDER BY 公司名称,金额;
```

D.
```
SELECT c.顾客标识,c.公司名称,o.订单日期,o.顾客标识,o.金额
FROM 顾客 c,订单 o
WHERE c.顾客标识 =o.顾客标识
ORDER BY 公司名称 ASC,金额 ASC;
```

3. 评估以下SQL语句：

```
SELECT e.雇员标识,e.姓氏,e.名字,d.部门名称
FROM 雇员 e,部门 d
WHERE e.部门标识 =d.部门标识
AND 雇员.部门标识 >5000
ORDER BY 4;
```

哪个子句的语法有错误？

A. `SELECT e.雇员标识,e.姓氏,e.名字,d.部门名称`

B. `FROM 雇员 e,部门 d`

C. `WHERE e.部门标识 =d.部门标识`

D. `AND 雇员.部门标识 >5000`

E. `ORDER BY 4;`

4. 评估以下语句：

```
SELECT 部门标识, AVG(薪金)
FROM 雇员
```

```
WHERE 职务标识 <> 69 879
GROUP BY 部门标识
HAVING AVG(薪金) > 35 000
ORDER BY 部门标识;
```

哪些子句限制了返回结果？请选择两个正确答案。

A. `SELECT 部门标识,AVG(薪金)`

B. `WHERE 职务标识 <> 69 879`

C. `GROUP BY 部门标识`

D. `HAVING AVG(薪金) > 35 000`

5. 在 SELECT 语句中各个子句的正确顺序是什么？

A.
```
SELECT
FROM
WHERE
ORDER BY
GROUP BY
HAVING
```

B.
```
SELECT
FROM
HAVING
GROUP BY
WHERE
ORDER BY
```

C.
```
SELECT
FROM
WHERE
GROUP BY
HAVING
ORDER BY
```

D.
```
SELECT
FROM
WHERE
HAVING
ORDER BY
GROUP BY
```

6. 以下哪个运算符可用于多行子查询？

A. IN　　B. <>　　C. =　　D. LIKE

7. 假设数据库中有顾客表和订单历史记录表。其中，顾客表中包括：客户标识 NUMBER(5)、姓名 VARCHAR2(25)、信贷限额 NUMBER(8，2)、开户日期（DATE）；订单历史记录表中包括：订单标识 NUMBER(5)、客户标识 NUMBER(5)、订单日期（DATE）、总计 NUMBER(8，2)。以下哪种方案需要使用子查询来返回需要的结果？

A. 需要显示每个顾客账户的开户日期

B. 需要显示顾客下达订单的各个日期

C. 需要显示在特定日期下达的所有订单

D. 需要显示与编号为25950的订单的下达日期相同的所有订单

8. 如果希望在报表中显示成本值高于所有产品平均成本的产品名称，应使用以下哪条SELECT语句？

A. `SELECT 产品名称 FROM 产品 WHERE 成本 > (SELECTAVG(成本) FROM 产品);`

B. `SELECT 产品名称 FROM 产品 WHERE 成本 > AVG(成本);`

C. `SELECT AVG(成本),产品名称 FROM 产品 WHERE 成本 > AVG(成本) GROUP by 产品名称;`

D. `SELECT 产品名称 FROM (SELECT AVG(成本) FROM 产品) WHERE 成本 > AVG(成本);`

9. 如果单行子查询返回了空值且使用了等于比较运算符，外部查询会返回什么结果？

A. 不返回任何行 B. 返回表中的所有行

C. 返回空值 D. 返回错误

10. 如果需要创建包含多行子查询的SELECT语句，可以使用哪个（些）比较运算符？

A. IN、ANY 和 ALL B. LIKE

C. BETWEEN... AND... D. =、<和>

第7章 PL/SQL编程基础

SQL是访问数据库的标准语言，大多数数据库都采用SQL作为其操纵语言。但是SQL语言又不能完全满足需求，所以数据库厂商纷纷在标准SQL基础上进行了不同程度的扩展，进一步扩展了SQL原有的功能。这些扩展后的SQL也被冠以特定的名称。例如，Oracle公司把扩展后的SQL称为PL/SQL。这种扩展的SQL在数据库技术的发展中起着重要的作用。PL/SQL也是操纵数据库数据和执行数据库各种任务的编程语言，它使用户能更加灵活地完成数据库任务，本章将对PL/SQL语言进行完整地阐述。

本章要点

- PL/SQL程序块结构
- 常见SQL语句在PL/SQL程序块中的使用
- PL/SQL中的数据类型和流程控制语句
- 游标的创建与应用
- 程序块中的异常处理

7.1 PL/SQL程序块结构

PL/SQL程序块是PL/SQL的基本程序单元，编写PL/SQL程序其实就是编写PL/SQL程序块。如要实现相对简单的功能，只需编写一个PL/SQL程序块；而如果需要实现复杂的功能，就需要在PL/SQL程序块中嵌套其他PL/SQL程序块。一个PL/SQL程序块中可以嵌套多层，没有限制。

PL/SQL程序块由三个部分组成：定义部分、执行部分、异常处理部分。其中定义部分是由DECLARE关键字引出的，用于定义常量、变量、游标、异常、复杂数据类型等；执行部分是PL/SQL程序块的主体，从关键字BEGIN开始，至关键字END结束，这中间包含了若干条实现特定功能的PL/SQL语句和某些可用的SQL语句，或者是嵌套着其他的PL/SQL程序块；异常处理部分由关键字EXCEPTION引出，用于捕获执行过程中发生的错误，并进行相应的处理。PL/SQL程序块的基本结构如下所示：

```
DECLARE
  /*
   定义部分:定义常量、变量、游标、异常、复杂数据类型等
  */
BEGIN
  /*
   执行部分:PL/SQL 语句和 SQL 语句或者是嵌套其他的 PL/SQL 程序块
  */
EXCEPTION
  /*
   异常处理部分:处理捕获到的错误
  */
END;
```

其中，定义部分和异常处理部分是可选的，而执行部分是必需的，也就是说作为一个程序块最简单的结构，就是由 BEGIN 和 END 关键字组成的，其中包含一条或多条命令。注意，END 作为 PL/SQL 程序块结束的标记，后面要加“;”。

另外，同其他编程语言一样，PL/SQL 程序也可以使用注释语句，包括两种注释符号：一种是上面程序块结构中用到的“/*..*/”注释符号，它表示多行注释；另一种是双减号“--”，表示单行注释。

例 7.1 一个只包含执行部分的 PL/SQL 程序块。

```
SET SERVEROUTPUT ON
BEGIN
  dbms_output.put_line('hello,everyone!');
END;
/
```

当执行该 PL/SQL 程序块时，会输出字符串“hello，everyone!”。其中，dbms_output 是 Oracle 所提供的系统包，属于 sys 方案，但在创建时已将 EXECUTE 执行权限授予 PUBLIC，所以任何用户都可以直接使用而不加 sys 方案名。put_line 是该包所包含的一个过程，用于输出字符串信息。

另外，本例中包含的命令“SET SERVEROUTPUT ON”是指将当前会话的环境变量 SERVEROUTPUT 的值设为 ON，这样可以保证 PL/SQL 程序块能够在 SQL*Plus 中输出结果。该命令不需要重复书写，它会在当前会话结束前一直有效。也就是说，在用户没有关闭 SQL*Plus 工具，或者是没有重新执行 CONNECT 命令之前，该命令都不需要重新执行。

最后还需要说明一点，在 BEGIN 和 END 中间至少要包含一条命令，即使程序块不需要执行命令，也要用 NULL 关键字代替，如下面的代码就是一个不执行任何处理的程序块：

```
BEGIN
  NULL;
END;
/
```

为了能在 PL/SQL 程序块中使用变量、常量、异常和显式游标等，必须要在定义部分定义它们，如下例所示。

例 7.2 定义变量。

```
DECLARE
  str VARCHAR2(20);
BEGIN
  str:='hello,everyone';
  dbms_output.put_line(str);
END;
/
```

当执行该 PL/SQL 程序块时，会输出消息“hello，everyone!”。

在本例中用到了赋值运算符，PL/SQL 中的赋值运算符是“:=”，是把运算符右边的常量或表达式的值赋给左边的变量。

例 7.3 一个包含定义部分、执行部分和异常处理部分的 PL/SQL 程序块。

```
DECLARE
```

```
  i NUMBER(20);
BEGIN
  i:=65/0;
EXCEPTION
  WHEN zero_divide THEN
  dbms_output.put_line('divided by zero');
END;
/
```

程序运行后输出“divided by zero”，从而避免了程序运行错误。其中 zero_divide 是 PL/SQL 的预定义异常。有关异常的知识在 7.8 节作详细介绍。

在一个 PL/SQL 程序块中可以嵌套另一个 PL/SQL 程序块，而且可以嵌套多层，如下例所示。

例 7.4　嵌套的 PL/SQL 程序块。

```
DECLARE
  var1 VARCHAR2(20):='外层程序块';
BEGIN
  DECLARE
    var2 VARCHAR2(20):='内层程序块';
  BEGIN
    dbms_output.put_line(var2);
  END;
 dbms_output.put_line(var1);
END;
/
```

7.2　变量与常量

在程序中通常要包含两部分：操作与数据。其中，操作是对数据的加工与处理，用命令表示；数据是被处理的对象，通常用变量或常量表示。在 PL/SQL 程序中，所有的变量和常量都必须定义在程序块的 DECLARE 部分，而且每个变量和常量都要有合法的标识符。

7.2.1　PL/SQL 标识符

标识符用于指定 PL/SQL 程序单元和程序项的名称。通过使用标识符，可以定义常量、变量、异常、显式游标、游标变量、参数、子程序以及包的名称。当使用标识符定义 PL/SQL 程序项或程序单元时，必须满足以下规则：

- 必须以字母开头，长度不能超过 30 个字符。
- 标识符中不能包含减号“-”和空格。
- Oracle 标识符不区分大小写。
- 标识符不能是 SQL 保留字。

以下列举了合法与非法的标识符：

```
v_name VARCHAR2 (20) --合法标识符
2010_name VARCHAR2(20) --非法标识符,因为以数字开头
v-name VARCHAR2 (20) --非法标识符,因为使用了减号“-”
v name VARCHAR2 (20) --非法标识符,因为标识符中包含空格
USER VARCHAR2(20) --非法标识符,因为使用了 SQL 保留字
```

7.2.2 PL/SQL 中的数据类型

PL/SQL 中的数据类型和 SQL 的数据类型相似，只是在长度上有所不同，另外 PL/SQL 还有一些专用的在 SQL 命令中不能使用的数据类型。PL/SQL 的常用数据类型包括标量数据类型、大对象数据类型、属性类型和引用类型四种。

1. 标量数据类型

标量数据类型又称基本数据类型，它没有内部组件，主要包括数值类型、字符类型、布尔类型、日期时间类型。

1）数值类型：存储的数据为数字，用此数据类型存储的数据可用于计算。数值类型包括：BINARY_INTEGER、NUMBER、PLS_INTEGER。

- NUMBER(p，s）用来存储正负整数、分数和浮点型数据，精度为 38 位，p 表示精度，用于指定数字的总位数；s 用于指定小数点后的数字位数。
- PLS_INTEGER 和 BINARY_INTEGER 是 PL/SQL 专用的数据类型，这两种数据类型不能在定义表结构时使用。PLS_INTEGER 是 -2^31 和 2^31 之间的有符号整数，即它的取值范围是 -2 147 483 648 到 2 147 483 648。PLS_INTEGER 的范围比 NUMBER 变量小，因此会占用更少内存。

2）字符类型：用于存储字符串或字符数据，包括 CHAR、VARCHAR2、LONG、RAW、LONG RAW 类型。

PL/SQL 数据类型与 SQL 数据类型的长度有所不同，如表 7-1 所示。

表 7-1 PL/SQL 数据类型与 SQL 数据类型的比较

数据类型	SQL 类型	PL/SQL 类型
CHAR	1..2000	1..32 767
LONG	1..2GB	1..32 760
LONG RAW	1..2GB	1..32 760
RAW	1..2000	1..32 767
VARCHAR2	1..4000	1..32 767

3）布尔类型（BOOLEAN)：该数据类型用于定义布尔变量，其变量的值为 TRUE、FALSE 或 NULL。需要注意，该数据类型是 PL/SQL 数据类型，不能向数据库中插入布尔类型的值。只能对布尔类型的变量执行逻辑操作。

4）日期时间类型：该类型主要存储日期和时间数据，包括 DATE、TIMESTAMP 类型。

2. 大对象数据类型

大对象类型（LOB）用于存储非结构化数据。非结构化数据通常包括文本、图形图像、视频和声音。LOB 数据类型的数据库列用于存储定位器，而定位器指向大型对象的存储位置。这些大对象可以存储在数据库中，也可以存储在外部文件中。PL/SQL 通过这些定位器对 LOB 数据类型进行操作。DBMS_LOB 程序包用于操纵 LOB 数据。

3. 属性类型

属性用于引用变量或数据库列的数据类型，以及引用表中一行的记录类型。PL/SQL 支持%TYPE 和%ROWTYPE 两种属性类型，详见本章 7.5 节。

- %TYPE 用于引用某个变量或数据库列的数据类型来声明变量。
- %ROWTYPE 表示表中一行的记录类型，它可存储从表中选择的一条记录数据。

4. 引用类型

PL/SQL 提供的引用类型包括 REF CURSOR（动态游标）和 REF 操作符。REF 操作符允许引用现有的行对象。

7.2.3 声明变量与常量

当编写 PL/SQL 程序块时，如果需要使用变量或常量，必须首先在定义部分定义变量或常量，然后才能在执行部分或异常处理部分使用这些变量或常量。

在 PL/SQL 程序块中定义变量和常量的语法如下：

```
identifier [CONSTANT] DATATYPE [NOT NULL] [ [:=expr] |[ DEFAULT  expr] ]
```

其中各参数的意义如下：

- identifier：用于指定变量或常量的名称。
- CONSTANT：用于指定常量。当定义常量时，必须指定它的初始值，并且其数值不能改变。
- DATATYPE：用于指定常量或变量的数据类型。
- NOT NULL：为新定义的变量指定不允许为空属性，即在定义变量时必须为其赋初始值。
- :=expr：使用赋值运算符为变量或常量赋初始值，其中 expr 表示初始值的 PL/SQL 表达式，可以是常量、其他变量、函数等。
- DEFAULT expr：使用 DEFAULT 关键字为变量和常量设置默认值。

例 7.5 通过 PL/SQL 程序块定义下列的变量和常量。

```
DECLARE
v_ename VARCHAR2(10); --定义变量 v_ename,数据类型为 VARCHAR2,长度为 10
v_sal NUMBER(6,2); --定义变量 v_sal,数据类型为 NUMBER,长度为 6,其中包含 2 位小数
--定义常量 c_tax_rate,数据类型为 NUMBER,赋值 5.5
c_tax_rate  CONSTANT NUMBER(3,2):=5.5;
v_hiredate  DATE; --定义变量 v_hiredate,数据类型为 DATE
--定义变量 v_valid,数据类型为 BOOLEAN,取值不能为空,缺省值为 FALSE
v_valid BOOLEAN NOT NULL DEFAULT FALSE;
BEGIN
NULL;
END;
```

注意：在声明变量和常量时可以使用 DEFAULT 关键字。对于变量来说，使用 DEFAULT 关键字后仍然可以在执行部分修改变量的值，但常量不可以改变值，所以在声明常量时使用 DEFAULT 关键字意义不大。另外，定义常量时必须同时为它赋值，否则会出现错误。如下面的代码所示：

```
DECLARE
conOne CONSTANT NUMBER;
BEGIN
  NULL;
END;
/
  conOne CONSTANT NUMBER;
  *
  第 2 行出现错误:
  ORA-06550: 第 2 行, 第 4 列:
  PLS-00322: 常数 'CONONE' 的说明必须包含初始赋值
```

```
ORA-06550：第 2 行，第 11 列：
PL/SQL: Item ignored
```

7.2.4 为变量和常量赋值

用户可以使用很多方法为变量（在程序块的声明部分和执行部分）和常量（在声明部分）赋值。最常用的赋值方法是使用 PL/SQL 的赋值运算符（：=）。赋值运算符的语法如下所示：

```
variable DATATYPE :=expression; -- 在程序块的声明部分（变量和常量均可）
variable :=expression;          -- 在程序块的执行部分（只有变量）
```

注意：声明变量时若指定了 NOT NULL 属性，那么表示该变量在任何时刻都不允许为空，因此在定义变量的同时也必须为变量赋值，否则会发生错误，如下面的代码所示：

```
DECLARE
  varOne NUMBER NOT NULL;
BEGIN
  varOne :=10;
END;
/
  varOne NUMBER NOT NULL;
  *
  第 2 行出现错误：
  ORA-06550：第 2 行，第 11 列：
  PLS-00218：说明为 NOT NULL 的变量必须有初始化赋值
```

除了可以使用赋值运算符为变量赋值外，还可以使用 SELECT 语句为变量赋值，详见本章的 7.3 节。

例 7.6 使用 SELECT 语句为变量赋值。

```
SET SERVEROUTPUT ON
DECLARE
  var1 NUMBER;
BEGIN
 SELECT 10 INTO var1 FROM dual;
 dbms_output.put_line(var1);
END;
```

7.2.5 变量和常量的作用域

变量和常量的使用要满足它们的作用域。所谓作用域是指用户能够成功引用变量或常量的有效范围。在 PL/SQL 程序块中，每个变量或常量都有自己的作用域，只有在该作用域内，使用变量或常量才有效，超出该作用域访问将会出错。一个变量或常量的作用域是指从程序块中定义它的位置开始直到该程序块结束，这个范围就是它的作用域。其中包括变量或常量本身所在的程序块以及嵌套的子程序块。如果变量或常量定义在某个被嵌套的子程序块中，那么它的作用域就是子程序块范围内，它的父程序块不能访问。

例 7.7 以下示例演示了不同变量的作用域。

```
DECLARE
  var_parent NUMBER :=1;
```

```
BEGIN
  DECLARE
    var_child NUMBER := 2;
  BEGIN
    dbms_output.put_line(var_parent);
    dbms_output.put_line(var_child);
  END;
END;
```

注意：若在变量的作用域之外使用变量，程序将会出现错误，如下面的代码所示：

```
DECLARE
  var_parent NUMBER := 1;
BEGIN
  DECLARE
    var_child NUMBER := 2;
  BEGIN
    dbms_output.put_line(var_parent);
  END;
  dbms_output.put_line(var_child);
  --由于在父块中引用了作用域为子块的变量,所以出现错误
END;
```

7.3 常见 SQL 语句在 PL/SQL 程序中的使用

PL/SQL 程序中支持大部分 SQL 语句的应用，主要包括 DML 语句和 DCL 语句的使用。DDL 语句在 PL/SQL 中不被直接支持，也就是说直接在 PL/SQL 程序块中使用 DDL 命令是不允许的，但是也可以利用其他方式将 DDL 命令应用到 PL/SQL 程序块中。

7.3.1 SELECT 语句在 PL/SQL 程序中的使用

通过在 PL/SQL 程序块中嵌入 SELECT 语句，可以将数据库中的数据检索到变量中，然后再对该变量的值进行输出或处理操作。值得注意的是：在 PL/SQL 程序块中使用 SELECT 语句时，要与 INTO 子句一起使用，这样做是为了将查询结果存储到 INTO 子句指定的变量中。该变量应在程序块的 DECLARE 部分事先声明。

SELECT INTO 语句的语法格式如下：

```
SELECT [ ALL | DISTINCT ] select_list
INTO variable_list | record
FROM [schema.]table_name | [schema.]view_name | (sub - query)
[ WHERE search_condition ]
```

在 PL/SQL 程序中使用 SELECT 语句要求查询只能返回一行数据（返回多行时应使用游标处理，详见 7.7 节），而且 INTO 子句中的变量个数、数据类型、宽度必须与 SELECT 语句后的选择列的个数、数据类型、宽度一致。另外 INTO 子句中也可以是记录变量，如果是记录变量，那么该记录变量的结构一定要与 SELECT 后面选择的列的结构一致，有关记录类型和记录变量的内容参见本书 7.4 节。

例 7.8 以下示例演示了 SELECT 语句在 PL/SQL 程序块中的应用。

```
DECLARE
  v_ename VARCHAR2(10);
```

```
BEGIN
  SELECT ename INTO v_ename FROM scott.emp WHERE empno=7369;
  dbms_output.put_line('employee name :'||v_ename);
END;
```

如上所示，因为选择列表项包含一个列 ename，与之对应的变量 v_ename 的数据类型与长度与 ename 列一致。

在 PL/SQL 程序中使用 SQL 语句时还有一点需要注意：尽量避免自定义的变量或常量名称与表中的字段名重名，因为在解释一个标识符时，系统首先在表结构中查找有没有该名称，如果存在，那么该标识符就被解释为表中的字段，而不被当做变量或常量处理。这种情况如果发生在 WHERE 子句中，通常就会发生错误，如下面的代码所示。

```
DECLARE
  v_ename VARCHAR2(10);
  empno NUMBER(4,0);
BEGIN
  empno:=7369;
  SELECT ename  INTO v_ename FROM scott.emp WHERE empno=empno;
  -- 变量名不能与字段名相同
  dbms_output.put_line('employee name :'||v_ename);
END;
```

例7.9 使用 scott 方案下的 emp 和 dept 表查询职工编号是 7902 的员工的姓名、工作和所在部门。

```
DECLARE
  e_name VARCHAR2(10);
  e_job VARCHAR2(9);
  e_dname VARCHAR2(14);
BEGIN
  SELECT ename,job,dname INTO e_name,e_job,e_dname
  FROM scott.emp e INNER JOIN scott.dept d ON e.deptno=d.deptno
  WHERE empno=7902;
  dbms_output.put_line('该职工的姓名、工作、部门分别是:'||e_name||' '||e_job||' '||e_dname);
END;
```

7.3.2 INSERT、UPDATE、DELETE 语句在 PL/SQL 程序中的使用

在 PL/SQL 程序块中也可以使用 DML 语句：通过嵌入 INSERT 语句，可以将数据插入到 Oracle 数据库中；通过嵌入 UPDATE 语句，可以更新数据库中数据；通过嵌入 DELETE 语句，可以删除数据库中数据。这些语句在 PL/SQL 程序中使用时的格式与标准 SQL 语句的格式相同。

下面将介绍如何在 PL/SQL 程序块中插入数据、更新数据和删除数据。

1. INSERT 语句在 PL/SQL 程序中的使用

利用 PL/SQL 程序块向数据库中插入记录是通过 INSERT 语句来完成的。在 PL/SQL 程序块中使用 INSERT 语句与在 SQL * Plus 中直接执行 INSERT 语句没有区别，当使用 INSERT 语句插入数据时，既可以使用 VALUES 子句，也可以使用子查询。

例7.10 使用 PL/SQL 程序块向 scott.dept 表中插入记录。

```
DECLARE
```

```
  v_deptno NUMBER(2,0);
  v_dname VARCHAR2(20);
BEGIN
  v_deptno:=&no;
  v_dname :='&name';
  INSERT INTO scott.dept (deptno,dname)VALUES (v_deptno,v_dname);
END;
```

在以上 PL/SQL 程序块中出现了 &no 和'&name'，它们表示替代变量，当程序被执行时系统会提示为替代变量输入值。由于'&name'表示字符类型的替代变量，所以两边用单引号括起来。

在 PL/SQL 程序中也可以使用子查询向表中插入数据。值得注意的是：INSERT 语句后面指出的字段的数据类型和个数要与子查询中字段的数据类型和个数完全匹配。

例 7.11 假设在 system 方案下存在表 employee，其结构与 emp 表相同，向 employee 表中插入数据。

```
--创建与 scott.emp 表结构完全相同的 system.employee 表
CREATE TABLE employee AS SELECT * FROM scott.emp
WHERE 1=2;
--利用以下程序块向 employee 表中插入数据
DECLARE
  v_deptno NUMBER(4):=&no;
BEGIN
  INSERT INTO employee SELECT * FROM scott.emp WHERE deptno=v_deptno;
END;
```

当执行了以上 PL/SQL 程序块之后，会根据输入的部门编号将 emp 表中相应部门的雇员数据复制到 employee 表中。

2. UPDATE 语句在 PL/SQL 程序中的使用

在 PL/SQL 程序块中使用 UPDATE 语句与在 SQL * Plus 中直接执行 UPDATE 语句没有区别。在使用 UPDATE 语句更新数据时，需注意列的新值必须满足该列的数据类型、长度以及约束条件。

例 7.12 使用 PL/SQL 程序块更新 scott.dept 表中的数据。

```
DECLARE
  v_deptno NUMBER(4):=&no;
  v_dname VARCHAR2(10):='&name';
BEGIN
  UPDATE scott.dept SET dname=v_dname WHERE deptno=v_deptno;
END;
```

在执行了以上的 PL/SQL 程序块之后，会根据输入的部门号和部门名称更新指定部门的部门名称。

在 UPDATE 语句中使用子查询，也可以更新关联数据，从而降低网络开销，提高数据操纵性能，如下例所示。

例 7.13 在 PL/SQL 程序块中使用子查询更新表中的数据。

```
DECLARE
  v_empno NUMBER(6):=&no;
```

```
BEGIN
  UPDATE scott.emp SET (sal,comm) = (SELECT sal,comm FROM scott.emp WHERE empno = v_empno) WHERE
job = (SELECT job FROM scott.emp WHERE empno = v_empno);
END;
```

在执行了以上的PL/SQL程序块之后，会根据输入的雇员编号更新与该雇员有相同工作的所有雇员的工资和奖金。

3. DELETE语句在PL/SQL程序中的使用

在PL/SQL程序块中删除数据是使用DELETE语句来完成的，删除数据的语法也与SQL * Plus中直接执行DELETE语句没有区别。

例7.14 在程序块中使用DELETE语句删除表中的数据。

```
DECLARE
  v_deptno NUMBER(4):=&no;
BEGIN
  DELETE scott.emp WHERE deptno = v_deptno;
END;
```

例7.15 在程序块中使用带子查询的DELETE语句删除表中的数据。

```
DECLARE
  d_name VARCHAR2(14):='&name';
BEGIN
  DELETE FROM scott.emp
  WHERE deptno = (SELECT deptno FROM scott.dept WHERE dname = d_name);
END;
```

当执行了以上的PL/SQL程序块后，会根据输入的部门名称删除该部门中的所有员工信息。

7.3.3 DCL语句在PL/SQL程序中的使用

当编写PL/SQL程序块时，还可以直接使用DCL（事务控制）语句。在Oracle数据库中，事务控制语句包括COMMIT、ROLLBACK以及SAVEPOINT等语句，有关事务处理语句的详细知识请参见本书第12章。在PL/SQL程序块中使用事务控制语句与在SQL * Plus中直接使用事务控制语句没有任何区别。

COMMIT语句用于提交事务，从而确认事务变化；ROLLBACK语句用于回滚事务，从而取消事务变化。在PL/SQL程序块中使用COMMIT和ROLLBACK语句的示例如下。

例7.16 在程序块中修改scott.emp表中的工资值，并使用COMMIT语句进行提交。

```
DECLARE
  v_sal NUMBER(10,2):=&salary;
  v_ename VARCHAR2(20):='&name';
BEGIN
  UPDATE scott.emp SET sal = v_sal WHERE ename = v_ename;
  COMMIT;
EXCEPTION
  WHEN others THEN
  ROLLBACK;
END;
```

在执行了以上PL/SQL程序块后，会根据输入的员工姓名和工资更新emp表中该员工的工资，并且在更新了工资之后提交事务。若执行该 PL/SQL 程序块出现异常，则取消事务变化。另外，还可以在 PL/SQL 程序块中使用 SAVEPOINT 语句，示例如下。

例 7.17 在程序块中向 scott.dept 表中插入数据，并设置保存点。

```
BEGIN
  INSERT INTO scott.dept VALUES ( 80,'acc','beijing');
  SAVEPOINT a1;
  INSERT INTO scott.dept VALUES (90,'bcc','beijing');
  SAVEPOINT a2;
  INSERT INTO scott.dept VALUES (15,'ccc','beijing');
  SAVEPOINT a3;
  ROLLBACK TO a2;
  COMMIT;
END;
```

SAVEPOINT 语句用于设置保存点，通过与 ROLLBACK 语句结合使用，可以取消部分事务。以上 PL/SQL 执行后，dept 表中增加了两条记录，部门编号分别为 80、90。

7.3.4 在 PL/SQL 程序中间接使用 DDL 语句

DDL 语句不能像 DML 语句和 DCL 语句那样直接放在 PL/SQL 程序块中使用，但可以使用其他方式间接使用。

例 7.18 利用 PL/SQL 程序块在数据库中创建以系统的当前日期命名的新表。

```
DECLARE
  t_name VARCHAR2 (10);
BEGIN
   --将系统的当前日期转换为字符串存入到 t_name 变量中
  SELECT TO_CHAR(SYSDATE, 'YYYY_MM_DD') INTO t_name FROM DUAL;
   --使用 EXECUTE 关键字执行 DDL 命令
  EXECUTE IMMEDIATE('CREATE TABLE Table_'||t_name||' (id NUMBER)');
  dbms_output.put_line('已经在当前数据库中创建了以 Table_'||t_name||'命名的表!');
END;
```

7.4 PL/SQL 中的复合数据类型

复合数据类型可以存储多个值。PL/SQL 复合数据类型主要包括记录类型和记录表类型。记录类型的复合变量中可以存储多个标量值，它的结构通常与表中的记录相似。记录表类型的变量允许用户在程序代码中使用“表”存储多行数据，它只在程序运行期间有效，非常类似于其他程序设计语言中的数组。

7.4.1 记录类型

记录类似于高级语言中的结构，一般每个记录都包含多个数据成员。在使用记录类型前，首先应在程序块的定义部分定义记录类型，然后再用定义好的记录类型定义记录变量，最后就可以在程序块的执行部分使用该记录变量了。需注意，当使用记录变量中的每个成员时，须加记录变量作为前缀，即应写成：记录变量.记录成员。

定义记录类型的语法格式如下：

```
TYPE record_name IS RECORD(
field1_name data_type [not null] [:=default_value],
…
```

```
fieldn_name data_type [not null] [:=default_value]);
```

其中各参数的意义如下：

- record_name：表示定义的记录类型名称。
- fieldn_name：表示记录类型中定义的第 n 个数据成员空间（一般定义为简单变量）。

从以上格式可以看出，一个记录类型的结构就是定义的多个简单变量的组合。

例 7.19 定义记录变量来接收查询出的一行数据。

```
DECLARE
  TYPE record_type_emp IS RECORD (
      name VARCHAR2(10),
      job VARCHAR2(9),
      salary NUMBER(10));
  emp_record record_type_emp;
BEGIN
  SELECT ename,job,sal INTO emp_record FROM scott.emp WHERE empno=7369;
  dbms_output.put_line('ename:' ||emp_record.name ||' job:' ||emp_record.job ||' sal:' || emp_
record.salary);
END;
```

如上例所示，record_type_emp 为记录类型名，并且该记录类型包含三个成员：name、job 和 salary 。emp_record 是记录变量，emp_record.name 表示引用 emp_record 的成员 name。该 PL/SQL 程序块执行后会输出员工编号为 7369 的员工姓名、工作和工资。

7.4.2 记录表类型

PL/SQL 程序块中定义的记录表类似于高级语言中的数组。需注意，PL/SQL 中的表与高级语言中的数组是有区别的。高级语言数组的下标不能为负，但 PL/SQL 表的下标可以为负值；高级语言数组的元素个数有限制，而 PL/SQL 表的元素个数没有限制，并且其下标没有上下限。

其定义语法如下：

```
TYPE table_name IS TABLE OF data_type [not null] INDEX BY BINARY_INTEGER;
```

由于记录表类型不会存储在数据库中，所以 data_type 可以是任何合法的 PL/SQL 数据类型。关键字 INDEX BY BINARY_INTEGER 指示系统将创建一个主键索引，以引用记录表变量中的特定行。当使用 PL/SQL 记录表时，必须首先定义 PL/SQL 记录表类型，然后再定义记录表变量，最后在执行部分使用该记录表变量。

例 7.20 查询 scott.dept 表中 dname 字段的值，并存储到记录表变量中。

```
DECLARE
  TYPE dept_table_type IS TABLE OF VARCHAR2(14) INDEX BY BINARY_INTEGER;
  dept_table dept_table_type;
BEGIN
  FOR i IN 1..4 LOOP
    SELECT dname INTO dept_table(i) FROM scott.dept
    WHERE deptno=i * 10;
    dbms_output.put_line('dname:' ||dept_table(i));
  END LOOP;
END;
```

该例中定义了一个能存储字符型数据的记录表类型，然后利用循环将查询中获得的每一个 dname 字段的值存入记录表变量 dept_table 的每一个单元中。记录表类型的下标使用小括号表示，这和其他程序设计语言中的数组下标不同。

例 7.21 定义一个包含记录的记录表类型及其变量。

```
DECLARE
  TYPE dept_record_type IS RECORD (
      no NUMBER(2),
      name CHAR(14),
      location VARCHAR2(13));
        --定义记录表类型中存储的是已定义的 dept_record_type 记录类型的数据
  TYPE dept_table_type IS TABLE OF dept_record_type INDEX BY BINARY_INTEGER;
  dept_table dept_table_type; --定义记录表类型的变量
BEGIN
  FOR i IN 1..4 LOOP
  SELECT * INTO dept_table(i)FROM scott.dept WHERE deptno = i*10;
  dbms_output.put_line('deptno:'||dept_table(i).no||'  dname:'||dept_table(i).name||
  ' loc:'||dept_table(i).location);
 END LOOP;
END;
```

7.5 使用%TYPE 和%ROWTYPE 定义变量

在 PL/SQL 程序中不管是定义简单变量还是定义复合类型的变量通常都是为了存储从数据表中检索出来的字段值或整条记录的值。这样就必须要保证定义变量的个数、数据类型、宽度与相应字段或记录的结构相同，否则无法正确地存储字段或记录中的数据。直接使用数据类型定义变量容易出错、效率低而且不易维护，因此在 Oracle 中提供了%TYPE 和%ROWTYPE 两种属性类型。用户可以使用%TYPE 将变量定义为和某个字段的数据类型一致，这样变量就能准确地接收从该字段中检索出来的数据；使用%ROWTYPE 可以将变量定义为和某个表中记录的结构一致，这样该变量就可以接收从该表中检索出来的整条数据。

7.5.1 使用%TYPE 定义简单变量

当定义的 PL/SQL 变量用于存储某个字段的值时，必须确保变量使用合适的数据类型和宽度，否则无法存储从字段中检索出的数据。为了避免这种不必要的错误，可以使用%TYPE 属性定义变量。当使用%TYPE 属性定义变量时，它会按照数据库列或其他变量来确定新变量的类型和长度。

使用%TYPE 定义简单变量的格式如下：

```
variable_name [schema.]table_name.column_name%TYPE; --使用表中字段的类型来定义变量
variable_name old_variable %TYPE; --使用已有变量的类型来定义新变量
```

例 7.22 使用%TYPE 定义变量的数据类型。

```
DECLARE
  v_ename scott.emp.ename%TYPE; --使用字段的数据类型定义变量
  v_sal scott.emp.sal%TYPE;
  c_tax_rate CONSTANT NUMBER(3,2):=0.03;
  v_tax_sal v_sal%TYPE; --使用已有变量的数据类型定义新变量
BEGIN
  SELECT ename,sal INTO v_ename,v_sal FROM scott.emp WHERE empno = &eno;
```

```
  v_tax_sal:=v_sal*c_tax_rate;
  dbms_output.put_line('name:'||v_ename);
  dbms_output.put_line('sal:'||v_sal);
  dbms_output.put_line('sax:'||v_tax_sal);
END;
```

如上例所示，变量 v_ename、v_sal 与 emp 表的 ename 列、sal 列的数据类型和长度完全一致，而变量 v_tax_sal 与变量 v_sal 的数据类型和长度完全一致。这样，当数据库 emp 表中 ename 列和 sal 列的类型和长度发生改变时，该 PL/SQL 块将不需要进行任何修改。

7.5.2 使用%ROWTYPE 定义记录变量

%ROWTYPE 属性可用于定义记录变量的数据类型，使得该记录变量的结构和已有的某张表结构完全一致，这样记录变量就可以存储从该表中检索出的一行记录。但有时需要的记录变量的结构和已有的任何一张表结构都不相同，这种情况只能使用自定义的记录类型（详见 7.4.1 节）定义记录变量。

使用% ROWTYPE 定义记录变量的格式如下：

```
record_variable [schema.]table_name%ROWTYPE; --使用表结构定义记录变量
record_variable [schema.]view_name%ROWTYPE; --使用视图结构定义记录变量
record_variable old_record_variable%ROWTYPE; --使用已有的记录变量定义新记录变量
```

例 7.23 使用% ROWTYPE 定义记录变量的结构。

```
DECLARE
  dept_record scott.dept%ROWTYPE;
BEGIN
  dept_record.deptno:=50;
  dept_record.dname:='administrator';
  dept_record.loc:='beijing';
  INSERT INTO scott.dept VALUES dept_record;
  COMMIT;
EXCEPTION
  WHEN others THEN
  ROLLBACK;
END;
```

如上例所示，dept_record 为记录变量，它所拥有的成员数、成员名及各成员的数据类型和宽度与 scott.dept 表拥有的字段数、字段名及各字段的数据类型和宽度一致。

7.6 PL/SQL 中的流程控制语句

编写计算机应用程序时，任何计算机语言（例如 C、Java 等）都能处理程序的条件选择结构和循环控制结构，PL/SQL 也不例外。它不仅可以嵌入 SQL 语句，而且还支持条件选择语句和循环控制语句。

7.6.1 条件选择语句

条件选择语句用于依据特定情况选择要执行的操作。通常使用 IF 语句和 CASE 语句实现条件选择结构。

1. IF 条件选择语句

条件选择语句有以下三种：IF-THEN，IF-THEN-ELSE，IF-THEN-ELSIF。其语法格式如

下：

```
IF condition THEN
statements;
[ELSIF condition THEN
statements;]
[ELSE
statements;]
END IF;
```

如上所示，当使用条件选择语句时，不仅可以使用IF语句进行简单条件判断，而且还可以使用IF语句进行二重分支和多重分支判断。注意，ELSIF为一单词，而END IF则是两个单词。

（1）简单条件判断结构

简单条件判断结构用于执行单一条件判断。如果满足特定条件，则会执行相应操作；如果不满足条件，则结束条件分支语句，接着执行它后面的其他语句。简单条件判断使用IF-THEN语句完成，其执行流程如下例所示。

例7.24 从scott.emp表中查询指定员工的工资，并判断该员工的工资是否低于2000，如果条件成立，那么将该员工的工资增加200。

```
DECLARE
  v_sal NUMBER(7,2);
  v_ename VARCHAR2(20):='&ename';
BEGIN
  SELECT sal INTO v_sal FROM scott.emp
  WHERE LOWER(ename)=LOWER(v_ename);
  IF v_sal<2000 THEN
     UPDATE scott.emp SET sal=v_sal+200
     WHERE LOWER(ename)=LOWER(v_ename);
  END IF;
END;
```

如上例所示，在执行以上PL/SQL块时，首先会提示输入员工姓名，然后根据员工姓名通过SELECT语句从emp表中取得该员工的工资。如果工资低于2000，则将其在emp表中的工资增加200；如果该员工工资不低于2000，则不做任何操作。

（2）二重条件判断结构

二重条件判断结构是指根据给定的条件成立与否来分别选择两种不同的操作。当使用二重条件分支时，如果满足条件，则执行一组操作；如果不满足条件，则执行另外一组操作。二重条件判断结构通过IF...THEN...ELSE语句完成，其示例如下。

例7.25 根据给定的职工编号从scott.emp表中查询该职工的奖金（comm字段的值），如果奖金的值不为0，那么将表中该职工的奖金增加200，否则将该职工的奖金设置为100。

```
DECLARE
  v_comm NUMBER(6,2);
  v_no number(6);
BEGIN
  v_no:=&no;
  SELECT nvl(comm,0) INTO v_comm FROM scott.emp
   WHERE empno=v_no;
```

```
  IF v_comm <> 0 THEN
     UPDATE scott.emp SET comm = comm + 200 WHERE empno = v_no;
  ELSE
     UPDATE scott.emp SET comm = 100 where empno = v_no;
  END IF;
END;
```

如上例所示，nvl(comm，0）函数的作用是当 comm 字段的值为空时，将其值转为0。在执行了以上 PL/SQL 块之后，如果员工奖金不为0，则在原来的基础上增加200元；如果奖金为0或 NULL，则设置其奖金为100元。

(3) 多重条件判断结构

多重条件判断结构用于执行最复杂的条件分支操作。当使用多重条件分支时，如果满足第一个条件，则执行第一组操作，执行完成后结束整个 IF 语句；如果不满足第一个条件，则继续检查是否满足第二个条件，如果满足第二个条件，则执行第二组操作；如果不满足第二个条件，则检查是否满足第三个条件，依此类推。当所有的条件都不满足时，将执行 ELSE 后面的语句或结束整个 IF 语句。多重条件分支使用 IF...THEN...ELSIF 语句完成，其示例如下。

例 7.26 从 scott.emp 表中查询指定员工的工作，并根据工作来修改他的工资。

```
DECLARE
  v_job VARCHAR2(10);
  v_sal NUMBER(7,2);
  v_no scott.emp.empno%type;
  v_ename scott.emp.ename%type;
BEGIN
  v_no: = &no;
  SELECT job,sal,ename INTO v_job,v_sal,v_ename
  FROM scott.emp WHERE empno = v_no;
  dbms_output.put_line('name:'||v_ename||'job:'||v_job||'sal:'||v_sal);
  IF v_job = 'PRESIDENT' THEN
    UPDATE scott.emp SET sal = v_sal + 1000 WHERE empno = v_no;
  ELSIF v_job = 'MANAGER' THEN
    UPDATE scott.emp SET sal = v_sal + 500 WHERE empno = v_no;
  ELSIF v_job = 'CLERK' THEN
    UPDATE scott.emp SET sal = v_sal + 200 where empno = v_no;
  ELSE
    UPDATE scott.emp SET sal = v_sal + 100 WHERE empno = v_no;
  END IF;
  SELECT sal INTO v_sal FROM scott.emp WHERE empno = v_no;
  dbms_output.put_line('name:'||v_ename||'job:'||v_job||'sal:'||v_sal);
END;
```

如上所示，在执行以上 PL/SQL 块时，如果员工工作为 PRESIDENT，则为其增加1000元的工资；如果员工工作为 MANAGER，则为其增加500元的工资；如果员工工作为 CLERK，则为其增加200元的工资；而对于其他岗位的员工，则为其增加100元的工资。

2. CASE 条件选择语句

多重分支语句还可使用 CASE 语句来实现。使用 CASE 语句处理多重分支有两种方法：第一种方法是使用单一选择符进行等值比较；第二种方法是使用多种条件进行非等值比较。以下分别介绍如何使用这两种方法。

（1）在 CASE 语句中使用单一选择符进行等值比较

当使用 CASE 语句执行多重条件选择时，如果在所有的条件中都使用同一个条件选择符和不同的值进行等值比较，那么就可以使用如下 CASE 语句的格式：

```
CASE selector
  WHEN expression1 THEN statements1;
  WHEN expression2 THEN statements2;
  …
  WHEN expressionN THEN statementsN;
  [ELSE statementsN+1;]
END CASE;
```

其中，selector 用于指定条件选择符；expression 用于指定和 selector 进行等值比较的常量、变量或表达式；statements 用于指定当等值比较的条件成立时需要执行的操作。如果条件选择符 selector 和所有的 expression 的值都不相等，那么将执行 ELSE 后的语句。

注意：为了避免 CASE_NOT_FOUND 异常，在编写 CASE 语句时应该带有 ELSE 语句。

例 7.27 修改 scott.emp 表中指定部门的职工的奖金。

```
DECLARE
  v_deptno scott.emp.deptno%TYPE:=&no;
BEGIN
  CASE v_deptno
    WHEN 10 THEN
    UPDATE scott.emp SET comm=100 WHERE deptno=v_deptno;
    dbms_output.put_line('deptno:'||v_deptno||'comm:'||100);
   WHEN 20 THEN
    UPDATE scott.emp SET comm=80 WHERE deptno=v_deptno;
    dbms_output.put_line('deptno:'||v_deptno||'comm:'||80);
   WHEN 30 THEN
    UPDATE scott.emp SET comm=50 WHERE deptno=v_deptno;
    dbms_output.put_line('deptno:'||v_deptno||'comm:'||50);
   ELSE
    dbms_output.put_line('the deptno is not exist');
  END CASE;
END;
```

执行以上 PL/SQL 程序块时，会提示用户输入部门编号，并更新相应部门的员工奖金。如果输入了除 10、20、30 之外的其他部门号，则会输出提示信息。

（2）在 CASE 语句中进行多种条件的非等值比较

在 CASE 语句中如果进行多条件的非等值比较，可以使用如下格式：

```
CASE
  WHEN expression1 THEN statements1;
  WHEN expression2 THEN statements2;
  …
  WHEN expressionN THEN statementsN;
  [ELSE statementsN+1;]
END CASE;
```

其中，expression 指定用于条件判断的关系表达式或逻辑表达式；statement 用于指定当满足特定条件时要执行的操作。如果设置的所有条件都得不到满足，则会执行 ELSE 后面的语句。

例 7.28 根据员工的工资，修改 scott.emp 表中的奖金值。

```
DECLARE
  v_sal scott.emp.sal%TYPE;
  v_ename scott.emp.ename%TYPE;
BEGIN
  SELECT ename,sal into v_ename,v_sal FROM scott.emp WHERE empno = &no;
  CASE
    WHEN v_sal <1000 THEN
      UPDATE scott.emp SET comm =100 WHERE ename = v_ename;
    WHEN v_sal <2000 THEN
      UPDATE scott.emp SET comm =80 WHERE ename = v_ename;
    WHEN v_sal < 6000 THEN
      UPDATE scott.emp SET comm =50 WHERE ename = v_ename;
    ELSE
      UPDATE scott.emp SET comm =30 WHERE ename = v_ename;
  END CASE;
END;
```

执行以上 PL/SQL 程序块时，会根据输入的员工号将员工名、工资分别存放到变量 v_ename和 v_sal 中，然后根据 CASE 条件更新其奖金。

7.6.2 循环语句

为了在 PL/SQL 程序块中重复执行一条语句或者一组语句，可以使用循环控制结构。编写循环控制结构时，用户可以使用基本循环、WHILE 循环和 FOR 循环等三种类型的循环语句。下面分别介绍这三种循环语句的结构。

1. 基本循环语句

在 PL/SQL 程序块中最简单格式的循环语句是基本循环语句，这种循环语句以 LOOP 开始，以 END LOOP 结束，其语法如下：

```
LOOP
  statement1;
  …
  EXIT [WHEN  condition];
  [statement2;
  …]
END  LOOP;
```

如上所示，当使用基本循环时，无论是否满足条件，循环体内的语句至少会执行一次。该循环结构中通常会包含一个带退出条件的 EXIT 语句，退出条件是 WHEN 后面给出的条件表达式 condition。当 condition 的值为 TRUE 时，循环结束，并继续执行 LOOP 后面的其他语句。如果没有 EXIT 语句，那么 PL/SQL 块会陷入死循环。

condition 作为 LOOP 循环语句的退出条件，是一个合法的关系表达式或逻辑表达式，其实现形式多样。但通常是在 condition 的表达式中使用一个变量的值作为循环结束的条件，这个变量我们称之为循环变量，它是在程序块声明部分定义的并在循环体内不断改变其值的普通变量。

例 7.29 给定任意一个整数，计算该数的阶乘。

```
DECLARE
  v_num NUMBER(2):=&num;   --用户任意给定的一个整数
  v_pro NUMBER(20):=1;
  i NUMBER(2):=1;   --控制循环结束的循环变量
BEGIN
  IF v_num=0 THEN
     v_pro:=1;
  ELSE
  LOOP
   v_pro:=v_pro*i;   --计算给定整数的阶乘
   i:=i+1;
  EXIT WHEN i>v_num;
  END LOOP;
 END IF;
 dbms_output.put_line('num:'||v_num||'  factorial:'||v_pro);
END;
```

以上 PL/SQL 程序块执行后，会根据用户输入的整数计算出该整数的阶乘，并将该整数及其阶乘输出。

2. WHILE 循环语句

基本循环至少要执行一次循环体内的语句，而对于 WHILE 循环，只有条件为 TURE 时，才会执行循环体内的语句。WHILE 循环以 WHILE…LOOP 开始，以 END LOOP 结束，其语法如下：

```
WHILE condition LOOP
  statement1;
  statement2;
  …
END LOOP;
```

如上所示，condition 是 WHILE 循环的循环条件，只有当 condition 为 TRUE 时，WHILE 循环才被执行；若 condition 为 FALSE 或 NULL 时，会退出循环，继续执行 END LOOP 后面的其他语句。在 WHILE 循环中，通常也会使用循环变量来控制循环是否执行。

例 7.30 使用 WHILE 循环实现某数的阶乘。

```
DECLARE
  v_num NUMBER(2):=&num;
  v_pro NUMBER(20):=1;
  i NUMBER(2):=1;
BEGIN
  IF v_num=0 THEN
     v_pro:=1;
  ELSE
     WHILE i<=v_num LOOP
       v_pro:=v_pro*i;
       i:=i+1;
    END LOOP;
  END IF;
  dbms_output.put_line('num:'||v_num||'  factorial:'||v_pro);
END;
```

3. FOR 循环语句

当执行循环的次数固定时使用 FOR 循环语句比较方便。因为 FOR 循环中的循环变量不需要事先定义，可以直接使用，并且在循环条件中指定了循环变量的初始值和终止值，这样就很容易计算出循环次数。FOR 循环的语法如下：

```
FOR counter in [REVERSE] lower_bound..upper_bound LOOP
  statement1;
  statement2;
   …
END LOOP;
```

如上所示，counter 是循环控制变量，并且该变量由 Oracle 隐式定义，不需要显式定义；lower_bound 和 upper_bound 分别对应于循环控制变量的下限值和上限值。默认情况下，当 FOR 循环每执行一遍后，循环控制变量会自动加一（如果指定 REVERSE 关键字，循环控制变量会自动减一）。

例 7.31 使用 FOR 循环实现某数的阶乘。

```
DECLARE
  v_num NUMBER(2):=&num;
  v_pro NUMBER(20):=1;
  i NUMBER(2):=1;
BEGIN
  IF v_num=0 THEN
     v_pro:=1;
  ELSE
     FOR i IN 1..v_num LOOP
       v_pro:=v_pro * i;
     END LOOP;
  END IF;
 dbms_output.put_line('num:'||v_num||'  factorial:'||v_pro);
END;
```

7.7 游标的创建与应用

由前面章节所讲的知识可知，当 SELECT 语句在 PL/SQL 程序块中使用时，要求查询结果集中只能包含一条记录，若查询出来的数据多于一行，则执行出错。因此，SQL 提供了游标机制来解决这个问题。游标是指向查询结果集的一个指针，通过游标可以将查询结果集中的记录逐一取出，并在 PL/SQL 程序块中进行处理。

Oracle 中包含两种类型的游标：显式游标和隐式游标。显式游标是用户自己创建并操作的游标，而隐式游标是由系统自动创建并管理的游标，用户可以访问隐式游标的属性。在 PL/SQL 程序中，系统为所有的 DML 语句和 SELECT 语句自动创建隐式游标。如果用户希望在程序中进一步处理查询结果集中的数据，那么可以创建显式游标来获取数据，并对游标获取的数据做进一步处理。

7.7.1 显式游标

1. 显式游标的使用过程

显式游标可以用来逐行获取 SELECT 语句返回的多行数据，其使用过程包括定义游标、打开游标、提取数据、处理数据和关闭游标五个阶段。

(1) 定义游标

在使用显式游标之前，必须先在程序块的定义部分对其进行定义。在定义游标时指定了它所对应的SELECT语句，语法如下：

```
CURSOR cursor_name IS select_statement;
```

其中，cursor_name用于指定游标名称，select_statement用于指定游标所对应的SELECT语句。例如：

```
CURSOR c1 IS SELECT * FROM scott.emp;
```

(2) 打开游标

游标定义完成后，操作游标的第一步就是打开游标。当游标被打开时，Oracle会执行游标所对应的SELECT语句，并将游标作为指针指向SELECT语句结果集的第一行。语法如下：

```
OPEN cursor_name;
```

例如：

```
OPEN c1;
```

注意：该游标必须是在定义部分已经定义好的游标。

---

(3) 使用游标获取数据

游标被打开后，可以使用FETCH语句获取游标正在指向的查询结果集中的记录，该语句执行后游标的指针自动下移，指向下一条记录。因此，每执行一次FETCH语句，游标只获取到一行记录，如果要处理查询结果集中的所有数据，那么需要多次执行FETCH语句，通常使用循环实现。FETCH语句的语法如下：

```
FETCH cursor_name INTO variable1,variable2,…;
```

其中，variable表示一组用于接收游标获取到的当前记录的变量。这些变量的个数、数据类型、宽度应和游标指向的查询结果集的结构保持一致。

例如：

```
FETCH c1 INTO emp_rec;
```

其中，假设emp_rec是已定义好的和表scott.emp结构相同的记录变量，利用FETCH语句将游标指向的查询结果集中的当前行记录存储到emp_rec变量中。本例中使用的emp_rec变量是一个记录变量，如果使用简单变量需要定义多个，实现起来较麻烦。

(4) 处理从游标中获取到的数据

在上一步中已经将游标指向的当前行记录通过FETCH语句提取出来并放到INTO子句后面给出的变量中，接下来就可以进一步处理这些变量中的数据了。具体对变量中的数据做什么样的处理，与实现的业务目标相关。

例如，将上面emp_rec记录变量中接收到的数据进行输出：

```
dbms_output.put_line('姓名是:'||emp_rec.ename||'工资是'||emp_rec.sal);
```

（5）关闭游标

在提取并处理了结果集中的所有数据之后，就可以关闭游标并释放其结果集了。语法如下：

```
CLOSE cursor_name;
```

例如：

```
CLOSE c1;
```

将上面五个步骤中的操作编写成完整的程序，如下例所示。

例7.32 从scott.emp表中查询所有记录，利用游标获取前两行记录并输出ename、job、sal中的值。

```
DECLARE
  CURSOR c1 IS SELECT * FROM scott.emp;
  emp_rec scott.emp%ROWTYPE;   --定义一个和表结构完全一致的记录变量
BEGIN
  OPEN c1;
  FETCH c1 INTO emp_rec;
  dbms_output.put_line('姓名是:'||emp_rec.ename||'工作是:'||emp_rec.job||'工资是:'||emp_
rec.sal);
  FETCH c1 INTO emp_rec;
  dbms_output.put_line('工作是:'||emp_rec.ename||'工作是:'||emp_rec.job||'工资是:'||emp_
rec.sal);
  CLOSE c1;
END;
```

在上例中，程序实际需要处理的数据只有ename、job和sal三个字段的值，因此为了节省空间，游标对应的SELECT语句只需要查询这三个字段的值。另外，定义的变量emp_rec是为了接收游标提取的数据，因此该变量的结构用游标来定义更合适。所以，可以将游标的定义和记录变量的定义改为如下形式：

```
CURSOR c1 IS SELECT ename,job,sal FROM scott.emp;
emp_rec c1%ROWTYPE;   --将记录变量定义为和游标的结构一致
```

2. 游标的常用属性

在游标的使用过程中，经常需要用到游标的四个属性，以确定游标的当前和总体状态。游标属性的引用格式为：游标名%游标属性名。下面介绍游标的常用属性。

（1）%ISOPEN属性

该属性用于确定游标是否已经打开。如果游标已经打开，则返回值为TURE；如果游标没有打开，则返回值为FALSE。示例如下：

```
IF cursor_one%ISOPEN THEN   --如果游标打开,则执行相应操作
…
ELSE    --如果游标未打开,则打开游标
OPEN cursor_one;
END IF;
```

（2）%FOUND属性

该属性用于检查游标是否从结果集中提取到了数据。如果提取到数据，则返回值为

TRUE；如果未提取到数据，则返回值为 FALSE。示例如下：

```
FETCH cursor_one INTO var1,var2;
IF cursor_one %FOUND THEN
   …
END IF;
```

（3）%NOTFOUND 属性

该属性与%FOUND 相反，如果提取到数据，则返回值为 FALSE；如果没有提取到数据，则返回值为 TRUE。示例如下：

```
FETCH cursor_one INTO var1,var2;
IF cursor_one %NOTFOUND THEN
   …
END IF;
```

（4）%ROWCOUNT 属性

该属性表示游标从查询结果集中已经获取到的记录总数。示例如下：

```
FETCH cursor_one INTO my_ename,my_deptno;
IF cursor_one %ROWCOUNT >10 THEN
   …
END IF;
```

3. 显式游标的循环

用户在使用 FETCH 语句获取游标指向的查询结果时，每次只能获取一条记录。如果获取结果集中所有的记录，那么需要使用循环重复执行 FETCH 语句。

（1）游标的 LOOP 循环

例 7.33 使用游标实现逐行输出 scott.emp 表中部门编号为 10 的员工姓名和工资，在本例中使用了游标的%NOTFOUND 和%ROWCOUNT 属性。

```
DECLARE
  CURSOR emp_cursor IS SELECT ename,sal FROM scott.emp WHERE deptno =10;
  emp_record scott.emp%ROWTYPE;   --也可以使用游标的结构直接定义该记录变量
BEGIN
  OPEN emp_cursor ;
  LOOP
    FETCH emp_cursor INTO emp_record.ename,emp_record.sal;
    EXIT WHEN emp_cursor%NOTFOUND;
    dbms_output.put_line('ename: '||emp_record.ename||'  sal:'||emp_record.sal);
  END LOOP;
  dbms_output.put_line('row count:'||emp_cursor%rowcount);
  CLOSE emp_cursor;
END;
```

在上例中使用 LOOP 循环控制 FETCH 语句的重复执行，当 FETCH 语句不能从游标的当前行取出数据时，循环结束。

（2）游标的 FOR 循环

与其他的循环语句相比，FOR 循环更能方便地控制游标的循环过程，这是由于：

- FOR 循环中的循环控制变量不需要事先定义。
- 在游标的 FOR 循环之前，系统能够自动打开游标；在 FOR 循环结束后，系统能够自动关闭游标，不需要人为操作。

- 在游标的 FOR 循环过程中，系统能够自动执行 FETCH 语句；每一次循环，系统就自动执行一次 FETCH 语句，将游标指向的当前行记录存入循环控制变量中，因此用户只需要直接处理循环变量中获得的数据，不需要人为执行 FETCH 语句。

游标 FOR 循环的格式如下：

```
FOR record_name IN cursor_name LOOP
statement1;
statement2;
…
END LOOP;
```

其中，cursor_name 是已经定义的游标名；record_name 是用来接收从游标中提取出来的数据的记录变量，并充当 FOR 循环语句的循环控制变量。

例 7.34 使用 FOR 循环语句完成例 7.33 中规定的操作。

```
DECLARE
  CURSOR emp_cursor IS SELECT ename,sal FROM scott.emp WHERE deptno =10;
BEGIN
  FOR emp_record IN emp_cursor LOOP
    dbms_output.put_line('ename: '||emp_record.ename||'  sal:'||emp_record.sal);
  END LOOP;
/* 该命令无效,因为 FOR 循环结束后游标自动关闭
  dbms_output.put_line('row count:'||emp_cursor%rowcount); */
  END;
```

例 7.35 使用游标查询 scott.emp 表中的所有记录，并在程序块中输出工资最高的前五行记录。

```
DECLARE
  CURSOR cur IS SELECT * FROM scott.emp ORDER BY sal DESC;
BEGIN
  FOR rec IN cur  LOOP
    IF cur%ROWCOUNT <=5 THEN
      dbms_output.put_line('ename: '||rec.ename||'  sal:'||rec.sal);
    ELSE EXIT;
    END IF;
  END LOOP;
END;
```

7.7.2 带参数的游标

参数游标是指带有参数的游标，在定义了参数游标之后，当使用不同参数值打开游标时，可以产生不同的结果集。定义参数游标的语法如下：

```
CURSOR cursor_name(parameter_name datatype)IS select_statment;
```

如上所示，当定义参数游标时，需要指定参数名及其数据类型。下面以查询特定部门所有雇员为例，说明定义和使用参数游标的方法。

例 7.36 定义参数游标，查询指定部门的员工姓名。

```
DECLARE
--定义游标参数 no,参数类型为 NUMBER 类型
```

```
  CURSOR emp_cursor(no NUMBER) IS SELECT ename FROM scott.emp WHERE deptno = no;
  emp_rec emp_cursor%ROWTYPE;
BEGIN
 --打开参数游标时,指明一个替代变量作为游标参数的值
 OPEN emp_cursor(&no);
 LOOP
  FETCH emp_cursor INTO emp_rec;
  EXIT WHEN emp_cursor%NOTFOUND;
  dbms_output.put_line('ename:'||emp_rec.ename);
 END LOOP;
 CLOSE emp_cursor;
END;
```

使用 FOR 循环完成上例的操作，代码如下所示：

```
DECLARE
  CURSOR emp_cursor(no NUMBER) IS SELECT * FROM scott.emp WHERE deptno = no;
BEGIN
  FOR emp_record in emp_cursor(&no) LOOP
     dbms_output.put_line('ename:'||emp_record.ename);
  END LOOP;
END;
```

7.7.3 隐式游标

在执行一个 SQL 语句时，Oracle 服务器将自动创建一个隐式游标。通过游标可获得 SQL 语句的执行结果，以及游标的状态信息。

例 7.37 以下是一个更新指定部门员工工资的示例，通过游标属性查看被更新记录的行数。

```
BEGIN
  UPDATE scott.emp SET sal = 1500 WHERE deptno = &no;
  IF sql%NOTFOUND THEN
    dbms_output.put_line('no update');
  ELSE
    dbms_output.put_line('update row:' || sql%ROWCOUNT);
  END IF;
END;
```

在程序块中利用游标访问查询结果集中的记录时，使用 FOR 循环比较方便。如果在循环中不需要引用游标的属性，也就没必要定义显式游标，可以直接在游标 FOR 循环中使用子查询，由系统自动创建隐式游标。

例 7.38 使用隐式游标的 FOR 循环查询 scott.emp 表中的数据。

```
BEGIN
  FOR emp_record IN (SELECT ename,sal FROM scott.emp) LOOP
      dbms_output.put_line(emp_record.ename ||'  '||emp_record.sal);
  END LOOP;
END;
```

由上例可见，在程序块中使用隐式游标的 FOR 循环处理查询结果集最方便。

7.7.4 使用游标更新表中的数据

通过使用显式游标，不仅可以逐行地访问 SELECT 语句的结果，而且还可以修改、删除

当前游标行的数据。但是需要注意，若想通过游标修改或删除数据，那么在定义游标时必须要带有 FOR UPDATE 子句，语法格式如下：

```
CURSOR cursor_name[(parameter_name datatype)] IS select_statement
FOR UPDATE [OF column_reference] [NOWAIT];
```

其中，FOR UPDATE 子句用于在游标结果集数据上添加行共享锁，以防止其他用户在相应行上执行 DML 操作。OF 子句用来指定要锁定的列，如果忽略 OF 子句，那么表中选择的数据行都将被锁定。如果这些数据行已经被其他用户锁定，正常情况下，FOR UPDATE 操作会一直等到该用户释放对这些行的锁定后才继续自己的操作。在这种情况下，如果使用 NOWAIT 子句，若这些行被另一个用户的操作锁定，则 OPEN 会立即返回错误提示。

为了修改或删除当前游标行数据，必须在 UPDATE 或 DELETE 语句中引用 WHERE CURRENT OF 子句，用来表示修改或删除的记录是游标指向的当前行记录。语法如下：

```
UPDATE table_name SET column = new_value WHERE CURRENT OF cursor_name;
DELETE table_name WHERE CURRENT OF cursor_name;
```

例 7.39 使用显式游标查询 scott.emp 表中的记录，并将工资低于 3000 的工资增加为原来的 20%。

```
DECLARE
  CURSOR emp_cursor IS SELECT ename, sal FROM scott.emp FOR UPDATE;
BEGIN
  FOR rec IN emp_cursor LOOP
    IF rec.sal <3000 THEN
    UPDATE scott.emp SET sal = sal* (1 +0.2) WHERE CURRENT OF emp_cursor;
    END IF;
  END LOOP;
  COMMIT;
EXCEPTION
   WHEN others THEN
    ROLLBACK;
    dbms_output.put_line('occurs errors!');
END;
```

例 7.40 使用显式游标删除 scott.emp 表中部门编号是 30 的记录。

```
DECLARE
  CURSOR emp_cursor IS SELECT * FROM scott.emp FOR UPDATE;
  record_emp scott.emp%ROWTYPE;
BEGIN
  OPEN emp_cursor;
  LOOP
    FETCH emp_cursor INTO record_emp;
    EXIT WHEN emp_cursor%NOTFOUND;
    IF record_emp.deptno = 30 THEN
        DELETE FROM scott.emp WHERE CURRENT OF emp_cursor;
    END IF;
  END LOOP;
  CLOSE emp_cursor;
EXCEPTION
  WHEN others THEN
    ROLLBACK;
```

```
    dbms_output.put_line('occurs errors');
END;
```

7.8 异常处理

异常是指在运行 PL/SQL 块时出现的错误或警告。当触发异常时，默认情况下会终止 PL/SQL 块的执行。用户可以通过在 PL/SQL 块中添加异常处理来捕获异常，并根据出现的异常进行相应处理。

7.8.1 PL/SQL 程序块中的异常部分

编写 PL/SQL 程序时，为提高程序的健壮性，开发人员应该捕捉可能出现的各种异常，并进行合适的处理。如果不能捕捉异常，Oracle 会在出现错误时将错误传递到调用环境；如果捕捉到异常，Oracle 会在 PL/SQL 块内处理异常。可以根据异常的定义方式将异常分为两类：系统异常和用户自定义异常，其中系统异常又分为系统预定义异常和非预定义异常。

7.8.2 系统异常

1. 系统预定义异常

系统预定义异常是由系统根据发生的错误而已经定义好的异常，它们有错误编号和异常名称，用来处理常见的 Oracle 错误。常见的系统预定义异常包括以下几种。

(1) CASE_NOT_FOUND

该异常对应 ORA_06592 错误。当在 PL/SQL 块中编写 CASE 语句时，如果在 WHEN 子句中没有包含满足条件的分支，并且也没有包含 ELSE 子句，将会触发 CASE_NOT_FOUND 异常。

例 7.41 捕获并处理 CASE_NOT_FOUND 异常。

```
DECLARE
  v_sal scott.emp.sal %TYPE;
  eno scott.emp.empno%TYPE := &no;
BEGIN
  SELECT sal INTO v_sal FROM scott.emp WHERE empno = eno;
  CASE
    WHEN v_sal <1000 THEN
     UPDATE scott.emp SET sal = sal +100 WHERE empno = eno;
    WHEN v_sal <2000 THEN
     UPDATE scott.emp SET sal = sal +150 WHERE empno = eno;
  END CASE;
EXCEPTION
  WHEN CASE_NOT_FOUND THEN
   dbms_output.put_line('在 CASE 语句中缺少相应条件');
END;
```

如果根据输入的员工编号查询出该员工的工资大于 2000，就会产生 ORA_06592 错误，引发 CASE_NOT_FOUND 异常。系统捕捉异常并对异常进行处理，输出“在 CASE 语句中缺少相应条件”。

(2) DUP_VAL_ON_INDEX

该异常对应 ORA_00001 错误。当在唯一索引所对应的列上键入重复值时，会隐含地触发异常 DUP_VAL_ON_INDEX。

例 7.42 捕获并处理 DUP_VAL_ON_INDEX 异常。

```
BEGIN
  UPDATE scott.dept SET deptno = &new_no WHERE deptno = &old_no;
EXCEPTION
  WHEN DUP_VAL_ON_INDEX THEN
   dbms_output.put_line('在 deptno 列上不能出现重复值');
END;
```

运行以上程序，当输入的新部门编号已存在，就会产生错误 ORA_00001，引起异常 DUP_VAL_ON_INDEX，系统捕获该异常并对该异常进行处理，输出“在 deptno 列上不能出现重复值”。

（3）TOO_MANY_ROWS

该异常对应于 ORA_01422 错误。当执行 SELECT INTO 语句时，如果返回的记录超过一行，则会触发该异常。

例 7.43 捕获并处理 TOO_MANY_ROWS 异常。

```
DECLARE
  v_ename scott.emp.ename%TYPE;
BEGIN
  SELECT ename INTO v_ename FROM scott.emp
   WHERE deptno = &no;
  dbms_output.put_line('雇员名:'||v_ename);
EXCEPTION
  WHEN TOO_MANY_ROWS THEN
   dbms_output.put_line('查询只能返回单行!');
END;
```

运行以上程序，输入部门编号，如果该部门员工人数超过一名，则产生错误 ORA_01422，引起异常 TOO_MANY_ROWS。系统捕捉该异常并对异常进行处理，输出字符串“查询只能返回单行”。

（4）NO_DATA_FOUND

该异常对应于 ORA-01403 错误。当在程序块中执行 SELECT INTO 语句但未返回行时引发该异常。

例 7.44 捕捉并处理 NO_DATA_FOUND 异常。

```
DECLARE
  v_ename scott.emp.ename%TYPE;
BEGIN
  SELECT ename INTO v_ename FROM scott.emp WHERE deptno = &no;
  dbms_output.put_line('雇员名:'||v_ename);
EXCEPTION
WHEN NO_DATA_FOUND THEN
  dbms_output.put_line('未找到满足条件的记录!');
END;
```

运行以上程序，如表中没有记录与输入的部门编号相匹配，则会引发错误，并触发 NO_DATA_FOUND 异常。系统捕获并处理异常，输出字符串“未找到满足条件的记录!”。

2. 非预定义异常

系统的非预定义异常是指 Oracle 已为它定义了错误编号，但没有定义异常名字的异常。用户在使用这类异常的时候必须先为它声明一个异常名称，然后通过伪过程（PRAGMA

EXCEPTION_INIT）将异常名称与错误编号关联起来。使用该类异常包括三步：

1）在程序块的声明部分定义一个异常名称。

2）在声明部分使用伪过程将异常名称和错误编号关联。

3）在异常处理部分捕获异常并对异常情况做出相应的处理。

例7.45 为系统错误ORA-02292定义一个异常，该错误当删除被子表引用的父表中的相关记录时发生。

```
DECLARE
  fk_delete EXCEPTION;
  PRAGMA EXCEPTION_INIT(fk_delete, -02292);
BEGIN
  DELETE FROM scott.dept WHERE deptno=10;
EXCEPTION
  WHEN fk_delete THEN
  dbms_output.put_line('要删除的记录被子表引用,删除失败!');
END;
```

7.8.3 用户自定义异常

系统预定义异常和非预定义异常都是由Oracle自动触发并捕获的异常错误。在实际的程序开发中，为了实施具体的业务逻辑规则，程序开发人员经常自定义一些异常，当用户违反操作规则时，由用户通过RAISE命令触发异常，并在程序块的异常处理部分捕获、处理该异常。

用户自定义异常的操作步骤如下：

1）在程序块的声明部分定义异常的名称。

2）在程序块的执行部分使用RAISE命令触发异常。

3）在程序块的异常处理部分捕获异常，并对异常进行处理。

例7.46 向scott.emp表中插入一条新记录，在执行的过程中捕获系统预定义异常、系统非预定义异常、用户自定义异常，并分别做相应的处理。

```
DECLARE
   --系统非预定义异常的定义和关联
  ex_null EXCEPTION;
  PRAGMA EXCEPTION_INIT(ex_null, -01400);
   --用户自定义异常的定义
  ex_insert EXCEPTION;
   --定义程序块变量
  eno scott.emp.empno%TYPE:=&no;
  e_sal scott.emp.sal%TYPE:=&salary;
BEGIN
  IF e_sal>10000 THEN
     RAISE ex_insert;   --用户自定义异常的触发
  ELSE
     INSERT INTO scott.emp(empno,sal)VALUES(eno,e_sal);
  END IF;
EXCEPTION
  WHEN DUP_VAL_ON_INDEX  THEN   --系统预定义异常的捕获和处理
        dbms_output.put_line('该员工已经存在!');
  WHEN ex_null THEN    --系统非预定义异常的捕获和处理
        dbms_output.put_line('职工编号不能为空!');
```

```
    WHEN ex_insert THEN    --用户自定义异常的捕获和处理
        dbms_output.put_line('员工的工资不能超过10 000!');
END;
```

上例中显示了用户自定义异常的定义、触发、捕获和处理的过程。

7.9 实验

【实验目的】

1. 掌握PL/SQL程序块的结构。
2. 理解并熟练掌握各种变量的应用。

【实验内容】

1. 使用标量变量。标量变量是最简单的变量，它只能存储单个值，它的数据类型也是系统预定义的。以system连接数据库，在SQL * Plus中输入如下语句：

```
DECLARE
  v_sal NUMBER;
BEGIN
  v_sal:=2000;
  UPDATE scott.emp SET sal=v_sal WHERE empno=7369;
END;
```

以上代码定义了一个NUMBER数据类型的变量，并为其赋值2000，在代码被执行时，程序块中的UPDATE语句将员工编号为7369的员工工资更新为该变量值。

2. 使用%TYPE类型的变量。使用%TYPE定义变量后，如果用户以后修改数据库中该列的数据类型，则该变量的类型也会随之改变。在SQL * Plus中输入如下语句：

```
DECLARE
  v_sal scott.emp.sal%TYPE;
BEGIN
  v_sal:=2000;
  UPDATE scott.emp SET sal=v_sal WHERE empno=7369;
END;
```

变量v_sal的数据类型会随着scott.emp表中的sal字段的数据类型变化而变化。

3. 使用记录变量。记录变量可以使用%ROWTYPE关键字定义，若记录的结构和现有的任何表结构都不相同，那么需要自定义记录类型，然后才可以声明该记录类型的变量。在SQL * Plus中输入如下程序，以查询某员工的信息。

```
DECLARE
  v_row scott.emp%ROWTYPE;
BEGIN
  select * into v_row from scott.emp where empno=&no;
  dbms_output.put_line('编号'||v_row.empno);
  dbms_output.put_line('姓名'||v_row.ename);
  dbms_output.put_line('工资'||v_row.sal);
END;
```

7.10 习题

一、填空题

1. PL/SQL程序块主要包含3个部分：声明部分、(   )、异常处理部分。

2. 自定义异常必须使用（　　）语句引发。

二、选择题

1. 下列哪一个不是 BOOLEAN 变量可能的取值？

A. TRUE　　B. FALSE

C. NULL　　D. BLANK

2. 请查看以下 IF 语句：

```
DECLARE
  sal NUMBER: =500;
  comm NUMBER;
BEGIN
  IF sal <100 then
   comm: =0;
  ELSIF sal <600 then
   comm: =sal* 0.1;
  ELSIF sal <1000 then
   comm: =sal* 0.15;
  ELSE
   comm: =sal* 0.2;
  END IF;
END;
```

在执行了以上语句之后，变量 comm 的结果应是：

A. 0　　B. 50　　C. 75　　D. 100

3. 在以下哪些语句中可以包含 WHERE CURRENT OF 子句？

A. OPEN　　B. FETCH　　C. DELETE　　D. SELECT

E. UPDATE　　F. CURSOR

4. 在异常和 Oracle 错误之间建立关联时，应该在哪个部分完成？

A. 定义部分　　B. 执行部分　　C. 异常处理部分

5. 只能存在一个值的变量是哪种变量？

A. 游标　　B. 标量变量　　C. 游标变量　　D. 记录变量

三、编程题

1. 编写程序计算并输出 1 ~ 100 的和。

2. 分别使用显式游标和隐式游标逐行输出 scott.emp 表中的员工姓名和工资。

第 8 章　存储过程与函数的创建

在 Oracle 10g 系统中，可以使用 PL/SQL 语言编写过程、函数等存储程序，本章将详细介绍存储过程与函数的创建、调用。

本章要点

- 存储过程的创建与执行
- 函数的创建与执行

8.1　存储过程

存储过程是一个命名的程序块，包括过程的名称、过程使用的参数、过程执行的操作。如果在应用程序中经常需要执行某些特定的操作，那么就可以基于这些操作创建一个特定的存储过程。使用存储过程，不仅可以简化客户端应用程序的开发和维护，而且还可以提高应用程序的运行性能。

8.1.1　创建与调用存储过程

创建存储过程包括存储过程头部的声明和过程内操作的定义两部分。其中，过程内的操作定义部分和前面讲的匿名程序块的格式基本相同。具体格式如下：

```
CREATE [OR REPLACE] PROCEDURE procedure_name
[(argument1 [IN |OUT | IN OUT] data_type, argument2 [IN | OUT | IN OUT] data_type,…)]
IS | AS
  [declaration_section;]
BEGIN
  executable_section;
[EXCEPTION
  exception_handlers;]
END [procedure_name];
```

其中各参数的意义如下：

- OR REPLACE：表示如果新建的存储过程和数据库中已有的存储过程同名，那么将用新建的存储过程替换原有的同名存储过程。
- procedure_name：表示新建存储过程的名称。
- argument：表示为存储过程定义的参数，包括参数名称、参数的模式、数据类型。为参数指定类型时不能指定长度。
- IN | OUT | IN OUT：表示参数的三种模式，其中 IN 表示输入型参数，是指将外界的值输入给存储过程，也就是说在调用存储过程时将实参的值传给形参；OUT 表示输出型参数，是指存储过程可以将该类参数的值传递给外界的调用者，也就是说在调用存储过程时将形参的值传递给实参；IN OUT 表示输入输出型参数，在调用时先由实参将值传递给形参，执行完成后再将形参的值传递给实参。如果不指定参数的模式，默认为输入型参数。

- IS | AS：表示开始定义一个存储过程中的操作。如果存储过程需要变量，那么就在 IS | AS 后面直接定义，但不能加 DECLARE 关键字。

下面详细介绍各类存储过程的创建与应用。

1. 无参数存储过程的创建与调用

建立存储过程时，可以带参数，也可以不带参数。下面以输出当前系统日期和时间的存储过程为例，说明不带参数存储过程的创建与应用。

例 8.1 创建存储过程，输出系统的日期和时间。

```
CREATE OR REPLACE PROCEDURE display_time
IS
BEGIN
  dbms_output.put_line(systimestamp);
END display_time;
```

存储过程创建后，调用存储过程就可以执行它定义的操作。在 SQL * Plus 环境中调用存储过程有三种方式：

- 使用 EXECUTE（简写 EXEC）命令调用。
- 使用 CALL 命令调用。
- 在匿名的程序块中直接以过程名调用。

例 8.2 使用三种方式调用上面创建的存储过程 display_time 。

方式一：

```
SET SERVEROUTPUT ON
EXECUTE display_time;
```

方式二：

```
CALL display_time( );
```

方式三：

```
BEGIN
display_time;
END;
```

另外，用户调用存储过程时必须具有 EXECUTE 执行权限。以上代码调用时没有事先授权，是因为调用存储过程的用户是该存储过程的创建者，因此不需要授权，但是如果其他用户希望执行该存储过程，那么必须事先获得 EXECUTE 权限才可以，如下例所示。

例 8.3 假设例 8.1 中的存储过程 display_time 是由 system 用户创建的，那么现在由 scott 用户调用。其执行过程如下：

```
CONNECT scott/tiger;   --以 scott 用户连接数据库
EXEC system.display_time;   --调用存储过程,由于缺乏权限出错
CONNECT system/abcdef;   --以 system 用户连接数据库
GRANT EXECUTE ON display_time TO scott;   --为 scott 用户授予 EXECUTE 权限
CONNECT scott/tiger;
SET SERVEROUTPUT ON;
EXEC system.display_time;
```

2. 带有 IN 参数的存储过程的创建

在存储过程中可以通过使用输入参数，将应用程序的数据传递给存储过程。定义输入型

参数时可以指定 IN 关键字，也可以省略。

例 8.4 为 scott. emp 表创建一个能完成插入功能的存储过程 insert_emp。

```
CREATE OR REPLACE PROCEDURE insert_emp
(no IN scott.emp.empno%TYPE,
name IN scott.emp.ename%TYPE DEFAULT NULL,
job IN scott.emp.job%TYPE DEFAULT 'SALESMAN',
mgr IN scott.emp.mgr%TYPE DEFAULT 7369,
hiredate scott.emp.hiredate%TYPE DEFAULT SYSDATE,
salary scott.emp.sal%TYPE DEFAULT 800,
comm scott.emp.comm%TYPE DEFAULT NULL,
deptno scott.emp.deptno%TYPE DEFAULT 10
)
IS
   e_integrity EXCEPTION;
   PRAGMA EXCEPTION_INIT (e_integrity, -2291);
BEGIN
   INSERT INTO scott.emp VALUES(no,name,job,mgr,hiredate,salary,comm,deptno);
EXCEPTION
   WHEN DUP_VAL_ON_INDEX THEN
      dbms_output.put_line('该员工已经存在!');
WHEN e_integrity THEN
      dbms_output.put_line('部门编号填写错误!');
END;
```

以上创建的 insert_emp 存储过程能够实现向 scott. emp 表中添加一行新记录的功能。为了使该存储过程更通用，即适合所有的 INSERT 语句的执行，在参数的定义上，除了向主键字段 empno 插入值的变量 no 没有设置默认值外，其他所有的变量都给出了默认值，这样当用户调用该存储过程时，可以指定任意个数的实参。在 PL/SQL 程序中参数的默认值用 DEFAULT关键字设置。

但是在创建存储过程时有一个很重要的问题值得注意，那就是创建存储过程需要的权限。这主要涉及两类权限：

- 创建存储过程自身需要的权限，即 CREATE PROCEDURE 系统权限。这是创建存储过程的用户需要具备的最基本权限，只有获得该权限后，用户才能执行 CREATE PROCEDURE 语句。
- 在存储过程内部执行各种操作时需要的显式权限。例 8.4 创建存储过程的操作，如果以系统用户 system 来执行，默认是失败的，原因就是 system 用户默认只对 scott. emp 表具有隐式的 INSERT 权限，而隐式权限在匿名块中起作用，但在命名块中不起作用。这是因为命名块一旦被建立就可以将它的执行权限分配给任意用户，影响范围较大，所以对创建命名块时需要的权限要求更严格。

如果以 system 用户创建例 8.4 中的存储过程，在创建之前应该以 scott 用户的身份将 emp 表的 INSERT 显式权限分配给 system 用户，具体操作如下。

```
CONNECT scott/tiger; --以 scott 用户连接数据库
GRANT INSERT ON emp TO system; --将 emp 表的插入权限授予给 system 用户,该命令详见后面的章节
CONNECT system/abcdef;
```

执行完以上命令，然后再执行例 8.4 中的命令就可以成功创建存储过程了。

3. *有参数存储过程的调用*

有参数存储过程的调用需要考虑实参和形参之间的数据传递方式。在PL/SQL语言中，传递方式包括三种：

- 按名称传递。按名称传递是指在调用存储过程的参数列表中包括参数名和给它传递的参数值两部分。使用这种方式传递参数时，用户不需要考虑创建过程时定义的参数顺序。
- 按位置传递。按位置传递是指将实参的值按照形参定义时的顺序从左至右一一列出，执行时实参逐个传递给形参。使用这种方式传递参数时，用户需要考虑创建过程时定义的参数个数、类型和顺序。
- 混合传递。混合传递是指在一次调用中既包括按位置传递又包括按名称传递，但必须将按位置传递的实参写在参数列表的左边，将按名称传递的实参写在右边。

下面分别给出按以上三种方式调用例8.4中创建的存储过程insert_emp的代码。

按名称传递：

```
EXEC insert_emp(no=>1000,name=>'张三',salary=>1500);
```

注意：在这种方式下，形参名与实参值之间对应关系的表达形式为"形参变量=>实参值的表达式"。

按位置传递：

```
EXEC insert_emp(1001, '李四', 'CLERK');
```

注意：在这种方式下，实参值必须按照形参定义的顺序给出，也就是说如果左边的形参没有给出实参值，那么右边的形参不能赋值。

混合传递：

```
EXEC insert_emp(1002, '王五', salary=>2500,deptno=>30);
```

注意：在这种方式下，必须先按位置传递，再按名称传递。

---

4. *带有OUT参数的存储过程的创建与调用*

存储过程不仅可以完成特定操作，还可以用于输出数据。存储过程输出数据是利用OUT或IN OUT模式的参数实现。当定义输出参数时，必须使用OUT关键字标识。

例8.5 从scott.emp表中查询给定职工编号的职工姓名和工资，并利用OUT模式的参数将值传给调用者。

```
CREATE OR REPLACE PROCEDURE select_emp
(no IN scott.emp.empno%TYPE,
name OUT scott.emp.ename%TYPE,
salary OUT scott.emp.sal%TYPE)
IS
BEGIN
   SELECT ename,sal into name,salary FROM scott.emp WHERE empno=no;
EXCEPTION
```

```
    WHEN NO_DATA_FOUND THEN
      dbms_output.put_line('该职工不存在!');
END;
```

如上所示，no 是输入型参数，name 和 salary 是输出型参数。用户调用具有 OUT 参数的存储过程时要特别注意，给出的实参一定是事先定义好的变量来接收 OUT 参数输出的值。如下列代码所示：

```
VAR emp_name VARCHAR2(10);   --定义绑定变量
VAR emp_salary NUMBER;   --定义绑定变量为 NUMBER 类型时,不能加长度
EXEC select_emp(7369,:emp_name,:emp_salary);   --使用绑定变量时,需要在绑定变量前添加冒号
PRINT emp_name emp_salary;   --输出两个绑定变量的值,中间用空格隔开
```

执行以上 EXEC 命令时，形参与实参的传递过程是：7369 先传递给形参 no，no 获得值后充当过程内 SELECT 语句的查询条件，将查询出的 ename 和 sal 字段的值放入 OUT 模式的参数 name 和 salary 中，形参 name 和 salary 获得值后再将它们的值传递给实参 emp_name 和 emp_salary，最后使用 PRINT 命令将两个实参中的值输出。

以上过程也可以使用匿名块调用，如下例所示。

例 8.6 使用匿名块调用存储过程 select_emp。

```
DECLARE
   emp_name scott.emp.ename%TYPE;
   emp_salary scott.emp.sal%TYPE;
BEGIN
   select_emp(7369,emp_name,emp_salary);   --调用存储过程
   IF emp_name IS NOT NULL THEN --如果该职工存在,那么输出姓名和工资
   dbms_output.put_line('姓名是:'||emp_name||' 工资是:'||emp_salary);
   END IF;
END;
```

5. 带有 IN OUT 参数的存储过程的创建

定义存储过程时，可以使用 IN OUT 来标识参数是输入输出型的。当使用这种参数时，在调用过程之前需要将实参变量的值传递给形参变量，在调用结束后，再将形参变量的值传递给实参变量。

例 8.7 编写程序，交换两个变量的值并输出。

```
CREATE OR REPLACE PROCEDURE swap
(x IN OUT NUMBER ,y IN OUT NUMBER)
IS
     z NUMBER;
BEGIN
   z:=x;
   x:=y;
   y:=z;
END swap;
```

例 8.8 使用匿名块调用以上存储过程 swap。

```
DECLARE
   a NUMBER:=10;
   b NUMBER:=20;
BEGIN
```

```
    dbms_output.put_line('交换前 a 和 b 的值是:'||a||'  '||b);
    swap(a,b);
    dbms_output.put_line('交换后 a 和 b 的值是:'||a||'  '||b);
END;
```

8.1.2 修改与删除存储过程

存储过程创建完成后，如果定义的操作不再适合用户的要求，用户可以对其进行修改或删除。

在 PL/SQL 中没有专门给出修改存储过程的语句，而是在创建存储过程时添加 OR REPLACE 选项，这样重新定义的存储过程就可以把原来同名的存储过程替换掉，也就达到了修改存储过程的目的。事实上，在第一次创建存储过程时也经常使用 OR REPLACE 选项，因为这样可以避免编译出错时提供新的过程名称。

存储过程的删除操作是利用 DROP PROCEDURE 命令来完成的，而且需要执行删除操作的用户事先应具有 DROP ANY PROCEDURE 系统权限。

例 8.9 删除 swap 存储过程。

```
DROP PROCEDURE swap;
```

8.2 函数

函数是另外一种命名的程序块，可以通过 RETURN 子句返回函数的执行结果。如果在应用程序中经常需要通过执行 SQL 语句来返回特定数据，那么就可以基于这些操作建立特定的函数。通过使用函数，不仅可以简化客户端应用程序的开发和维护，而且还可提高应用程序的执行性能。

8.2.1 创建与调用函数

创建与调用函数需要的权限和存储过程相同，都是 CREATE PROCEDURE 系统权限和 EXECUTE 对象权限，只是在语法上稍有不同，具体格式如下：

```
CREATE [OR REPLACE] FUNCTION function_name
[(argument1 [IN |OUT |IN OUT] data_type , argument2 [IN |OUT |IN OUT] data_type,…)]
RETURN data_type
IS |AS
  [declaration_section;]
BEGIN
  executable_section;
  RETURN expression;
[EXCEPTION
  exception_handlers;
  RETURN expression;]
END [function_name];
```

其中各参数的意义如下：

- function_name：表示新建函数的名称。
- argument：表示函数的参数，定义格式与存储过程中的参数相同。
- RETURN data_type：用于指定函数返回值的数据类型。
- RETURN expression：指定函数要返回的值。在函数体内，每个分支都要包含一条 RETURN 语句。

下面举例说明函数的创建与调用方法。

例 8.10 创建函数，从 scott.emp 表中查询指定职工的工资。

```
CREATE OR REPLACE FUNCTION select_sal(no scott.emp.empno%TYPE)
RETURN scott.emp.sal%TYPE
IS
    salary scott.emp.sal%TYPE;
BEGIN
    SELECT sal INTO salary FROM scott.emp WHERE empno = no;
    RETURN salary;
EXCEPTION
WHEN NO_DATA_FOUND THEN
    RETURN 0;
END;
```

因为函数具有返回值，所以调用函数是作为一个表达式的一部分使用，而不能像调用过程那样作为一个独立的语句使用。通常调用函数有以下三种方式：

方式一：使用变量接收返回值。

```
VAR salary NUMBER;
EXEC :salary: = select_sal(7369);
PRINT salary;
```

方式二：在 SQL 语句中直接调用函数。

```
SELECT select_sal(7369) FROM DUAL;
```

方式三：使用 DBMS_OUTPUT 调用函数。

```
SET SERVEROUTPUT ON
EXEC dbms_output.put_line('工资是:'||select_sal(7369));
```

如果希望使用函数的同时返回多个数据，那么就需要在函数中使用输出参数，如下例所示。

例 8.11 创建函数，返回 scott.emp 表中指定职工的工资和姓名。

```
CREATE OR REPLACE FUNCTION select_name_sal
(v_empno IN NUMBER, v_name OUT VARCHAR)
RETURN NUMBER
IS
v_result NUMBER;
BEGIN
   SELECT sal,ename INTO v_result,v_name FROM scott.emp WHERE empno = v_empno;
   RETURN v_result ;
EXCEPTION
   WHEN NO_DATA_FOUND THEN
      dbms_output.put_line('无符合要求的记录');
      v_result: =0;
      v_name: = 'null';
      RETURN v_result;
END select_name_sal;
```

在建立了函数 select_name_sal 之后，就可以在应用程序中调用该函数了。注意，因为该函数有 OUT 参数，所以不能在 SQL 语句中调用该函数，而必须要定义变量接收 OUT 参数和函数的返回值。在 SQL * Plus 中调用该函数的语句如下：

```
VAR sal NUMBER;
VAR name VARCHAR2(20);
EXEC :sal:=select_name_sal(7369,:name);
PRINT name sal;
```

8.2.2 修改与删除函数

修改函数没有单独的语句，只是在创建函数时增加了 OR REPLACE 子句，这一点和修改存储过程相同。删除函数使用 DROP FUNCTION 命令完成。

例 8.12 删除例 8.11 中创建的函数 select_name_sal。

```
DROP FUNCTION select_name_sal;
```

8.3 实验

【实验目的】

1. 掌握存储过程与函数的概念。
2. 能够熟练创建和调用存储过程与函数。

【实验内容】

1. 创建存储过程，根据职工编号删除 scott.emp 表中的相关记录。

（1）以 scott 用户连接数据库，然后为 system 用户授予 DELETE 权限。

```
CONNECT scott/tiger;
GRANT DELETE ON emp TO system;
```

（2）以 system 用户连接数据库，创建存储过程。

```
CONNECT system/abcdef;
CREATE OR REPLACE PROCEDURE delete_emp
(id scott.emp.empno%TYPE)
IS
BEGIN
   DELETE FROM scott.emp WHERE empno=id;
EXCEPTION
   WHEN OTHERS THEN
       dbms_output.put_line('errors');
END;
```

（3）system 用户调用 delete_emp 存储过程。

```
EXECUTE delete_emp(7369);
```

（4）scott 用户调用 delete_emp 存储过程。

```
GRANT EXECUTE ON delete_emp TO scott;
CONNECT scott/tiger;
EXECUTE system.delete_emp(7369);
```

2. 创建存储过程，根据职工编号修改 scott.emp 表中该职工的其他信息。

（1）创建新用户，并授予权限。

```
CONNECT system/abcdef;
CREATE USER u1 IDENTIFIED BY abcdef;
GRANT CREATE SESSION,CREATE PROCEDURE TO u1;
```

```
GRANT SELECT,UPDATE ON scott.emp TO u1;
```

（2）以新用户连接数据库，创建存储过程。

```
CONNECT u1/abcdef;
CREATE OR REPLACE PROCEDURE update_emp
(no IN scott.emp.empno%TYPE,    --引用 emp 表中的某字段的数据类型,必须对该表具有 SELECT 权限
name IN scott.emp.ename%TYPE DEFAULT NULL,
job1 IN scott.emp.job%TYPE DEFAULT NULL,
mgr1 IN scott.emp.mgr%TYPE DEFAULT NULL ,
hiredate1 IN scott.emp.hiredate%TYPE DEFAULT NULL,
salary IN scott.emp.sal%TYPE DEFAULT NULL ,
comm1 IN scott.emp.comm%TYPE DEFAULT NULL ,
deptno1 IN scott.emp.deptno%TYPE DEFAULT NULL
)
IS
BEGIN
   IF name IS NOT NULL THEN
      UPDATE scott.emp SET ename = name WHERE empno = no;
   END IF;
   IF job1 IS NOT NULL THEN
      UPDATE scott.emp SET job = job1 WHERE empno = no;
   END IF;
   IF mgr1 IS NOT NULL THEN
      UPDATE scott.emp SET mgr = mgr1 WHERE empno = no;
   END IF;
   IF hiredate1 IS NOT NULL THEN
      UPDATE scott.emp SET hiredate = hiredate1 WHERE empno = no;
   END IF;
   IF salary IS NOT NULL THEN
      UPDATE scott.emp SET sal = salary WHERE empno = no;
   END IF;
   IF comm1 IS NOT NULL THEN
      UPDATE scott.emp SET comm = comm1 WHERE empno = no;
   END IF;
   IF deptno1 IS NOT NULL THEN
      UPDATE scott.emp SET deptno = deptno1 WHERE empno = no;
   END IF;
   COMMIT;
EXCEPTION
   WHEN others THEN
       ROLLBACK;
END;
```

（3）u1 调用 update_emp 存储过程。

```
EXEC update_emp(7369,salary =>2000);
```

3. 创建存储过程，根据指定的职工编号查询该职工的详细信息。

（1）创建存储过程。

```
CONNECT scott/tiger;
CREATE OR REPLACE PROCEDURE select_emp
(no IN scott.emp.empno%TYPE,
emp_information OUT VARCHAR2)
```

```
IS
r scott.emp% ROWTYPE;
BEGIN
   SELECT * INTO r FROM scott.emp WHERE empno = no;
   emp_information: = emp_information ||r.ename ||'  '||r.job ||'  '||r.sal ||'  '||r.mgr ||'  '||r.hiredate
                          ||'  '||r.comm ||'  '||r.deptno;
EXCEPTION
   WHEN NO_DATA_FOUND THEN
       emp_information: = 'No person!';
   WHEN others THEN
       emp_information: = 'Errors!';
END;
```

(2) 调用存储过程。

```
SET SERVEROUTPUT ON
DECLARE
info VARCHAR2(50);
BEGIN
select_emp(7369,info);
dbms_output.put_line(info);
END;
```

4. 创建函数，根据给定的部门编号计算该部门所有职工的平均工资。

(1) 创建函数。

```
CREATE OR REPLACE FUNCTION avg_sal
(no scott.emp.deptno%TYPE)
RETURN NUMBER
IS
   avgsal number(7,2);
BEGIN
      SELECT AVG(sal) INTO avgsal FROM scott.emp WHERE deptno = no;
      IF avgsal IS NOT NULL THEN   --因为上面的语句不触发异常,因此用 IF 语句判断是否查询成功
      RETURN avgsal;
      ELSE
       avgsal: = -1;
       RETURN avgsal;
   END IF;
END avg_sal;
```

(2) 调用函数。

```
BEGIN
   dbms_output.put_line(avg_sal(&deptno));
END;
```

8.4 习题

一、选择题

1. 以下哪种程序单元必须返回数据？

   A. 函数　　B. 存储过程　　C. 触发器　　D. 包

2. 当建立存储过程时，以下哪个关键字用来定义输出型参数？

A. IN　　B. PROCEDURE　　C. OUT　　D. FUNCTION

3. 下列哪个语句可以在 SQL * Plus 中直接调用一个存储过程?

A. RETURN　　B. EXEC　　C. SET　　D. IN

4. 下面哪些不是存储过程中参数的有效模式?

A. IN　　B. OUT　　C. IN OUT　　D. OUT IN

5. 函数头部中的 RETURN 语句的作用是什么?

A. 声明返回的数据类型

B. 调用函数

C. 调用过程

D. 函数头部不能使用 RETURN 语句

二、编程题

1. 根据以下要求编写存储过程：输入部门编号，输出 scott.emp 表中该部门所有职工的职工编号、姓名、工作岗位。
2. 根据以下要求编写函数：将 scott.emp 表中工资低于平均工资的职工工资加上 200，并返回修改了工资的总人数。

三、简答题

创建与调用存储过程或函数时，应事先授予哪些权限?

第 9 章　索引与视图的创建

在 Oracle 中，索引是除表之外的另一种重要的数据库方案对象。索引的主要用途是提高数据表的查询速度，它可以独立于表进行存储。视图也是数据库中经常使用的对象，利用它可以方便、安全地对表中数据执行 SELECT 、 INSERT 、 UPDATE 和 DELETE 操作。视图通常被称做虚拟表或存储查询，数据库中只存储定义它的 SELECT 语句。

本章要点

- 索引的定义与存储
- 索引的创建与应用
- 视图的概念与优点
- 创建与管理视图
- 利用视图更新数据源表

9.1　索引概述

9.1.1　索引的概念

索引是建立在数据表之上的数据库方案对象，其作用就像图书目录一样，可以帮助用户快速查找需要的数据，提高 SQL 查询语句的速度。如果想在一本书中搜索某方面的信息，一般有两种方法：一种方法是从书的开头一直后翻，直到找到需要的信息；另一种方法是先从书的目录中找到相应的信息主题，然后再通过主题对应的页面翻到相应页码，从而找到相应信息。很明显，后一种方法比前一种方法查找速度更快。同理，在针对一个表查找所需记录时，也可以采取两种方法：一种是将所有记录一一取出，与要查找的信息对应，直到找到完全匹配的记录；另一种是通过在表中建立类似目录的索引，然后在索引中找到符合查询条件的索引值，最后通过保存在索引中的 ROWID（相当于页码）快速找到表中对应的记录。

索引是一个单独的物理存储结构，可以有自己的存储空间，不必与相关联的表处在同一个表空间中。索引由表中一列或多列值的集合和这些值所在行的 ROWID 组成。其中，ROWID 是表中数据行的唯一性标识，它虽然不能指示出行的物理位置，但可以用来定位行。

在 Oracle 系统中，对索引的应用和维护是自动完成的。当用户执行了 INSERT、UPDATE、DELETE 操作后，系统自动更新索引列表。当用户执行 SELECT、UPDATE、DELETE操作时，系统自动选择合适的索引来优化操作。

为表创建索引有许多好处，如创建唯一索引后可以保证每行数据的唯一性；可以加速检索数据的速度；多表查询时，可以加速表之间的连接；明显减少分组和排序的时间等。建立索引后也有不足，如创建和维护索引需要消耗额外的时间和空间，对表中的数据进行 DML 操作时，也要动态地维护索引，降低了处理数据的速度。

另外，为表创建索引时还要考虑该字段或表达式是否适合创建索引。如果适合，那么能够提高 DML 操作的性能，否则将会降低系统的性能。

适合创建索引的字段应具备以下特征：

- 取值范围较大的字段。
- null 值比较多的字段。
- 经常作为查询或连接条件的字段。
- 经常需要排序的字段。

不适合建立索引的表或字段具备的特征如下：

- 较小的表。
- 经常更新的表。
- 不常作为查询条件或连接条件的字段。

9.1.2 索引的类型

Oracle 可以创建多种不同类型的索引，以适应各种表的特点。常见的索引类型包括 B 树索引、位图索引、反向键索引、基于函数的索引、全局索引和局部索引等。

1. B 树索引

该索引是最常见的索引结构，也是 Oracle 采用的默认索引类型。B 树索引的组织结构类似于一棵树，其中的主要数据都集中在叶子结点上。各叶子结点中包括索引列的值和数据表中对应行的 ROWID。B 树索引特别适用于检索高基数数据列，即所查询的列的唯一性索引值的个数与其数据行记录数之比接近于 1:1 的情况。也就是说，被索引的列值基本没有相同的值。B 树索引的优点如下：

- B 树中所有叶子结点基本都处于同一深度，因此，查询任何记录所花费的时间基本相同。
- B 树的索引结构是自动保持平衡的。
- B 树为一定范围的查询提供了极好的性能，包括精准匹配和范围查找。
- B 树的插入、更新和删除的效率高。
- B 树索引的性能不会随着表大小的增长而降低。

B 树索引的应用也有一定的局限性。例如，当数据检索的范围超过表的 10% 时就不再适合使用 B 树索引。如图 9-1 所示为 B 树索引的逻辑结构图。

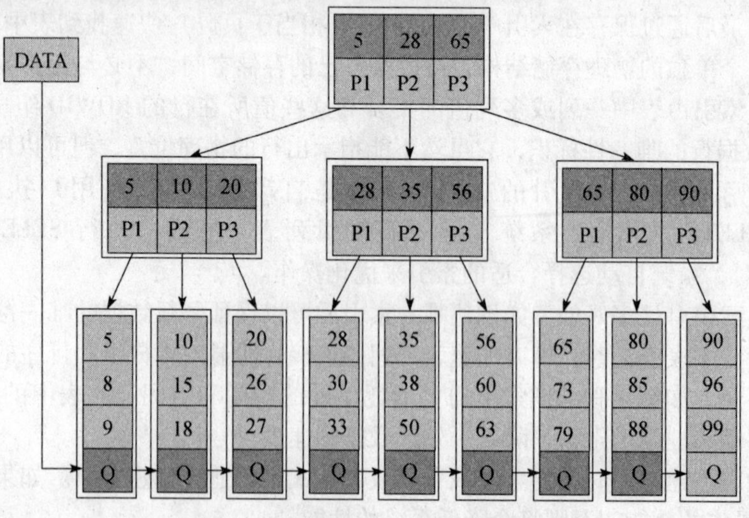

图 9-1 B 树索引的逻辑结构图

如果要查询编号为“80”的结点，首先查询根结点，然后根据根结点中的值决定要搜索右边的分支（因为80>65）。因此必须第二次读取数据，读取右边的分支结点。从右边的分支结点可以判断并很快找到“80”所在的叶子结点，并根据该索引条目中的ROWID值找到要查询的记录位置。

2. 位图索引

该索引也采用B树索引，只是索引值全部集中在叶子结点。位图中的每个位对应一个ROWID。如位值为1，则意味着对应的ROWID的行包含该索引键值。所以，位图的映射功能是将数据位的位值转化为实际的ROWID。该索引适用于检索很少有唯一值的列，如性别列。如果列中唯一值的个数与表中总的记录行数之比少于1%，则该列可采用位图索引。位图索引的示意图如图9-2所示。

产品表

编号	尺寸	重量	颜色
1	med	98.1	green
2	med	124.1	red
3	small	100.1	red
4	large	54.9	blue
5	med	124.1	green
6	small	60.1	blue
…	…	…	…

颜色列上的位图索引

green	red	blue
1	0	0
0	1	0
0	1	0
0	0	1
1	0	0
0	0	1
…	…	…

图9-2　位图索引示意图

在位图索引中不再记录ROWID和键值，而是将每个索引值作为一列，用0和1表示该行中是否包含该索引值，若包含则用1表示，不包含用0表示，并且位图索引的行顺序与原表的行顺序一致。因此，如果给定表的关键起始和终止ROWID，就可以在查询过程中对应计算出行的原始物理位置。

3. 反向键索引

在Oracle中，系统会自动为表的主键列建立索引，这个默认的索引是普通的B树索引。对于主键值是按顺序（递增或递减）添加的情况，默认的B树索引并不理想。因为索引列的值如果具有严格的顺序，那么随着行的插入，索引树的层级增长很快，B树很快将变成一棵不对称的“歪树”。

反向键索引是一种特殊类型的B树索引，特别适合基于有序数列建立的索引。在存储结构方面，与常规的B树索引相同。但如果用户使用序列编号在表中输入新记录，则反向键索引首先反向每个列键值的字节，然后在反向后的新数据上进行索引。例如，如果用户输入索引键1008，就反向为8001进行索引。2011会作为1102进行索引。这两个序列编号是递增的，但是当进行反向键索引时则是非递增的。这意味着如果将其添加到叶子结点，可能会在任意的叶子结点中进行。这样，新添加的叶子结点分布会比较均匀，避免了“歪树”的产生。

4. 基于函数的索引

用户在使用Oraclc执行UPDATE、DELETE、SELECT操作时，经常会使用基于函数的WHERE搜索条件。如果索引是依据表的原始字段值建立的，那么基于函数的搜索是用不上索引的，Oracle将被迫进行全表搜索，从而降低了效率。

从 Oracle 8i 第1版（8.1.5）开始可以建立基于函数的索引（Function-Based Index，FBI）。基于函数的索引也只是普通的B树索引，但它是基于表中某些字段的函数建立的，而不是直接建立在某些字段上。函数索引有两个主要作用：

- 只对限定的行创建索引，节约空间，提高检索速度。
- 优化 WHERE 子句中使用了函数的 SQL 语句。

5. 全局索引和局部索引

为了便于管理和维护表，Oracle 允许将表按照 range、hash、list 进行分区。表分区后，其上的索引也和普通的索引有区别。分区后的表可以建立3种类型的索引：局部分区索引、全局分区索引和全局非分区索引。

（1）局部分区索引

将表分区后，为每个分区单独建立的索引称为局部分区索引。每个局部分区索引是针对单个分区的，每个分区索引只指向一个表分区，它们相互独立。此类索引相对比较简单，容易管理，多用于数据仓库环境中。局部分区索引的结构如图9-3所示。

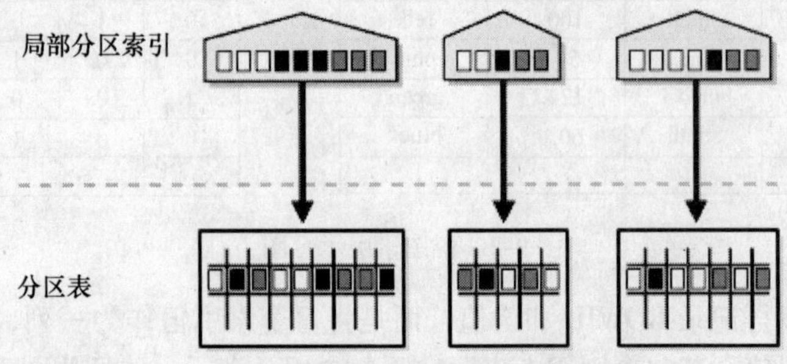

图9-3　局部分区索引与分区表

（2）全局分区索引

该索引是对整个分区表建立索引，然后再由 Oracle 对索引进行分区。全局分区索引的各个分区之间不是相互独立的，索引分区与分区表之间也不是简单的一对一关系，如图9-4所示。

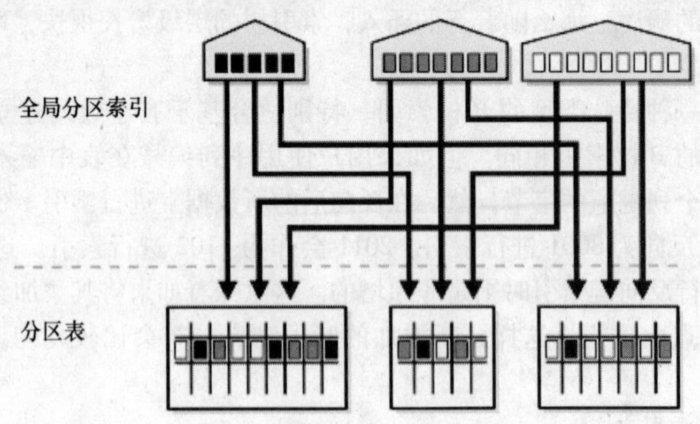

图9-4　全局分区索引与分区表

（3）全局非分区索引

全局非分区索引就是对整个分区表建立索引，但未对索引进行分区，一个索引对应着表的所有分区，如图 9-5 所示。

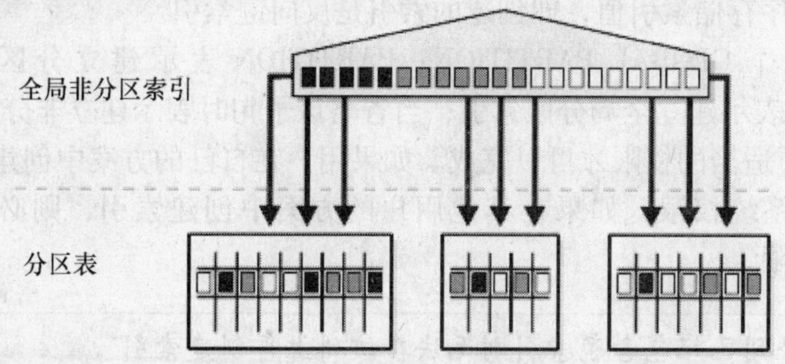

图 9-5 全局非分区索引与分区表

9.2 创建索引

创建索引的语法如下：

```
CREATE [UNIQUE |BITMAP] INDEX [schema.] <index_name>
ON [schema.] <table_name>
(<column_name> | <expression> ASC|DESC,
<column_name> |<expression> ASC|DESC,…)
[TABLESPACE <tablespace_name>]
[STORAGE(<storage_settings>)
[LOGGING |NOLOGGING]
[NOSORT |REVERSE]
[PARTITION |GLOBAL PARTITION <partition_setting>]
```

其中各参数的意义如下：

- UNIQUE | BITMAP：UNIQUE 表示创建的索引是唯一索引，要求创建索引的表达式或字段值必须唯一，不能重复，创建主键约束或唯一约束时系统自动创建对应的唯一索引；BITMAP 表示创建的索引是位图索引。省略这两个关键字时，默认创建的索引是可以重复的 B 树索引。
- [schema.] <table_name>：该子句指出了创建索引的表，其中 schema 指明表所属的方案名，table_name 指明表名。
- <column_name> | <expression> ASC | DESC：该子句指出了创建索引的列，其中 column_name 表示基于表中的字段创建索引，expression 表示基于某个表达式创建索引。ASC 表示创建的索引为升序排列，DESC 表示创建的索引为降序排列。创建索引时可以指定多个字段或多个表达式，之间用逗号隔开。
- TABLESPACE：表示创建索引时可以为索引指定单独的表空间，可以不与相关联的表位于同一个表空间中。

注意：当索引与所对应的表处于不同的表空间时，可以获得更好的性能。

- STORAGE：该子句设置存储索引的表空间的存储特性。
- LOGGING | NOLOGGING：表示在创建索引时是否创建相应的日志记录。
- NOSORT | REVERSE：NOSORT 表示创建的索引与表中的顺序相同，不再对索引进

行排序。使用 NOSORT 子句的目的是节省创建索引的时间和空间。REVERSE 表示以相反的顺序存储索引值，即创建的索引是反向键索引。

- PARTITION | GLOBAL PARTITION：PARTITION 表示建立分区索引；GLOBAL PARTITION 表示建立全局分区索引；当省略该子句时表示建立非分区索引。

创建索引时需要适当的权限才可以完成。如果用户在自己的方案中创建索引，则应该具有 CREATE INDEX 系统权限，如果在其他用户的方案中创建索引，则必须具有 CREATE ANY INDEX 系统权限。

注意：如果一个列已经包含了索引则无法在该列上再创建索引。

9.2.1 创建 B 树索引

B 树索引是创建索引时的默认类型。当用户为表创建主键约束时，系统将自动为该列创建一个 B 树索引。用户也可以使用 CREATE INDEX 命令创建 B 树索引。命令中若包含 UNIQUE关键字，表示创建一个具有唯一值的 B 树索引。

例 9.1 在 scott.emp 表的 sal 字段上创建一个名为 index_sal 的 B 树索引，按字段值的降序排列。

```
CREATE INDEX index_sal ON scott.emp(sal desc)
TABLESPACE users;
```

例 9.2 在 scott.dept 表的 dname 字段上创建一个具有唯一性的 B 树索引，索引值按字母序排序。

```
CREATE UNIQUE INDEX index_dname ON scott.dept(dname)
```

在 Oracle 中可以创建基于多个字段的索引，称为“复合索引”。复合索引中各个字段的顺序可以随意，但一般情况下是将常用的字段放在前面。

例 9.3 在 scott.emp 表的 ename 和 deptno 字段上创建一个复合索引。

```
CREATE INDEX index1 ON scott.emp(ename,deptno);
CREATE INDEX index2 ON scott.emp(deptno,ename);
```

如果查询时 WHERE 子句中只包含 ename 字段，那么只有第一个索引会提高查询速度，因为 ename 出现在 deptno 之前。

9.2.2 创建位图索引

当表中某一个字段的唯一值的个数比较少（基数小）时，在该字段上建立位图索引比较合适。比如，表中的性别字段、工作字段、部门字段等。在创建位图索引时，必须显式地指定 BITMAP 关键字。

例 9.4 在 scott.emp 表中的 job 字段上创建位图索引 bit_index。

```
CREATE BITMAP INDEX bit_index ON scott.emp(job)
TABLESPACE users;
```

由于建立位图索引的字段有许多重复值，因此位图索引不能是唯一索引。

9.2.3 创建反向键索引

反向键索引本质也是一个 B 树索引，但它不同于一般的 B 树索引。如果建立索引的字段值顺序增长或下降，那么使用反向键索引可以避免“歪树”的产生。反向键索引适用于严格排序的列，对键值的反向由系统自动处理。创建反向键索引时必须指定关键字REVERSE。

例 9.5 在 scott.emp 表中的 empno 字段上创建反向键索引 re_index。

```
CREATE INDEX re_index ON scott.emp(empno) REVERSE;
```

注意：如果该字段上已经建立了索引，那么上面的命令将失败。

9.2.4 创建基于函数的索引

在 DML 操作时如果经常使用某个表达式作为条件，那么可以建立基于该函数的索引。在创建此类索引时，Oracle 首先对包含索引列的函数或表达式进行求值，然后对这些值进行排序，最后再存储到索引中。

基于函数的索引可以是普通的 B 树索引，也可以是位图索引，这与函数中字段的取值特点有关系。

例 9.6 在 scott.emp 表中的 hiredate 字段上创建一个基于函数的索引。

```
CREATE INDEX index_hire ON scott.emp(to_char(hiredate, 'yyyy-mm-dd'));
```

如果对 scott.emp 表执行下面的查询，那么该索引可以提高查询速度。

```
SELECT * FROM scott.emp WHERE to_char(hiredate,'yyyy-mm-dd')>'2002-5-1'
```

9.3 应用索引

Oracle 中索引的应用是由优化器决定的，优化器根据优化的结果自动选择合适的索引来使用。要了解索引的使用过程，先认识一下 Oracle 对查询语句的执行过程。Oracle 对查询语句的执行过程包括解析代码、优化代码、生成代码和执行代码。

解析代码是指 Oracle 对用户提交的查询语句进行语法检查和语义分析等操作，查询语句将变成可运行的。

优化代码是指找到执行用户查询的最佳路径。这一步中 Oracle 可能会使用两种优化器，一种是基于规则的优化器（Rule Based Optimizer，RBO），另一种是基于开销的优化器（Cost Based Optimizer，CBO）。

在优化器选择了最佳路径后，Oracle 会将其格式化为实际的执行方案，然后由系统的执行引擎去执行，也就是完成了生成代码和执行代码的过程。

Oracle 在执行命令时，在决定是否应用索引时主要和以下两个因素有关系：

- 数据表的大小。当优化器进行全表扫描时，它会一次读取一批数据块，而不是一次读取一个。假设一个由 50 个数据块组成的表，如果优化器一次读取 10 个数据块，则该表需要读取 5 次完成全表扫描，由于索引需要 3 次读取，所以这种情况下优化器会使用索引。但是，当表只有 20~30 个数据块时，那么全表扫描只需要 2~3 次读取就可以完成，这时索引就会降低获取数据的速度，因此优化器会使用全表扫描，而不使用索引。
- 用户获取记录的多少。如果用户查询需要读取记录的个数占全表的 5%~20% 或者更多，那么就会执行全表搜索，而不考虑使用索引。这是因为一个索引项只会指向一个单独的数据块，这样一次只能读取一个数据块，如果使用指向许多数据块的索引，那么就需要执行大量的单独数据块读取操作。

Oracle 中可以使用 autotrace 参数来跟踪执行查询操作时索引的使用情况，具体操作如下例所示。

例 9.7 将 autotrace 参数设置为跟踪状态，执行对 scott.emp 表的查询命令，查看索引应用的跟踪结果。

```
CONNECT system/abcdef;
SET AUTOTRACE TRACEONLY;
SELECT * FROM scott.emp;
```

执行结果如图 9-6 所示。

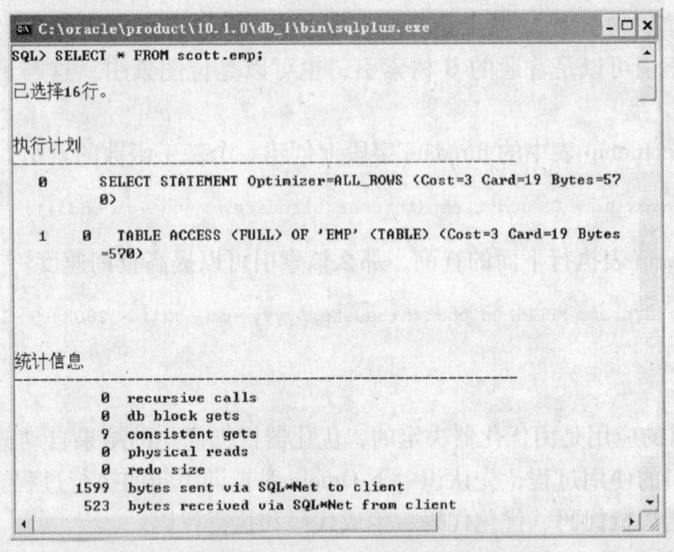

图 9-6 跟踪索引的应用

9.4 视图概述

9.4.1 视图的概念

前面章节我们学习了如何创建和使用查询，利用查询用户可以找到所需要的数据。但我们有时候需要对查找出来的数据进行修改，并将这种修改返回数据源表，这时利用查询就无法做到，因为查询的结果是只读的。另外，对于一些复杂的查询，我们希望创建后把它当做数据库对象存储起来，这样以后就可以重复使用了。Oracle 中提供的视图就可以实现以上目的，而且视图还具有更多的优势。

数据库中的视图是一个虚拟表，其内容由查询定义。同真实的表一样，视图包含一系列带有名称的列和行数据，用户可以像使用普通表一样对视图执行各种 DML 操作，如 SELECT、INSERT、UPDATE、DELETE。但是，视图并不在数据库中真正存储有数据，它的数据来自于定义视图的查询所引用的表，而且这些数据是在使用视图时动态生成的。因此，视图在数据库中只对应着一个 SELECT 语句的定义，可以从一个表或多个表中查询。对视图的各种操作实际上是对 SELECT 语句中数据源表的操作，当数据源中的数据发生变化时，视图的查询结果也会发生变化。视图的结构如图 9-7 所示。

表EmployeeMaster

EmployeeID	FirstName	AddressID	ShiftID	LastName	MiddleName	SSN	...
1	Sheri	1	1	Nowmer	E	245797967	...
2	Derrick	2	1	Whelply	R	509647174	...
3	Michael	3	1	Spence	C	42487730	...
4	Maya	4	1	Gutierrez	Y	56920285	...
5	Roberta	5	1	Damstra	B	695256908	...

View

FirstName	LastName	Description
Sheri	Nowmer	Engineering
Derrick	Whelply	Engineering
Michael	Spence	Engineering

表Department

DepartmentID	Description	rowguid
1	Engineering	3FFD2603-EB6E-43B2-A8EF-C4F5C3064026
2	Tool Design	AE948718-D4BF-40E0-8ECD-2D9F4A0B211E
3	Sales	702C0EE3-03E6-4F95-9AB8-99F4F25921F3
4	Marketing	3E3C4476-B9EC-43CB-AA12-1E7A140A71A4
5	Purchasing	D6C63691-93B5-4F43-AD88-34B6B9A3C4A3

图 9-7　视图的形成

图 9-7 中的视图（View）包含三列，其中 FirstName 字段和 LastName 字段的值来自于表 EmployeeMaster，Description 字段的值来自于表 Department。此时的视图 View 将两个表中的三个字段临时组织在一起，形成一个逻辑表。

9.4.2　视图的优点

用户利用视图对数据进行操作比直接对数据源表进行操作有更多的优势，主要表现在以下方面：

1）简化数据操作。用户对视图操作比直接对表操作简单，主要由于视图中包含的数据较少，只有用户需要的数据，其他与用户职责无关的数据都被隐藏起来。另外那些经常使用的或定义较复杂的查询被创建为视图后，用户以后可以重复使用。

2）增强数据的安全性。通过视图用户只能查询和修改他们所能见到的数据，数据库中的其他数据既看不见也取不到。数据库授权命令可以使每个用户对数据库的检索限制到特定的数据库对象上，但不能授权到数据库特定的行和特定的列上。通过视图，用户可以被限制在数据的任意子集上，这样进一步加强了数据的安全访问机制。

3）定制数据。视图能够实现让不同的用户以不同的方式看到不同或相同的数据集。比如，某些用户需要操作表中的原始数据，而另一些高级用户只想看到汇总的数据，这样应用视图就可以将同一表中的数据根据不同用户的需要定制为不同的数据源。

4）合并与分割数据。在有些情况下，由于表中数据量太大，故在表的设计时常将表进行水平分割或垂直分割，但表结构的变化却对应用程序产生不良的影响。如果使用视图，就可以重新保持原有的结构关系，从而使外模式保持不变，原有的应用程序仍可以通过视图来重载数据。

5）利用视图修改源表。用户利用视图浏览表中的数据时，可以在视图的结果集中进行修改，而且这种修改在一定程度上可以返回数据源表，通过再次执行视图可以看到相应的变化，或者用 SELECT 语句浏览数据源表也能看到数据的更改情况。

9.5 创建与管理视图

视图中的数据来自于数据源表，因此在创建视图时用户应该具有对视图所引用表的查询权限。另外，用户如果在自己的方案下创建视图，需要具有 CREATE VIEW 权限；如果在其他方案下创建视图，需要具有 CREATE ANY VIEW 权限。

9.5.1 创建和应用视图

创建视图的语法如下：

```
CREATE [OR REPLACE] [FORCE |NOFORCE] VIEW
[schema.]view_name[(column[,...n])]
AS SELECT_statement
[WITH CHECK OPTION |WITH READ ONLY]
```

其中各参数的意义如下：

- CREATE OR REPLACE：CREATE 表示创建一个新视图；REPLACE 表示替代已有的同名视图。
- FORCE | NOFORCE：FORCE 表示不管视图引用的表是否存在，都要强制创建该视图；NOFORCE 表示只有基表存在时，才创建视图。省略该选项时默认为 NOFORCE。
- column [，…n]：表示视图中的一组列名，这是为后面的查询语句中选择的列新定义的名字，替代表中原有的列名。
- SELECT_statement：表示创建视图的 SELECT 语句。利用 SELECT 语句可以从一个或多个表或者视图中获取视图中的行和列，也可以使用 UNION 关键字联合多个 SELECT语句。
- WITH CHECK OPTION | WITH READ ONLY ：WITH CHECK OPTION 表示对视图进行插入或修改时，新数据必须满足查询语句中 WHERE 子句后面的条件；WITH READ ONLY 表示视图是只读的。当省略这两个选项时，新创建的视图是一个可修改的、对其操作不进行条件检查的一般视图。

例 9.8 利用 scott.emp 表创建一个一般视图。

```
CREATE OR REPLACE VIEW view1
AS SELECT empno,ename,job,sal FROM scott.emp;
```

使用该视图浏览数据：

```
SELECT * FROM view1;
```

例 9.9 利用 scott.emp 和 scott.dept 两张表的连接查询创建新视图，并且为视图的字段重新命名。

```
CREATE OR REPLACE VIEW view2(雇员姓名, 所在部门)
AS SELECT ename, dname FROM scott.emp e INNER JOIN scott.dept d ON
e.deptno=d.deptno;
```

使用该视图浏览数据：

```
SELECT * FROM view2;
```

例 9.10 选择 FORCE 选项，强制创建视图。在本例中创建视图的数据源表 table1 并不存在，但是可以通过 FORCE 选项强制利用该表创建视图。

```
CREATE OR REPLACE FORCE VIEW view3
AS SELECT * FROM table1;
```

在这种情况下视图虽然被创建了，但是带有编译错误。相反，如果省略或选择 NOFORCE 选项，则视图不允许被创建。

9.5.2 重新编译视图

创建视图后，Oracle 会验证视图的有效性。如果在以后的操作中修改了数据源表的结构，那么可能会使视图变为无效。例如，删除了构成视图的数据源表，或者修改了数据源表中的列名等，这些操作都会导致创建的视图变为无效。这时可以使用 ALTER VIEW 命令重新编译视图使之有效。该命令格式如下：

```
ALTER VIEW view_name COMPILE;
```

例 9.11 为 scott.emp 表增加一个新字段后，对例 9.8 中创建的视图 view1 重新编译。

```
ALTER TABLE scott.emp ADD(c1 NUMBER);
ALTER VIEW view1 COMPILE;
```

9.5.3 删除视图

对于不再使用的视图可以利用删除命令将视图从数据库中删除，命令格式如下：

```
DROP VIEW view_name
```

例 9.12 将例 9.8 中创建的视图 view1 删除。

```
DROP VIEW view1;
```

执行语句后，视图的定义将被删除，但对视图所引用的数据源表并没有影响。

9.6 创建可更新视图

可更新视图是指用户可以对视图执行 INSERT、UPDATE、DELETE 操作的视图，利用该类视图用户可以完成对数据源表的修改。可更新视图或视图的可更新列应具有如下特点：

- 创建视图时不能选择 WITH READ ONLY 选项。
- 视图中的非计算列或非聚合运算，即数据源表中的原始字段，才可以被更新。
- 视图的定义中 SELECT 语句不能包含 DISTINCT 关键字。
- 视图的定义中 SELECT 语句不能包含集合操作，如 UNION、INTERSECT 等。
- 视图的定义中 SELECT 语句不能包含 GROUP BY 子句和 HAVING 子句。
- 用户必须对视图的数据源表具有显式的操作权限。
- 只有在视图中可见的行和列才可能被修改或删除。

一般情况下，用户可以根据常识分辨出视图中的哪些列可以更新，哪些列不可以更新。当然，也可以通过查询数据字典中的视图 USER_UPDATABLE_COLUMNS 了解视图中的可更新列。

例 9.13 创建视图 testview，查询 scott.emp 表中的姓名、工资和工资的 1.2 倍。

```
CONNECT scott/tiger;   --以 scott 用户连接数据库
CREATE OR REPLACE VIEW testview
```

```
AS SELECT ename,sal,sal* 1.2 as new_sal FROM scott.emp;
```

查询该视图中的数据：

```
SELECT * FROM testview;
```

利用该视图将员工SMITH的工资改为1500。

```
UPDATE testview SET sal =1500 WHERE ename = 'SMITH';
```

利用该视图将员工SMITH的工作改为SALESMAN。

```
UPDATE testview SET job = 'SALESMAN' WHERE ename = 'SMITH';
```

以上操作失败，因为job列在视图中不可见。

在该视图中包含3列，其中ename、sal两列都是数据源表emp中的原始字段，能够找到对应位置，所以这两列的值可以更新。但是sal * 1.2是一个表达式，不能在emp表中找到对应的位置，因此该列不可更新。

通过执行以下命令也可以了解字段的可更新性：

```
COLUMN owner format a10     --定义owner列的显示宽度
COLUMN table_name format a10
COLUMN column_name format a10
--注意:以上三条命令是对当前会话窗口的环境变量的设置,一旦被执行,将在该会话结束前一直有效
SELECT * FROM USER_UPDATABLE_COLUMNS WHERE table_name = 'TESTVIEW';
```

执行结果如图9-8所示。

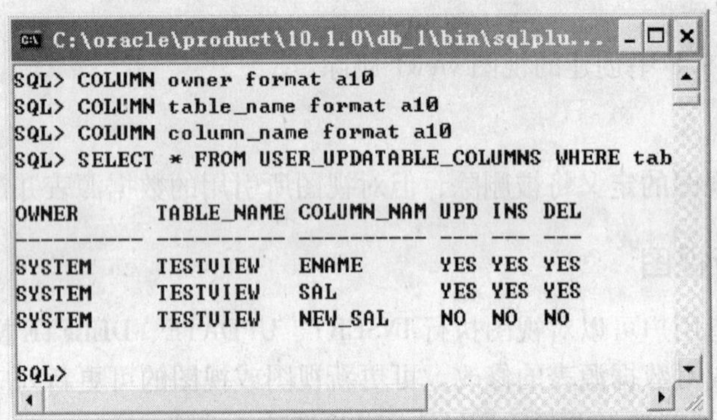

图9-8 视图中各字段的可更新性

例9.14 创建视图，分别从scott.emp表和scott.dept表中查询empno、ename、sal、dname、loc字段，并利用USER_UPDATABLE_COLUMNS查看视图的各个列的可更新性。

```
CREATE OR REPLACE VIEW emp_dept
AS
SELECT empno,ename,sal,d.deptno,dname,loc FROM scott.emp e,scott.dept d
WHERE e.deptno = d.deptno;
```

通过USER_UPDATABLE_COLUMNS查看视图的可更新性。

```
COLUMN owner format a10     --定义owner列的显示宽度
COLUMN table_name format a10
COLUMN column_name format a10
```

```
--注意:如果上例中执行了上面三条命令,本例中可以忽略
SELECT * FROM USER_UPDATABLE_COLUMNS WHERE table_name = 'EMP_DEPT';
```

执行结果如图 9-9 所示。

从图 9-9 中可以看出：视图从 emp 表中查询的 3 个列都是可以更新的，而从 dept 表中查询的 3 个列都是不可更新的。这是因为视图的结果集和 emp 表存在一对一关系，对视图中某一行的修改不会影响其他行；而视图的结果集和 dept 表存在多对一关系，修改视图中的某一行会影响视图中其他具有相同值的行。

例 9.15 使用 WITH CHECK OPTION 选项创建视图，用户对视图进行修改和插入操作时，新数据受到 WHERE 子句的限制。

```
CONNECT scott/tiger;
CREATE OR REPLACE VIEW v_emp
AS SELECT empno,ename,sal FROM scott.emp WHERE sal > 3000
WITH CHECK OPTION;
```

查询该视图中的数据：

```
SELECT * FROM v_emp;
```

执行结果如图 9-10 所示。

```
C:\oracle\product\10.1.0\db_1\bin\s...
SQL> SELECT * FROM USER_UPDATABLE_COLUMNS
  2  WHERE table_name='EMP_DEPT';

OWNER      TABLE_NAME COLUMN_NAM UPD INS DEL
---------- ---------- ---------- --- --- ---
SYSTEM     EMP_DEPT   EMPNO      YES YES YES
SYSTEM     EMP_DEPT   ENAME      YES YES YES
SYSTEM     EMP_DEPT   SAL        YES YES YES
SYSTEM     EMP_DEPT   DEPTNO     NO  NO  NO
SYSTEM     EMP_DEPT   DNAME      NO  NO  NO
SYSTEM     EMP_DEPT   LOC        NO  NO  NO

已选择6行。
```

图 9-9 查看视图的可更新性

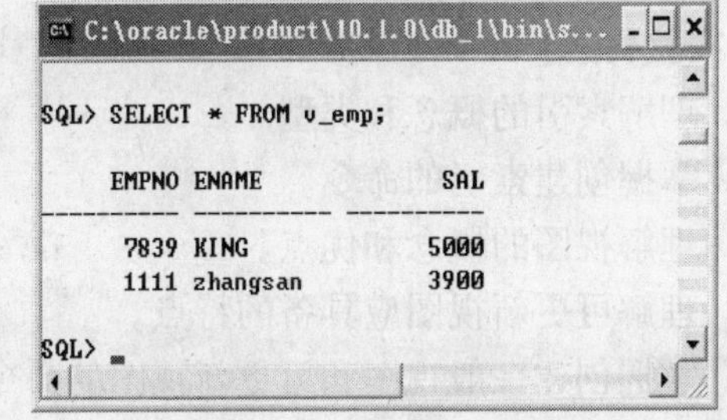

图 9-10 利用视图查询数据

利用视图 v_emp 将编号为 7839 的员工的工资改为 2000。

```
UPDATE v_emp SET sal = 2000 WHERE empno = 7839;    --操作失败,如图 9-11 所示
```

图 9-11 具有 WITH CHECK OPTION 子句的视图

因为创建视图时具有 WITH CHECK OPTION 选项，所以修改后的新数据应该满足 SELECT 语句中的 WHERE 条件。

利用视图 v_emp 将编号为 7839 的员工的工资改为 4000。

```
UPDATE v_emp SET sal =4000 WHERE empno =7839;   --操作成功,如图 9-12 所示
```

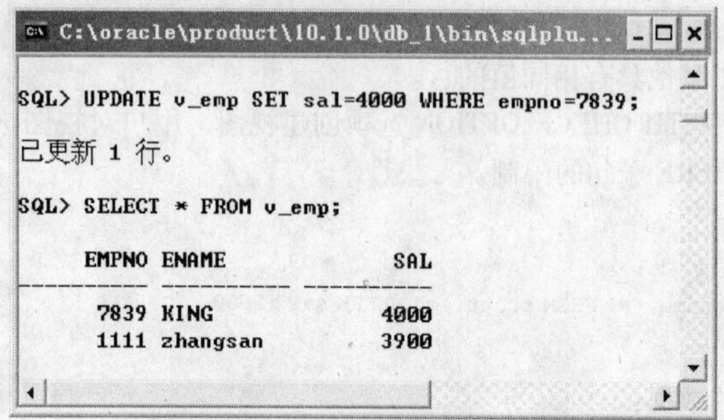

图 9-12 利用视图更新表中的数据

该操作成功，因为修改后的新数据符合定义视图的 SELECT 语句中的 WHERE 条件，因此修改操作能够成功完成。同理向该视图中插入新数据时也受此限制。

9.7 实验

【实验目的】

1. 理解索引的概念和类型。
2. 掌握创建索引的命令。
3. 理解视图的概念和优点。
4. 理解可更新视图应具备的特点。
5. 掌握创建一般视图和可更新视图的命令。

【实验内容】

1. 在数据库中创建 Student 表，包括学号 Id、姓名 Name、性别 Sex、班级编号 Class_id。利用该表创建如下索引：

   （1）在 Id 字段上创建唯一的 B 树索引。

   （2）在 Name 字段上创建普通的 B 树索引。

   （3）在 Sex 字段上创建位图索引。

2. 利用 scott.emp 表创建视图并完成以下操作：

   （1）创建简单视图。

```
CONNECT scott/tiger;
GRANT INSERT,UPDATE,DELETE on emp to system;
CONNECT system/abcdef;
CREATE OR REPLACE VIEW v_emp
AS SELECT empno,ename,job,hiredate,deptno FROM scott.emp;
```

   （2）查看视图的结构。

```
DESC v_emp;
```

（3）从视图中查询数据。

```
SELECT * FROM v_emp WHERE deptno =10;
```

（4）查看视图中各字段的可更新性。

```
SELECT * FROM USER_UPDATABLE_COLUMNS WHERE table_name = 'V_EMP';
```

（5）向视图中增加新数据。

```
INSERT INTO v_emp VALUES(1234,'JACK','CLERK','29 -4 月 -1963',10);
```

（6）利用视图修改数据。

```
UPDATE v_emp SET ename = 'Mark' WHERE empno =1234;
```

（7）利用视图删除数据。

```
DELETE FROM v_emp WHERE empno =1234;
```

3. 利用 scott.emp 创建只读视图。

```
CREATE OR REPLACE VIEW v_emp_readonly
AS SELECT empno,ename,job,hiredate,deptno FROM scott.emp
WITH READ ONLY;
```

对视图执行删除操作，测试视图的只读性：

```
DELETE FROM v_emp_readonly WHERE empno =7782;
```

4. 利用 scott.emp 创建具有 WITH CHECK OPTION 选项的检查视图。

```
CREATE OR REPLACE VIEW v_emp_check
AS
ELECT empno,ename,job,hiredate,deptno
FROM scott.emp WHERE deptno =10
WITH CHECK OPTION;
```

创建检查视图，通过视图对数据源表执行插入和修改操作。

```
INSERT INTO v_emp_check
VALUES(1235,'JACK','CLERK','29 -4 月 -1963',20);
```

部门编号 20 不符合 WHERE 条件，插入失败。

```
UPDATE v_emp_check SET deptno =20 WHERE deptno =10;
```

修改后的新数据不符合 WHERE 条件，修改失败。

5. 利用 scott 方案下的 emp 表和 dept 表创建连接视图，查询部门编号为 10 和 30 的部门及雇员信息。

```
CREATE OR REPLACE VIEW v_dept_emp
AS
SELECT a.deptno,a.dname,a.loc,b.empno,b.ename,b.sal
FROM  scott.dept a , scott.emp b WHERE a.deptno =b.deptno and a.deptno in (10,30);
```

利用视图查询表中的数据：

```
SELECT * FROM v_dept_emp;
```

查看视图中各字段的可更新性：

```
SELECT * FROM USER_UPDATABLE_COLUMNS WHERE table_name = 'V_DEPT_EMP';
```

9.8 习题

1. 简述索引有哪些类型，并说明什么情况下适合建立反向键索引，什么情况下适合建立位图索引。
2. 简述视图的概念以及利用视图操作数据的优点。
3. 简述可更新视图应具有哪些特点。
4. 操作题：
   （1）建立一个表 myEMP，表结构和表中数据与 scott.emp 相同。
   （2）在 myEMP 表中建立基于字段 empno 的唯一性索引。
   （3）建立一个视图 myV_emp，视图包括 myEMP 表的 empno、ename、sal，并按 sal 从大到小排列。

第 10 章　序列和同义词的创建

序列和同义词也属于数据库中的方案对象，它们在用户所属的方案下，并受其管理。序列是 Oracle 中用于产生一系列唯一数字的数据库对象，可以用它自动生成主键值。同义词是 Oracle 中各种数据库对象的别名，如表、索引、视图等都可以创建同义词，使用同义词可以简化对数据库对象的引用。

本章要点

- 序列和同义词的概念及作用
- 序列的创建、应用及管理
- 同义词的创建、应用及管理

10.1　序列的创建、应用及管理

序列可在当前方案下产生一系列唯一数字，可以用这些数字产生表的主键值，也可以参与其他运算。序列也可以在多用户并发环境中使用，为所有用户生成不重复的顺序数字，而且不需要任何额外的 I/O 开销。

10.1.1　创建序列

用户在自己的方案中创建序列，需要具有 CREATE SEQUENCE 系统权限，在其他方案中创建序列，必须具有 CREATE ANY SEQUENCE 系统权限。

创建序列的语法如下：

```
CREATE SEQUENCE [schema.] <sequence_name>
[START WITH start]
[INCREMENT BY increment]
[MINVALUE min |NOMINVALUE]
[MAXVALUE max |NOMAXVALUE]
[CACHE cache |NOCACHE]
[CYCLE |NOCYCLE]
[ORDER |NOORDER]
```

其中各参数的意义如下：

- sequence_name：将要创建的序列名称。
- START WITH start：该子句指定序列的开始位置，其中 START WITH 是关键字，start 是序列的起始值。省略该子句时，递增序列的起始值为 min，递减序列的起始值为 max。
- INCREMENT BY increment：该子句表示序列的增量，其中 INCREMENT BY 是关键字，increment 是序列的增量值。增量值为正数时将生成一个递增序列，为负数时将生成一个递减序列。省略该子句时，增量值是 1。
- MINVALUE min | NOMINVALUE：该子句指定序列的最小值 min 或无最小值。省略该

子句时，递增序列为1，递减序列为 $-2^{63}-1$。

- MAXVALUE max | NOMAXVALUE：该子句指定序列的最大值max或无最大值。省略该子句时，递增序列为 $2^{63}-1$，递减序列为 -1。
- CACHE cache | NOCACHE：该子句使序列号预分配，并且存储在内存中以提高序列的访问速度。最小值（也是缺省值）是1，表示一次只能生成一个序列值，也就是没有缓存。
- CYCLE：该子句表示当序列到达最大值或最小值时，可复位循环使用。如果达到极限，生成的下一个数据将分别是最小值min或最大值max。
- ORDER | NOORDER：ORDER子句使生成的序列值是按顺序的。NOORDER只保证序列值的唯一性，不保证序列值的顺序。

例10.1 创建一个名为emp_no的序列，从1001开始，一次递增1，没有最大值，并且使用CACHE子句为序列在缓存中预先分配10个序列值，以提高获取序列值的速度。

```
CREATE SEQUENCE emp_no
START WITH 1001
INCREMENT BY 1
NOMAXVALUE
CACHE 10
NOCYCLE;
```

10.1.2 应用序列

用户可以使用NEXTVAL和CURRVAL两个运算符来访问序列的值。其中，NEXTVAL将返回序列生成的下一个值，而CURRVAL将返回序列的当前值。第一次应用序列时，需要使用NEXTVAL，此时返回的是初始值。而以后再使用NEXTVAL运算符时，会使序列自动增加INCREMENT BY后面定义的值。

应用序列的语法格式为：

```
[schema.] sequence_name. NEXTVAL |CURRVAL
```

例10.2 创建一个新表emp，并且使用上例产生的序列emp_no，给emp表中empno列产生编号。

```
--创建新表emp
CREATE TABLE emp
(empno NUMBER(5) PRIMARY KEY,
name VARCHAR2(8),
age NUMBER(3),
addr VARCHAR2(40),
dep_id NUMBER(5));
--将序列emp_no的新值添加到表中
INSERT INTO emp VALUES(emp_no.NEXTVAL,'刘丽',25,'河北保定',150);
--查询表中的数据
COLUMN addr FORMAT a10
SELECT * FROM emp;
```

执行结果如图10-1所示。

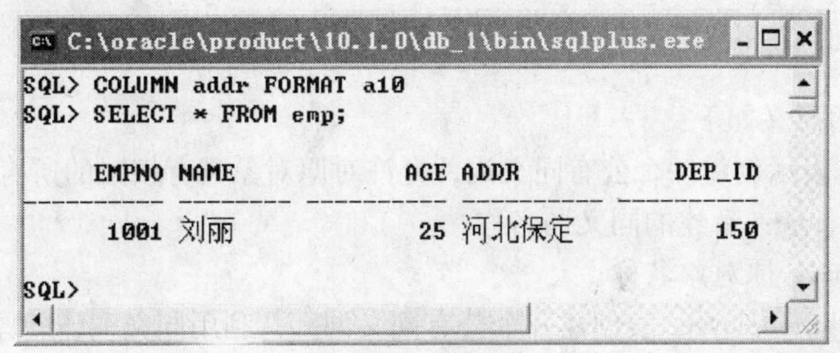

图 10-1 序列的应用

例 10.3 查询序列 emp_no 的当前值。

```
SELECT emp_no.CURRVAL FROM dual;
```

10.1.3 管理序列

序列创建完成后，用户可以根据自己的需要对其进行修改、删除和查询操作。

- 修改序列。用户可以对自己或其他用户方案中的序列进行修改。修改其他方案中的序列时，用户必须具有 ALTER ANY SEQUENCE 系统权限。修改序列的命令是 ALTER SEQUENCE，该命令可以修改序列的除起始值之外的所有其他参数。

例 10.4 利用 ALTER SEQUENCE 命令修改序列 emp_no 的参数值。

```
ALTER SEQUENCE emp_no
INCREMENT BY 5
MAXVALUE 10000
CYCLE
NOCACHE;
```

- 查询序列。序列与视图一样，Oracle 只是在数据字典中存储它的定义。用户通过数据字典 USER_SEQUENCES 查询序列的信息。

例 10.5 查询序列的相关信息。

```
SELECT * FROM user_sequences;
```

- 删除序列。用户使用 DROP SEQUENCE 命令将序列的定义从数据字典中删除。

例 10.6 利用 DROP SEQUENCE 命令将序列 emp_no 删除。

```
DROP SEQUENCE emp_no;
```

10.2 同义词的创建、应用及管理

同义词是表、索引、视图等方案对象的一个别名，不占据任何实际的存储空间，只在数据字典中保存其定义。在使用同义词时，Oracle 会将其翻译为实际的对象名。同义词可以简化原数据库对象的名称，方便用户对数据库对象的引用。

Oracle 中同义词分为两种类型：公有同义词和私有同义词。前者可以被数据库中所有的用户使用，后者仅能够被它的创建者使用。创建公有同义词时，用户需要有 CREATE PUBLIC SYNONYM 系统权限，创建私有同义词时，用户需要有 CREATE SYNONYM 系统权限。

10.2.1 创建、应用同义词

创建同义词的语法如下：

```
CREATE [OR REPLACE] [PUBLIC] SYNONYM [schema .]synonym_name
FOR [schema .] object_name
```

其中各参数的意义如下：

- PUBLIC：表示创建一个公有同义词，允许对原对象具有权限的所有用户使用。
- synonym_name：新建的同义词名称。
- object_name：原对象名称。

例 10.7 为 hr.employees 表创建一个公有同义词，并利用同义词访问原表中的数据。

```
CREATE OR REPLACE PUBLIC SYNONYM hr_emp
FOR hr.employees
--使用同义词 hr_emp 查询原表 hr.employees 中的数据
SELECT * FROM hr_emp;
```

上面的查询结果与查询原表结果是一致的。

10.2.2 管理同义词

同义词创建完成后，用户可以根据自己的需要对其进行查询和删除操作。

- 查询同义词：

```
SELECT * FROM DBA_SYNONYMS;
```

- 删除同义词：

```
DROP [PUBLIC] SYNONYM sysnonym_name;
```

例 10.8 删除上面创建的公有同义词 hr_emp。

```
DROP PUBLIC SYNONYM hr_emp;
```

10.3 实验

【实验目的】

1. 理解序列和同义词的概念和作用。
2. 掌握序列的创建与应用。
3. 掌握同义词的创建与应用。

【实验内容】

1. 使用新建序列的值，为新表填充字段值。

（1）创建一张新表。

```
CREATE TABLE my_table(id INT PRIMARY KEY,name VARCHAR2(20));
```

（2）创建序列 id_seq。

```
CREATE SEQUENCE id_seq
INCREMENT BY 1
START WITH 1
NOMAXVALUE
ORDER;
```

（3）将序列的值插入到新表中。

```
INSERT INTO my_table VALUES(id_seq. NEXTVAL,'张三');
```

```
INSERT INTO my_table VALUES(id_seq.NEXTVAL,'李四');
SELECT * FROM my_table;
```

2. 以 scott 用户登录数据库，并在数据库中创建 emp 表的同义词 s_e。

（1）以 system 用户登录后授予 scott 用户创建同义词的权限。

```
CONNECT system/abcdef;
GRANT CREATE PUBLIC SYNONYM TO scott;
```

（2）以 scott 用户登录，创建公有同义词。

```
CONNECT scott/tiger;
CREATE OR REPLACE PUBLIC SYNONYM s_e
FOR emp;
```

（3）以 system 用户登录，利用同义词来操作原表。

```
CONNECT system/abcdef;
DESC s_e;
SELECT * FROM s_e;
```

10.4 习题

1. 简述同义词和序列的概念。
2. 简述使用同义词的好处。
3. 序列常用的两个运算符是什么？各代表什么意义？

第 11 章 触发器的创建与应用

触发器是一种在发生数据库事件时自动运行的 PL/SQL 程序块，是一个特殊的存储过程。它的执行不是由程序调用，也不是手工启动，而是由对数据库执行的各种操作触发运行的。触发器经常用于加强数据的完整性约束、提供审计和日志记录、启用复杂的业务规则等。

本章要点

- 触发器的概念及组成
- 触发器的类型
- 创建各种类型的触发器
- 管理触发器

11.1 触发器概述

触发器（trigger）是一种特殊的存储过程，它不同于一般的存储过程。一般存储过程通过名称调用，而触发器是通过事件触发后被系统自动调用的。触发器是一个功能强大的工具，与表、视图、用户或整个数据库紧密连接，可以看做数据库对象的一部分。当用户对表或视图中的数据进行 DML 操作，或者在数据库中执行 DDL 或 DCL 操作时，相应的触发器就会自动执行。触发器是一个独立的事务，被当做一个整体执行，在执行过程中如果发生错误，则整个事务会自动回滚。

触发器可以帮助用户完成许多特殊的功能，例如：

- 启用复杂的业务逻辑。用户可以根据业务需要在触发器中制定对表或其他数据库对象的操作限制。例如，可以根据客户当前的账户状态，控制是否允许插入新订单。
- 强制数据的完整性和一致性。通过触发器可以在多个具有关系的表中正确地实现添加、修改和删除操作，同时还保留这些表之间的关系。
- 提供审计和日志记录。管理员可以利用触发器自动记录曾经对数据库及其对象执行过的各种操作。例如，数据库的登录用户和登录时间。
- 自动生成派生列。
- 防止某些无效的事务处理。

在数据库中约束和触发器都可以用来强制执行业务规则和保证数据的完整性，但二者各具优势。触发器可以包含由 PL/SQL 语言编写的更复杂的处理逻辑，触发器可以支持约束的所有功能。但一般情况下使用约束比使用触发器效率更高。

在 Oracle 系统中，触发器包括以下几个组成部分：

- 触发器名称。它是在创建触发器时为触发器起的名称，理论上只要符合 Oracle 数据库对象的命名规则即可。但为了使用方便，一般触发器的名称包括触发器执行的时间、执行的操作、涉及的表、涉及的列等。
- 触发语句。触发语句是导致 Oracle 执行触发器操作的诱因，它包括对触发时间、触发事件和触发对象的定义。只有用户对数据库执行的操作满足触发语句中定义的所有内容后，触发器才有可能被系统自动调用。

- 触发限制条件。触发限制条件是决定触发器是否被系统自动调用的另一个因素。当用户的操作满足触发语句时，触发器不一定被调用，此时，系统还要检查触发器中是否定义了触发限制条件，如果存在，还要检查当前的操作是否满足限制条件。
- 触发器操作。触发器操作是触发器的主体，是被系统自动执行的 PL/SQL 程序块。当触发语句和触发限制条件都满足时，系统将自动执行触发器操作部分的代码。

11.2 触发器类型

根据触发器的触发时间、触发事件、影响范围等因素，可以将触发器划分为多种类型。

按照触发的时间划分，可以将触发器分为以下类型：

1）BEFORE 触发器：指事前触发器，在触发语句执行前被触发，触发器中指定的操作被运行。此类触发器可以在以下情况使用：

- 由触发操作决定触发语句是否可以执行。使用 BEFORE 触发器可以避免触发语句因异常而被最终回滚，因此可以减少数据库中不必要的操作。
- 在执行 INSERT 或 UPDATE 触发语句前，触发器可以通过 new 表修改将要添加到某列的新值。其中 new 表和 old 表是触发器操作中可以访问的两个特殊表。

2）AFTER 触发器：指事后触发器，在触发语句执行后被触发，触发器中指定的操作被运行。此类触发器常用于记录日志，可以作为跟踪和审计数据库的依据。

3）INSTEAD OF 触发器：指替代触发器，触发语句被触发器操作替代，也就是说 Oracle 只运行触发器操作而不再运行触发语句。该类触发器只能基于视图创建，而不能基于表创建，并且主要用于不可修改的视图上。例如，若视图是基于多个表创建的，那么不能直接在该视图上执行 DML 操作，这时就可以使用 INSTEAD OF 触发器完成对基表的修改。

按照触发的事件划分，可以将触发器分为以下类型：

1）DML 触发器：对表或视图执行 DML 操作（INSERT、DELETE、UPDATE）时触发的触发器，可以在触发事件之前触发（即事前 DML 触发器），也可以在触发事件之后触发（即事后 DML 触发器）。按照触发时 DML 操作影响的记录的范围，DML 触发器又可分为：

- 行级触发器：在创建 DML 触发器时，如果使用了 FOR EACH ROW 选项，则表示该触发器是行级触发器。用户的 DML 语句每操作一行，行级触发器就会被调用一次。当一个 DML 语句的操作影响多行数据时，行级触发器就会被调用多次。
- 语句级触发器：在创建 DML 触发器时，如果未使用 FOR EACH ROW 选项，则表示该触发器是语句级触发器。用户的 DML 语句不论影响多少行数据，语句级触发器只被调用一次。

2）DDL 触发器：在数据库中执行 DDL 操作（CREATE、ALTER、DROP）时触发的触发器。可以在触发事件之前触发（即事前 DDL 触发器），也可以在触发事件之后触发（即事后 DDL 触发器）。同样，DDL 触发器又可以分为：

- 数据库级 DDL 触发器：数据库中任何用户执行了相应的 DDL 操作，该类触发器都被触发。
- 用户级 DDL 触发器：只有在创建触发器时指定方案的用户执行相应的 DDL 操作时

触发器才被触发，其他用户执行该 DDL 操作时触发器不会被触发。

3）用户事件触发器：这类触发器是指与用户执行的 DCL 操作或 LOGON/LOGOFF 操作相关的触发器，有些允许事前触发，有些允许事后触发。该类触发器可以定义在数据库级被所有用户触发，也可以定义在用户级被指定用户触发。

4）系统事件触发器：是指由数据库系统事件触发的触发器。有些系统事件只能定义事前触发器，而有些系统事件只能定义事后触发器。该类触发器也可以分为用户级和数据库级两种。

通常情况下使用的触发器都是组合类型的触发器，如事前行级触发器、事前语句级触发器、事后行级触发器和事后语句级触发器等。但并不是任何类型的触发器都可以组合在一起，如 LOGON 和 STARTUP 事件的触发器只能选择事后触发，而 LOGOFF 和 SHUTDOWN 事件的触发器只能选择事前触发。

11.3 创建触发器

11.3.1 创建 DML 事件触发器

用户对表或视图执行 DML 操作时触发的触发器称为 DML 触发器，此类触发器是针对触发表或视图创建的，与执行触发操作的用户无关。创建 DML 触发器的格式如下：

```
CREATE [OR REPLACE] TRIGGER [schema.]trigger_name
{BEFORE | AFTER}
{INSERT | UPDATE | UPDATE OF column1 [, column2 [, …]] | DELETE}
ON [schema.]table_name | [schema.]view_name
[FOR EACH ROW]
[WHEN (logical_expression)]
[DECLARE]
declaration_statements;
BEGIN
execution_statements;
END [trigger_name];
```

其中各参数的意义如下：

- trigger_name：表示触发器的名称。触发器名称必须符合标识符规则，并且在数据库中必须唯一。可以在触发器名称前用 schema 指定它所属的方案，若省略方案名则默认为当前连接用户的方案。
- BEFORE：表示 DML 命令执行前触发器就被触发，该类触发器被称做事前触发器。
- AFTER：表示 DML 命令执行后触发器才被触发，并且要求所有的引用级联操作和约束检查也必须成功完成后，才能执行此触发器。该类触发器被称做事后触发器。
- INSERT | UPDATE | UPDATE OF column1 [, column2 [, …]] | DELETE：表示在触发对象上执行的 DML 命令，这将作为触发器被触发的事件。当选择 UPDATE 命令时，还可以将触发器应用到一个或多个列。
- table_name | view_name：表示触发对象，它是 DML 命令操作的对象，又称为触发表或触发视图。可以选择是否指定表或视图的方案名称。
- FOR EACH ROW：表示对每一行记录执行 DML 命令之前或之后，触发器就被触发一次。若 DML 命令操作多行记录，触发器就被触发多次。具有该选项的触发器被称为行级触发器。不具有该选项的触发器被称为语句级触发器，即整个 DML 命令执行之前或之后触发器只被触发一次。

- WHEN（logical_expression）：表示触发器被触发的条件。只有当触发语句和触发条件都满足时触发器才能被触发。
- declaration_statements：表示被定义的变量，可以在触发器的操作部分使用该变量。
- execution_statements：表示触发器被触发后要执行的操作，是触发器的主体部分，它在由 BEGIN 和 END 组成的匿名块中。

1. 语句级触发器

在创建触发器时若未使用 FOR EACH ROW 子句，则该触发器称为语句级触发器。DML 命令执行之前或之后，触发器只被触发一次。

例 11.1 为 scott.emp 表创建一个事后语句级触发器。当用户向 emp 表中插入新数据后，该触发器将统计 emp 表中的新行数并输出。

```
CREATE OR REPLACE TRIGGER tri1_insert_emp
AFTER INSERT ON scott.emp
DECLARE
rows NUMBER;
BEGIN
SELECT count(* ) INTO rows FROM scott.emp;
dbms_output.put_line(' emp 表中当前包含'||rows||'条新记录');
END;
```

当用户对 emp 表执行 INSERT 操作时，该触发器被触发，执行结果如图 11-1 所示。

从该例子中可以看出：在语句级触发器中可以访问触发表。如本例中在触发器的操作部分查询并统计触发表 emp 中的记录数。但在后面要讲的行级触发器中不允许访问触发表，读者可以做实验进行验证并分析其原因。

例 11.2 创建一个事前语句级触发器 tri_update_emp，当用户对表 scott.emp 中的 deptno 字段进行 UPDATE 操作时该触发器被触发。

```
CREATE OR REPLACE TRIGGER tri_update_emp
BEFORE UPDATE OF deptno
ON scott.emp
BEGIN
dbms_output.put_line('您正在修改表 emp 的 deptno 列');
END tri_update_emp;
```

执行结果如图 11-2 所示。

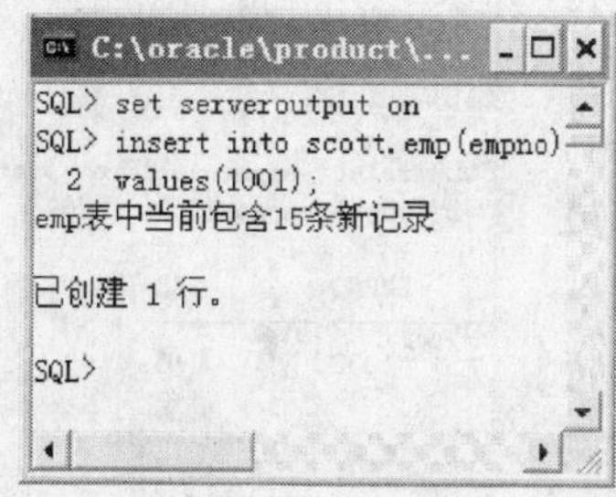

图 11-1 事后语句级触发器的执行结果

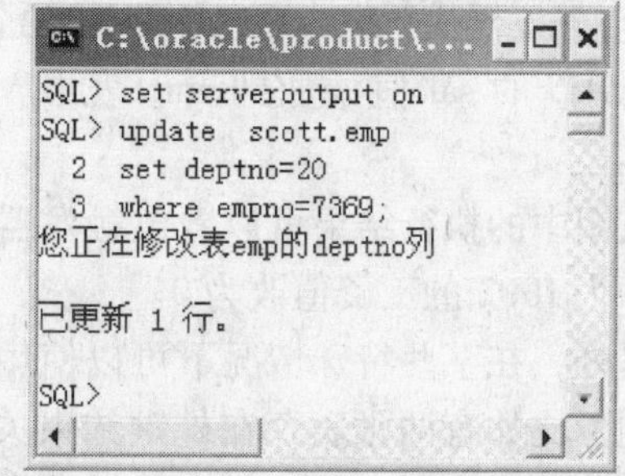

图 11-2 事前语句级触发器的执行结果

2. 行级触发器

在创建触发器时若使用了FOR EACH ROW子句，则该触发器称为行级触发器。DML命令每操作一行记录，触发器就被触发一次，当DML命令影响多行记录时行级触发器就被触发多次。

行级触发器有一个重要的特点就是可以在触发器中引用当前DML命令正在操作的行值，包括新值或旧值。这样用户就可以查看、编辑或判断这些值。这些值被保存在Oracle中的两张临时表中，它们是new表和old表。这两张表的结构和DML命令正在操作的表结构完全相同，但只有一行记录。在new表中包含INSERT语句要插入的新数据或UPDATE语句修改后的新数据，可以在行级触发器中更改它们的值。在old表中包含DELETE语句删除以前的旧数据或UPDATE语句修改前的旧数据，不允许在触发器中修改它们的值。

new表和old表实际上是内存中的两张逻辑表，只能在行级触发器中引用，不能在语句级触发器中引用。当用户添加数据或修改数据时，系统先将这些新数据写到内存的new表中，再将new表中的数据写到数据库的物理表中。当用户删除数据或修改数据时，系统先将这些旧数据写到old表中，再更新物理表中的数据。

在触发器的操作部分（即BEGIN和END组成的匿名块）引用new表或old表中的字段的格式如下：

```
:new.column_name |:old.column_name
```

在触发限制条件中引用new表或old表中的字段的格式如下：

```
new.column_name |old.column_name
```

例11.3 为scott.emp表创建一个带有触发条件的行级触发器。当用户向emp表中插入新记录时，如果新插入的员工工资是空值，那么触发器将该工资改为0。

```
CREATE OR REPLACE TRIGGER insert_emp
BEFORE INSERT ON scott.emp
FOR EACH ROW
WHEN(new.sal is null)
BEGIN
:new.sal: =0;
END;
```

假如用户向emp表中插入一行只包括职工编号（empno）字段值的记录，上面的触发器在INSERT语句完成之前被触发。首先在触发限制条件中检查新插入的sal值是否为空值，如果是空值，那么触发器被触发并将要插入的sal的新值改为0。触发器执行完成后，INSERT语句继续执行，此时将new表中新的sal值添加到emp表中。执行结果如图11-3所示。

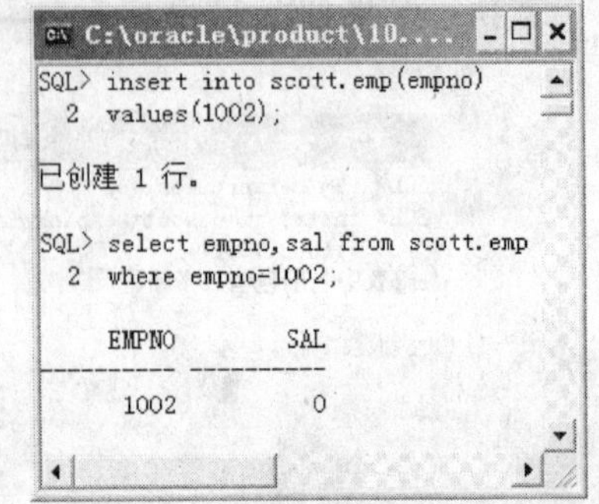

图11-3 事前行级触发器的执行结果

从图中的执行结果可以看出触发器已经将新插入的员工编号为1002的工资值改为0。

另外，在某些特殊情况下可以使用行级触发器解决特殊问题。比如有两张表存在外键约束关系，如果想直接删除父表中被子表引用的记录，外键约束将起不允许删除的作用。但是，如果确实需要实现这样的操作该怎么办呢？在下例中将介绍使用触发器解决这一问题。

例 11.4 首先创建两张具有外键约束关系的表：category 代表种类信息表，product 代表产品信息表。

```
CREATE TABLE category(cid NUMBER(4) PRIMARY KEY,cname VARCHAR2(20) NOT NULL);
CREATE TABLE product(pid NUMBER(8) PRIMARY KEY,pname VARCHAR2(20),cid
NUMBER(4) REFERENCES category(cid));
```

向两张表中分别插入新记录：

```
INSERT INTO category VALUES(1100,'饮料类');
INSERT INTO product VALUES(11001,'橙汁',1100);
```

直接删除 category 表中的记录，操作将失败，执行结果如图 11-4 所示。

图 11-4 在父表中直接删除被子表引用的行

为父表 category 创建行级触发器，代码如下：

```
CREATE OR REPLACE TRIGGER delete_category
BEFORE DELETE ON category
FOR EACH ROW
BEGIN
DELETE FROM product WHERE cid=:old.cid;
END;
```

该触发器表示：在删除父表 category 中的记录之前，首先删除了表 product 中引用该记录的相关行，然后再删除父表中的记录即可。执行结果如图 11-5 所示。

图 11-5 利用触发器可以在父表中删除被子表引用的行

注意：在触发器中执行对表或视图的插入、修改或删除操作时，要求触发器的创建者对该表或视图具有显式的操作权限，隐式权限无效。这一点和建立存储过程时需要的权限相同。

---

3. 多事件触发器

在创建触发器时可以指定多个触发事件，在触发操作内部使用 if 语句进行判断，再分别选择不同的操作执行。格式如下：

```
CREATE [OR REPLACE] TRIGGER [schema.]trigger_name
BEFORE |AFTER INSERT OR UPDATE OR DELETE
ON [schema.]table_name
BEGIN
```

```
execution_statements;
END;
```

对于多事件触发器，在触发器内部需要使用条件谓词进行判断。条件谓词是由 IF 关键字和谓词 INSERTING、UPDATING、DELETING 构成的。如果激发触发器的操作是 INSERT，则 INSERTING 为真；如果激发触发器的操作是 UPDATE，则 UPDATING 为真；如果激发触发器的操作是 DELETE，则 DELETING 为真。

例 11.5 在 scott.emp 表中创建一个具有三种事件的触发器，实现不同的触发操作。

```
CREATE OR REPLACE TRIGGER i_u_d
BEFORE INSERT OR UPDATE OR DELETE
ON scott.emp
FOR EACH ROW
BEGIN
IF inserting THEN
dbms_output.put_line(:new.empno||'的记录将被插入!');
ELSIF updating THEN
dbms_output.put_line(:old.empno||'的记录将被更新!');
ELSIF deleting THEN
dbms_output.put_line(:old.empno||'的记录将被删除!');
END IF;
END i_u_d;
```

当用户向 emp 表中执行这三种操作时，执行结果如图 11-6 所示。

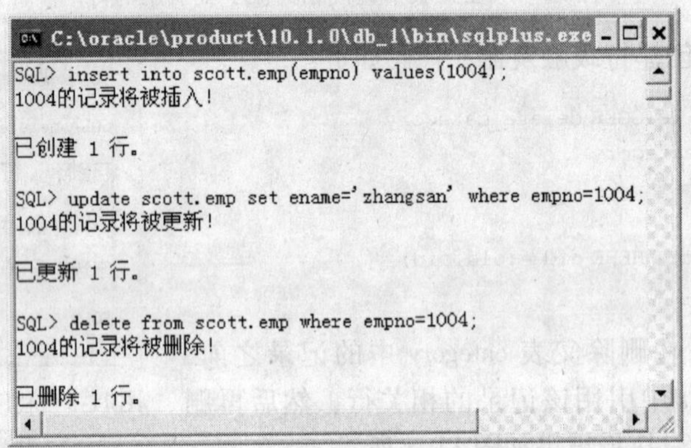

图 11-6 多事件触发器被触发执行不同的操作

从执行结果可以看出，对多事件触发器执行不同的 DML 操作，可以运行不同的触发器代码。

11.3.2 创建 DDL 事件触发器

用户在数据库中执行 DDL 操作时触发的触发器称为 DDL 触发器。创建 DDL 触发器的格式如下：

```
CREATE [OR REPLACE] TRIGGER [schema.]trigger_name
{BEFORE |AFTER}
{DDL |CREATE |ALTER |DROP |...}
ON {schema |database}
trigger_body;
```

其中各参数的意义如下：

- DDL | CREATE | ALTER | DROP |…：表示在触发对象上执行的DDL命令，作为触发器被触发的事件，其中DDL是数据库定义语句的统称。除了在此列出的几个常用事件外，还有其他的DDL事件，常用的DDL事件参见表11-1。

表11-1 可用的DDL事件

DDL事件	说 明
ALTER	用来修改数据库中某些对象的属性，如修改表的结构或约束、修改用户的表空间或权限等
ANALYZE	用来计算基于代价的优化器的统计信息
ASSOCIATE STATISTICS	关联统计信息，用来将统计类型链接到列、函数、包、类型、域索引或索引类型
AUDIT	用来启用对象或系统上的审核
COMMENT	注释，用来说明列或表的作用
CREATE	在数据库中创建对象，比如权限、角色、表、用户和视图等
DDL	用DDL事件来表示任意主要数据定义事件，它有效地说明了DDL事件可以作用于任何事情
DISASSOCIATE STATISTICS	取消统计信息的关联，用来取消统计信息类型与列、函数、包、类型、域索引或索引类型之间的链接
DROP	用来删除数据库中的对象，比如对象、权限、角色、表、用户和视图
GRANT	用来向数据库中的用户授予权限或角色
NOAUDIT	禁用审核，可以禁用对对象或系统的审核
RENAME	重命名数据库中的对象，比如列、约束、对象、权限、角色、同义词、表、用户和视图等
REVOKE	取消数据库用户的权限或角色
TRUNCATE	清空表，它物理地删除表中的所有行，不能用ROLLBACK命令恢复

- schema | database：表示触发对象。其中schema表示触发器是基于方案级别的，只有当触发器的创建者执行了触发器中指定的DDL操作时此类触发器才被触发；database表示触发器是基于数据库级别的，任何数据库用户执行了触发器中指定的DDL操作此类触发器都被触发。
- trigger_body：表示触发器的主体，是定义触发器操作的部分，与前面的DML触发器相同。

1. 数据库级DDL触发器

在创建触发器时，若触发对象选择了database，则该DDL触发器就是数据库级的，任何用户执行DDL操作，触发器都会被触发。

例11.6 首先创建一个记录DDL事件的表event_table，字段包括事件名称event、事件的操作者username、被操作对象的所有者owner、被操作对象的名称objname、被操作对象的类型objtype、操作的时间opertime。

```
CREATE TABLE event_table
(event VARCHAR2(20),username VARCHAR2(10),owner VARCHAR2(10),
objname VARCHAR2(30),objtype VARCHAR2(20),opertime TIMESTAMP);
```

然后创建一个数据库级的事后DDL触发器，一旦有DDL事件发生，则将该事件的信息记录到上面的event_table表中。

```
CREATE OR REPLACE TRIGGER tri3_ddl_database
AFTER DDL ON database
```

```
BEGIN
INSERT INTO event_table VALUES(ora_sysevent,ora_login_user,ora_dict_obj_owner,
ora_dict_obj_name,ora_dict_obj_type,sysdate);   --各事件属性函数的定义参见表 11-2
END;
```

执行 DDL 命令，让触发器触发，运行结果如图 11-7 所示。

```
CREATE table t1(id NUMBER);   --创建表 t1
DROP table t1;   --删除表 t1
```

```
C:\oracle\product\10.1.0\db_1\bin\sqlplus.exe
SQL> select * from event_table;

EVENT                USERNAME   OWNER      OBJNAME
-------------------- ---------- ---------- ----------
OBJTYPE
--------------------
OPERTIME
------------------------------------------------------
CREATE               SYSTEM     SYSTEM     T1
TABLE
28-5月 -11 04.00.51.000000 下午

DROP                 SYSTEM     SYSTEM     T1
TABLE
28-5月 -11 04.00.51.000000 下午
```

图 11-7　数据库级 DDL 触发器的运行效果

2. 方案级 DDL 触发器

在创建触发器时，若触发对象选择了 schema，则该 DDL 触发器就是方案级的，只有当创建触发器的用户执行 DDL 操作时，触发器才被触发。

例 11.7　创建一个基于 CREATE 命令的方案级事后触发器。

```
CONNECT system/abcdef;   --以 system 用户连接数据库
CREATE OR REPLACE TRIGGER tri4_create_schema
AFTER CREATE ON schema   --当 system 用户执行 CREATE 命令之后触发器被触发
BEGIN
dbms_output.put_line('新对象被创建了!');
END;
```

创建触发器后，system 用户执行了 CREATE 命令，执行结果如图 11-8 所示。

如图 11-8 所示，当 system 用户执行 CREATE 命令时，触发器被触发。接下来以 scott 用户连接数据库并执行 CREATE 命令，试验触发器是否被触发，执行结果如图 11-9 所示。

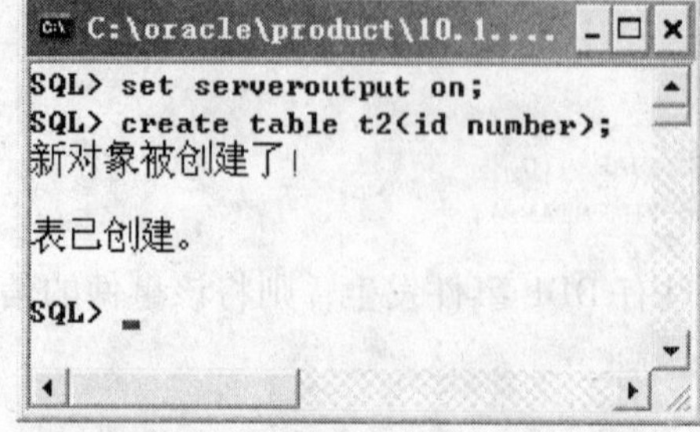

图 11-8　方案级 DDL 触发器的运行效果

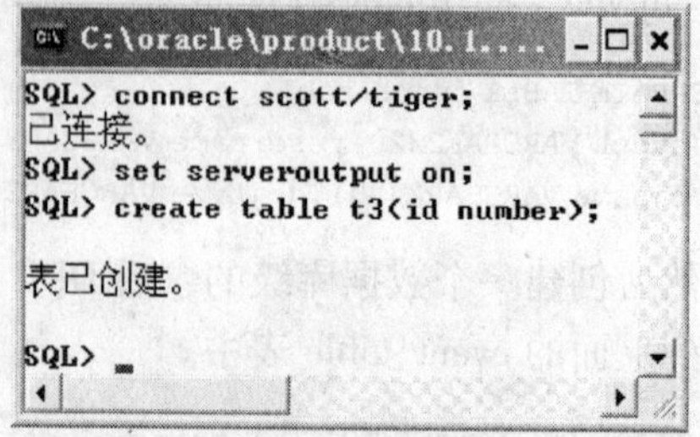

图 11-9　方案级 DDL 触发器未被触发

如图 11-9 所示，当 scott 用户执行 CREATE 命令时，tri4_create_schema 触发器没有被触发。

在创建 DDL 触发器时，除了以上列出的 CREATE、ALTER、DROP 事件外，还可以是表 11-1中所列的其他 DDL 事件。

当这些事件被执行的时候，系统提供了一些可用的事件属性函数，用它们可以获取事件发生时的详细信息，参见表 11-2。

表 11-2　系统定义的事件属性函数

事件属性函数	说　明
Ora_client_ip_address	返回客户端的 IP 地址
Ora_database_name	返回当前数据库名
Ora_des_encrypted_password	返回 DES 加密后的用户口令
Ora_dict_obj_name	返回 DDL 操作所对应的数据库对象名
Ora_dict_obj_name_list（name_list out ora_name_list_t）	返回在事件中被修改的对象名列表
Ora_dict_obj_owner	返回 DDL 操作所对应的对象的所有者
Ora_dict_obj_owner_list（owner_list out ora_name_list_t）	返回在事件中被修改的对象的所有者列表
Ora_dict_obj_type	返回 DDL 操作所对应的数据库对象的类型
Ora_grantee（user_list out ora_name_list_t）	返回授权事件的授权者
Ora_instance_num	返回数据库的实例名
Ora_is_alter_column（column_name in VARCHAR2）	检测特定列是否被修改
Ora_is_creating_nested_table	检测是否正在建立嵌套表
Ora_is_drop_column（column_name in VARCHAR2）	检测特定列是否被删除
Ora_is_servererror（error_ NUMBER）	检测是否返回了特定的 Oracle 错误
Ora_login_user	返回登录用户名
Ora_sysevent	返回触发器的系统事件名

11.3.3　创建替代触发器

创建触发器时若选择了 INSTEAD OF 子句，那么该触发器就是替代触发器。替代触发器和 DML 触发器不同：首先，替代触发器只能建立在视图上，不能建立在表上；其次，用户在视图上执行的 DML 操作将被替代触发器中的操作代替，也就是说原来要执行的 DML 命令不再被执行，而是执行替代触发器中指定的操作。

替代触发器主要解决对不可更新视图执行更新操作时带来的问题。在定义视图时，如果视图中没有选择基础表的主键列，或者视图中的数据来自多个基础表，那么用户将无法对这样的视图直接执行插入、修改、删除操作。这种情况下，用户可以针对视图创建一个替代触发器，将对视图的更新操作转换为对基础表的操作。

创建替代触发器的格式如下：

```
CREATE [OR REPLACE] TRIGGER [schema.]trigger_name
INSTEAD OF {INSERT | UPDATE | DELETE}
ON  [schema.]view_name
[FOR EACH ROW]
trigger_body;
```

其中各参数的意义如下：

- INSTEAD OF：是替代触发器的关键字，代表触发器的类型。
- FOR EACH ROW：表示行级触发，在替代触发器中可以省略。也就是说，即使省略此项，替代触发器也是行级触发的，也能够访问 new 或 old 表，这一点和 DML 触发器不同。
- 其他参数同上。

例 11.8 首先利用 scott.emp 表创建一个查询 ename 和 sal 字段值的视图，然后在该视图上建立一个插入操作的替代触发器，从而允许用户对视图执行插入操作。

```
--以 scott 用户连接数据库,完成以下操作
CONNECT scott/tiger
--创建基于 emp 表的视图 emp_view1
CREATE VIEW emp_view1 AS SELECT ename,sal FROM emp;
--创建替代触发器
CREATE OR REPLACE TRIGGER insert_view1
INSTEAD OF INSERT ON emp_view1
DECLARE
v_empno NUMBER(4);
BEGIN
SELECT max(empno)+1 INTO v_empno FROM emp;
INSERT INTO emp(empno,ename,sal) VALUES(v_empno,:new.ename,:new.sal);
END insert_view1;
```

应用以上视图和触发器完成 INSERT 操作，执行结果如图 11-10 所示。

说明：如果向视图中直接插入雇员信息将会发生错误，因为 emp 表的 empno 字段是主键，它不允许为空，但视图中并没有该字段。创建替代触发器以后，将对视图的插入操作转换为对基础表 emp 表的插入操作，并且在插入 ename 和 sal 字段值的同时插入 empno 字段值（当前最大 empno 字段值加 1）。从图 11-10 中可以看出，为视图创建了替代触发器后，对视图的插入操作能够成功完成。

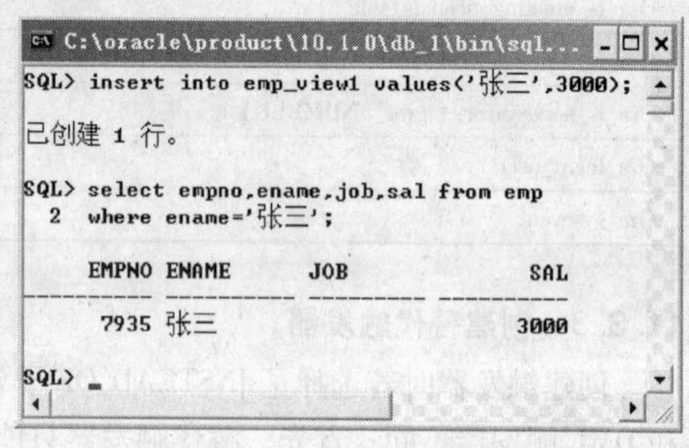

图 11-10 替代触发器的执行效果

例 11.9 首先利用 scott.emp 表和 scott.dept 表创建一个视图，然后在视图上创建一个替代触发器，允许用户利用视图修改基础表中的数据。

```
--以 scott 用户连接数据库,完成以下操作
CONNECT scott/tiger
--创建基于 emp 表和 dept 表的视图 emp_dept_view2
CREATE VIEW emp_dept_view2
AS SELECT empno,ename,sal,dname FROM emp e,dept d
WHERE e.deptno=d.deptno;
```

如果用户直接利用视图修改 empno 为 7369 的职工部门为 SALES，修改失败，执行结果如图 11-11 所示。

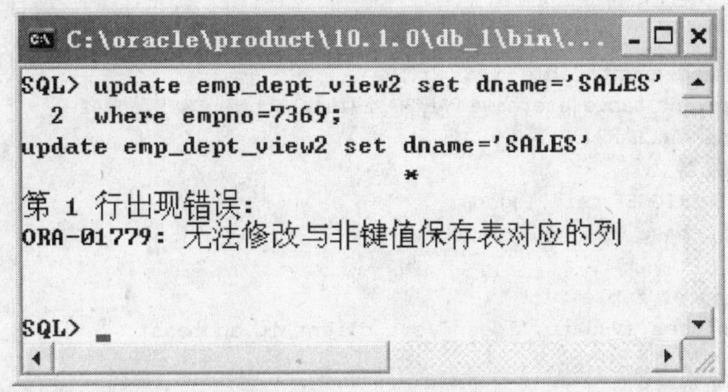

图 11-11 未使用触发器时对视图的更新失败

```
--创建替代触发器
CREATE OR REPLACE TRIGGER update_view2
INSTEAD OF UPDATE ON emp_dept_view2
DECLARE
id dept.deptno%type;
BEGIN
SELECT deptno INTO id FROM dept WHERE dname=:new.dname;
UPDATE emp SET deptno=id WHERE empno=:old.empno;
END;
```

为视图创建 UPDATE 操作的替代触发器后，再利用视图修改 empno 为 7369 的职工部门为 SALES，修改成功，执行结果如图 11-12 所示。

图 11-12 使用触发器时对视图的更新成功

从上例看出，使用替代触发器可以对不可更新的视图或不可更新的列完成更新操作。

11.3.4 创建用户事件触发器

用户事件触发器是指和所有用户或某一用户的登录/注销事件相关的触发器。注销事件（LOGOFF）只可以指定触发时间 BEFORE，登录事件（LOGON）只可以指定触发时间 AFTER。

1. 数据库级用户事件触发器

在创建触发器时，若触发对象选择 database，则任何用户执行登录/注销操作时，触发器都会被触发。

例 11.10 首先创建一个记录用户事件的表 userevent_table，然后再创建两个数据库级用户事件触发器，任何用户登录到数据库后或从数据库中注销前都会将相关信息记录到

userevent_table 表中。

```
--创建用户事件表 userevent_table
CREATE TABLE userevent_table(username VARCHAR2(10),logtime DATE,onoff
CHAR(6),IP_address VARCHAR2(30));
--创建登录后的触发器
CREATE OR REPLACE TRIGGER tri7_logon
AFTER LOGON ON database
BEGIN
INSERT INTO userevent_table
VALUES(ora_login_user,sysdate,'logon',ora_client_ip_address);
END;
--创建注销前的触发器
CREATE OR REPLACE TRIGGER tri8_logoff
BEFORE LOGOFF ON database
BEGIN
INSERT INTO userevent_table
VALUES(ora_login_user,sysdate,'logoff',ora_client_ip_address);
END;
--执行以下命令,运行结果如图 11-13 所示
CONNECT scott/tiger;
CONNECT system/abcdef;
SELECT * FROM userevent_table;
```

2. 方案级用户事件触发器

在创建触发器时，若触发对象选择 schema，则只有当创建触发器的用户执行登录/注销操作时，触发器才被触发。

例 11.11 创建一个 system 方案的登录事后触发器，当该用户登录到数据库后将登录信息记录到表 user_logon 中。

```
--以 system 用户登录
CONNECT system/abcdef;
--创建表 user_logon
CREATE TABLE user_logon(username VARCHAR2(10),logtime TIMESTAMP);
--创建登录后的触发器
CREATE OR REPLACE TRIGGER tri9_logon
AFTER LOGON ON schema
BEGIN
INSERT INTO user_logon VALUES(ora_login_user,sysdate);
END;
--执行以下命令,运行结果如图 11-14 所示
CONNECT scott/tiger;
CONNECT system/abcdef;
SELECT * FROM user_logon;
```

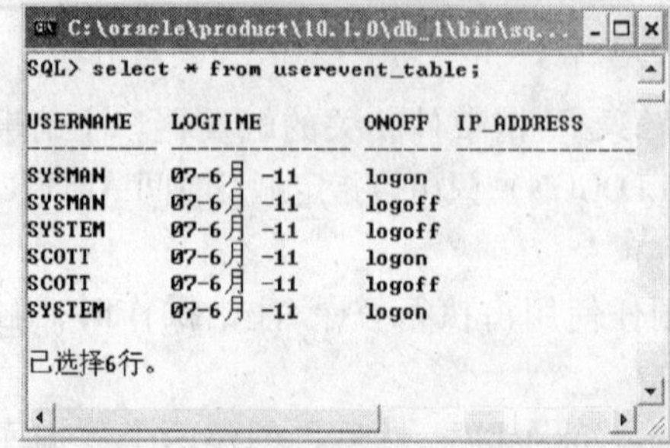

图 11-13 数据库级用户事件触发器

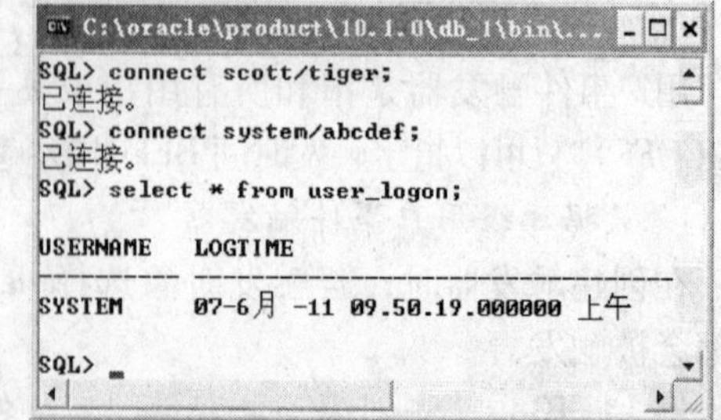

图 11-14 方案级用户事件触发器

从图 11-14 中可以看出方案级的用户事件触发器只对创建触发器的方案起作用。

11.3.5 创建系统事件触发器

系统事件触发器是指由数据库事件触发的数据库触发器。数据库系统事件包括如下几种：

- 数据库的启动（STARTUP）。
- 数据库的关闭（SHUTDOWN）。
- 数据库服务器的出错（SERVERERROR）。

创建系统事件触发器的语法格式如下：

```
CREATE OR REPLACE TRIGGER trigger_name
{BEFORE |AFTER}
{DATABASE_EVENT_LIST}
ON [DATABASE |SCHEMA]
trigger_body;
```

其中 STARTUP 和 SERVERERROR 事件只可以创建 AFTER 触发器，而对于 SHUTDOWN 事件只可创建 BEFORE 触发器。

例 11.12 分别创建数据库启动之后和数据库关闭之前的系统事件触发器，用来将相关信息记录到 sysevent_table 表中。

```
--创建表 sysevent_table
CREATE TABLE sysevent_table(username VARCHAR2(10),eventname
VARCHAR2(30),opertime TIMESTAMP);
--创建数据库启动之后的触发器
CREATE OR REPLACE TRIGGER tri5_startup
AFTER STARTUP ON DATABASE
BEGIN
INSERT INTO sysevent_table VALUES(ora_login_user,ora_sysevent,sysdate);
END;
--创建数据库关闭之前的触发器
CREATE OR REPLACE TRIGGER tri6_SHUTDOWN
BEFORE SHUTDOWN ON DATABASE
BEGIN
INSERT INTO sysevent_table VALUES(ora_login_user,ora_sysevent,sysdate);
END;
--执行以下命令,运行结果如图 11-15 所示
CONNECT sys/abcdef as sysdba;
SHUTDOWN IMMEDIATE;
STARTUP OPEN;
CONNECT system/abcdef;
SELECT * FROM sysevent_table;
```

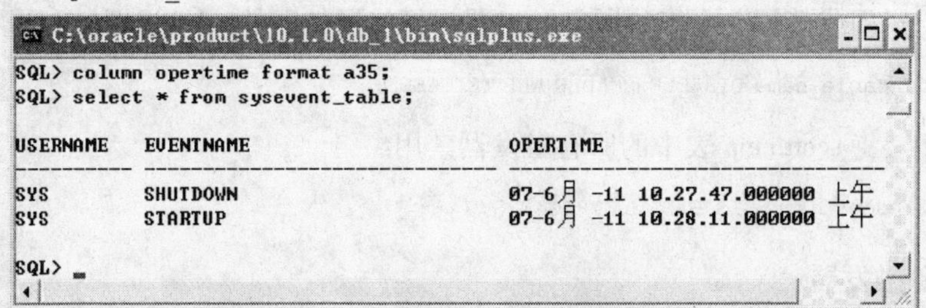

图 11-15 系统事件触发器的运行结果

11.4 管理触发器

触发器被创建后，可以对触发器中的内容、状态进行修改，也可以从数据库中删除一个不再使用的触发器，本节将介绍如何实现这些操作。

11.4.1 修改触发器

1. 修改触发器中的内容

对触发器中的内容进行修改或重新编写后，可以使用 CREATE OR REPLACE TRIGGER trigger_name 命令将原来的触发器替换。

2. 修改触发器的名字

可以对 DML 触发器重新命名，但不能对系统触发器执行重命名操作。重命名触发器的格式如下：

```
ALTER TRIGGER trigger_name RENAME TO new_name
```

例 11.13 将系统中的 DML 触发器 i_u_d 重命名为 tri9。

```
ALTER TRIGGER i_u_d RENAME TO tri9
```

3. 重新编译触发器

若在触发器的操作部分调用了数据库中某个存储过程或函数，那么当该存储过程或函数被修改后，触发器的状态将被标识为 INVALID（无效）。当触发一个无效的触发器时，Oracle 将重新编译触发器代码，如果重新编译时发现错误，这将导致触发语句执行失败。因此，可以在被调用的存储过程或函数修改后，对触发器执行重新编译操作，以避免上述情况的发生。重新编译触发器的命令格式如下：

```
ALTER TRIGGER trigger_name COMPILE;
```

例 11.14 将触发器 tri6_shutdown 重新编译。

```
ALTER TRIGGER tri6_shutdown COMPILE ;
```

4. 启用和禁用触发器

当系统中的触发器暂时不使用，而又不删除时，可以将该触发器禁用，以后需要的时候，再启用触发器，这样可以节省操作的时间。启用和禁用触发器的命令格式如下：

```
ALTER TRIGGER trigger_name ENABLE |DISABLE;
```

例 11.15 将触发器 tri6_shutdown 禁用。

```
ALTER TRIGGER tri6_shutdown DISABLE;
```

如果想要启用或禁用一个表的所有触发器，可使用如下的 ALTER TABLE 语句：

```
ALTER TABLE table_name DISABLE |ENABLE ALL TRIGGERS;
```

例 11.16 将 scott.emp 表中的所有触发器禁用。

```
ALTER TABLE scott.emp DISABLE ALL TRIGGERS;
```

11.4.2 删除触发器

当数据库中的一个或多个触发器不需要时，可以使用如下命令将其删除：

```
DROP TRIGGER trigger_name [ ,...n ]
```

例 11.17 将触发器 tri6_shutdown 删除。

```
DROP TRIGGER tri6_shutdown;
```

11.5 实验

【实验目的】

1. 理解触发器的概念、作用和类型。
2. 练习触发器的创建和使用。

【实验内容】

1. 利用触发器对在 scott.emp 表上执行的 DML 操作进行安全性检查，只有 scott 用户登录数据库后才能向该表中执行 DML 操作。

```
CREATE OR REPLACE TRIGGER tri_dml
BEFORE INSERT OR UPDATE OR DELETE ON scott.emp
BEGIN
 IF user < >'SCOTT' THEN
  raise_application_error(-20001, 'You don't have access to modify this table.');
 END IF;
END;
```

要求：分别以 system 用户和 scott 用户对 emp 表执行 DML 操作，试验触发器的运行效果。

2. 利用触发器进行表和备份表之间的同步复制。

（1）创建 scott.emp 表的复本 employee。

```
CREATE TABLE employee AS SELECT * FROM scott.emp;
```

（2）创建能实现 scott.emp 和 employee 两表之间同步复制的 DML 触发器。

```
CREATE OR REPLACE TRIGGER duplicate_emp
AFTER UPDATE OR INSERT OR DELETE ON scott.emp
FOR EACH ROW
BEGIN
IF inserting THEN
  INSERT INTO employee VALUES(:new.empno,:new.ename,:new.job,:new.mgr,
                              :new.hiredate,:new.sal,:new.comm,:new.deptno);
ELSIF deleting THEN
  DELETE FROM employee WHERE empno =:old.empno;
ELSE
  UPDATE employee SET empno =:new.empno,ename =:new.ename,job =:new.job,
    mgr =:new.mgr,hiredate =:new.hiredate,sal =:new.sal,comm =:new.comm,
    deptno =:new.deptno
  WHERE empno =:old.empno;
END IF;
END;
```

（3）对 scott.emp 表进行插入、删除和更新操作。

```
DELETE FROM scott.emp WHERE empno =7934;
INSERT INTO scott.emp(empno,ename,job,sal) VALUES(1111,'zhangsan','ANALYST',2900);
UPDATE scott.emp SET sal =3900 WHERE empno =1111;
```

（4）查询 scott.emp 表和 employee 表中插入、删除和更新的记录。

```
SELECT * FROM scott.emp;
SELECT * FROM employee;
```

3. 建立触发器，对 scott.emp 表进行 DML 操作时的时间、用户进行日志记录。

（1）建立日志表 emp_log。

```
CREATE table emp_log(who VARCHAR2(30),when DATE, oper VARCHAR2(10));
```

（2）在 emp 表上建立语句级触发器，将对 emp 表执行的操作记录到 emp_log 表中。

```
CREATE OR REPLACE TRIGGER dml_log
AFTER INSERT OR UPDATE OR DELETE ON scott.emp
DECLARE
oper emp_log.oper%TYPE;
BEGIN
   IF inserting THEN
   oper:='insert';
   elsif deleting then
   oper:='delete';
   else
   oper:='update';
   END IF;
   INSERT INTO emp_log VALUES(user, sysdate,oper);
END;
```

（3）对 scott.emp 执行 DML 操作，查看 emp_log 表中的数据。

```
INSERT INTO scott.emp(empno) VALUES(1112);
SELECT * FROM emp_log;
```

11.6 习题

1. 简述 Oracle 数据库中触发器的类型及触发条件。
2. 描述一个触发器的组成部分及其作用。
3. 简述替代触发器的作用。

第12章 事务处理与并发控制

通常情况下人们在完成一项业务时往往会涉及多条数据库操作语句，这些语句共同影响着任务的实现结果，其中一条语句执行不成功，那么整个业务就会失败。Oracle 中采用事务来保证这些操作的整体性和一致性。Oracle DBMS 是一个典型的多用户并发处理系统，任一时刻都可能有多个用户同时访问和操作数据库。为了保证这些用户都能对数据库执行正确的操作，获得正确的数据，并尽量降低用户之间的干扰，Oracle 采用事务并发控制机制来解决这些问题。

本章要点

- 事务的概念与特性
- 常见事务管理命令
- 并发控制与锁

12.1 事务概述

在日常生活和工作中，人们为了完成一定的任务都会执行一系列逻辑上相关的操作。这些操作共同影响着任务的实现结果，在 Oracle 中把这些操作的集合看做一个事务。例如，在销售处理中，当商品被售出后，一方面要更新库存表减少该商品的库存量，另一方面要更新账务表增加销售额。这两个操作是一个整体，记录着此次销售的事实，二者缺一不可。又如，在银行的转账业务中，需要从一个账户 A 中转出资金 10 000 元转入账户 B 中，这两个操作同样也要作为一个整体，要么都成功完成，要么都不执行，不能出现账户 A 转出了资金，但账户 B 没有转入资金的情况。所以，为了使业务正常完成，需要某种方法保证这些操作的整体性，Oracle 中正是采用事务来达到这一目的的。

事务（Transaction）是一个单独的逻辑工作单元，也是一个操作序列。它包含一条或多条为完成某一业务目标而被顺序执行的数据库操作语句，这些语句被当做一个整体执行。也就是说，一个事务中的所有语句要么都执行成功，要么都执行失败。这样才能保证事务所完成的业务目标的完整性、一致性和正确性。在事务处理中，一旦某个操作发生异常，则整个事务会重新开始，数据库也会返回到事务开始前的状态，在事务中对数据库做的所有操作都会取消。事务处理如果成功，则事务中所有的操作都会被执行。

Oracle 中，用户不能显式地开始一个事务，一般在上一个事务结束（被提交或被回滚）后，新事务会隐式地在修改数据的第一条语句处开始。这与其他的许多数据库不同，因为那些数据库必须显式地开始事务。然而，Oracle 中事务的结束可以显式结束，也可以隐式结束。当以下几种情况发生后，当前事务会结束：

- 用户使用 COMMIT 命令显式提交事务。
- 用户使用 ROLLBACK 命令回滚整个事务。但若只回滚到保存点，整个事务并不会结束。
- 用户执行了一条 DDL 语句，如 CREATE、DROP 或 ALTER。这些命令单独作为一个事务，即在执行这些 DDL 命令之前将提交以前执行的所有命令，执行 DDL 命令之后将该 DDL 命令作为单独的一个事务提交，DDL 命令之后的其他语句将作为新的事务。

- 用户正常断开了与 Oracle 的连接，这时用户当前的事务将被自动提交。
- 用户进程意外被终止，这时用户当前的事务被回滚。
- 用户关闭 SQL * Plus 会话时，默认使用 ROLLBACK 回滚事务。

另外，事务也是 Oracle 解决并发控制的一种手段。在每一个连接到数据库的会话中，当前都会存在一个正在执行的事务，该事务与其他会话中的事务相互隔离、互不影响，从而解决了多用户同时访问数据库的并发性问题。

12.2 事务的特性

数据库中的事务具有 ACID 属性，即原子性（Atomicity）、一致性（Consistency）、隔离性（Isolation）和持久性（Durability）。

12.2.1 原子性

事务是由逻辑上相关的一组 SQL 语句组成的。事务的原子性是指构成事务的所有语句要么都成功执行，要么都失败，不会有部分成功部分失败的情况发生。也就是说，事务是一个最基本的执行单元。Oracle 的这种原子特性甚至延伸到了单个语句中。一条语句要么完全成功，要么完全回滚，不会出现语句部分成功部分失败的情况。同时，一条语句的失败，也不会导致先前已经执行的语句自动回滚，它们的工作仍然保留，等待用户提交或回滚操作。因此，事务的原子性可以分为语句级、过程级和事务级三个级别：

1. 语句级原子性

语句级原子性是指每条语句本身也是最小级别的事务，该语句要么完全执行成功，要么完全失败，并且它不会影响其他语句的执行。实际上，Oracle 在每条被执行的语句前都隐式设置了保存点（SAVEPOINT）。如语句“INSERT INTO table1 VALUES (1);”其实可以理解为：

```
SAVEPOINT statement1;
INSERT INTO table1 VALUES(1);
IF ERROR THEN ROLLBACK TO statement1;
```

语句级原子性的影响如下例所示。

例 12.1 建立表 t1，设置检查约束，然后向表中添加 3 条记录，其中 2 条满足约束条件，1 条不满足约束条件，提交后查询表中的记录。

```
CREATE TABLE t1(id NUMBER CHECK(id>0)); --创建表 t1
INSERT INTO t1 VALUES(1); --向表中添加满足约束条件的记录
INSERT INTO t1 VALUES(-1); --向表中添加不满足约束条件的记录
INSERT INTO t1 VALUES(2);
COMMIT;   --提交事务
SELECT * FROM t1;   --查询表中的数据
    ID
----------
    1
    2
```

当向表中插入不符合约束条件的数据“-1”时，系统自动回滚该语句，并且不影响另外两条语句的正常执行。

另外，语句级原子性还表现在该语句的任何副作用（如被它触发的触发器）也被认为是该语句的一部分。也就是说如果该语句成功，受它影响的其他操作也将成功；如果该语句失败并回滚，受它影响的其他操作也将被自动回滚。如下例所示。

例 12.2 在例 12.1 的基础上为表 t1 创建插入操作的事前行级触发器，并创建表 t2 用于统计 t1 表中的行数。

```
--创建新表 t2 并添加一行新记录,初始值为 2(上例中已经插入 2 行记录)
CREATE TABLE t2(r NUMBER);
INSERT INTO t2 VALUES(2);
--为表 t1 创建插入触发器
CREATE OR REPLACE TRIGGER insert_t1
BEFORE INSERT ON t1 FOR EACH ROW
BEGIN
UPDATE t2 SET r=r+1;
dbms_output.put_line('插入触发器被触发');
END;
--向 t1 表中插入不满足约束条件的值"-1"
INSERT INTO t1 VALUES(-1);
```

执行结果如图 12-1 所示。

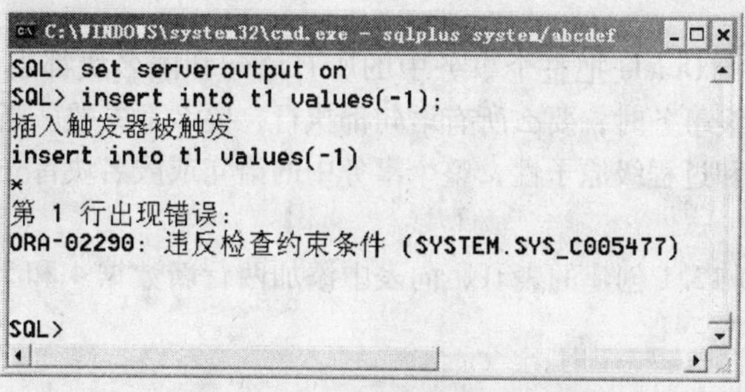

图 12-1 语句级原子性

```
--查询表 t2 中的记录的个数
SELECT * FROM t2;
   R
----------
   2
```

从上例的执行结果可以看出，向 t1 表中插入不符合约束条件的数据时，触发器被触发，但是在查询 t2 表中的数据时，记录的值仍为 2，说明当 INSERT 语句被回滚时，被它触发的触发器操作也被回滚了。

2. 过程级原子性

过程级原子性是指 Oracle 把 PL/SQL 匿名过程块也当做语句，当做一个整体，过程中的所有代码要么都执行成功，要么都执行失败，并且不影响过程外的其他语句。实际上，Oracle 在匿名块的最外面创建了一个保存点，当过程中的某条语句执行失败时，系统将回滚到该保存点，撤销整个匿名块的操作。如下例所示。

例 12.3 利用 INSERT 语句和一个匿名过程块分别向例 12.1 创建的表 t1 中插入新

数据。

```
--利用 INSERT 命令向表 t1 中插入数据 3
INSERT INTO t1 VALUES(3);
--利用匿名块向表 t1 中插入数据 4 和 -1
BEGIN
INSERT INTO t1 VALUES(4);
INSERT INTO t1 VALUES(-1);
END;
--提交
COMMIT;
--查询 t1 表中的数据
SELECT * FROM t1;
    ID
----------
    1
    2
    3
```

从查询结果可以看出，匿名块之前执行的 INSERT 语句已经成功将数据“3”插入到表 t1 中。而在匿名块中，由于插入了一个不符合约束条件的数据“-1”，使得整个匿名块都没有执行成功，这正是过程级原子性的表现。

3. 事务级原子性

事务级原子性是指 Oracle 把整个事务中的所有语句和匿名块都当做一个整体，一个事务。用户在提交或回滚事务时，要么所有语句都执行，要么都失败。当然，事务级原子性中包含了语句级原子性和过程级原子性，整个事务中的语句或匿名块首先受语句级原子性和过程级原子性的影响。

例 12.4 利用例 12.1 创建的表 t1，向表中添加两行新数据 4 和 5，然后提交事务，最后查询表中的记录。

```
INSERT INTO t1 VALUES(4);
INSERT INTO t1 VALUES(5);
COMMIT;
SELECT * FROM t1;
    ID
----------
        1
        2
        3
        4
        5
```

从该执行结果中可以看出事务中的两条 INSERT 语句都执行成功。

例 12.5 利用例 12.1 创建的表 t1，向表中添加两行新数据 6 和 7，然后回滚事务，最后查询表中的记录。

```
INSERT INTO t1 VALUES(6);
INSERT INTO t1 VALUES(7);
ROLLBACK;
SELECT * FROM t1;
   ID
```

```
----------
        1
        2
        3
        4
        5
```

从执行结果中可以看出事务中的两条 INSERT 语句都被回滚，整个事务执行失败。

12.2.2 一致性

事务的一致性是指数据库在事务操作前满足一定的业务处理规则（如各种约束的限制），事务操作后也要满足这样的业务处理规则。例如，转账操作前和转账操作后两个账户的总金额应该相等。再如，修改学生信息之前，学号字段值满足主键约束条件，修改操作完成后，学号字段值仍要满足主键约束条件。这就是事务的一致性表现。

例 12.6 创建一个具有主键约束的表 table1，并向该表中添加两行数据 1 和 2，然后执行修改表的命令。

```
CREATE TABLE table1 (id NUMBER PRIMARY KEY);
INSERT INTO table1 VALUES (1);
INSERT INTO table1 VALUES (2);
COMMIT;
SELECT * FROM table1;
   ID
----------
        1
        2
```

目前表中的两行数据都符合主键约束条件，若将表中的两条数据都修改为 3：

```
UPDATE table1 SET id = 3;
*
第 1 行出现错误:
ORA - 00001: 违反唯一约束条件 (SYSTEM.SYS_C005500)
```

由于新数据违反了数据库的主键约束，事务不能满足执行前后的一致性，所以执行失败，事务被回滚。

下面对该表继续执行修改命令，将数据在原来的基础上加 1，命令如下：

```
UPDATE table1 SET id = id +1;
COMMIT;
SELECT * FROM table1;
   ID
----------
        2
        3
```

该修改命令虽然在执行过程中出现了临时不一致性，当第一行修改后值为 2 而第二行还没来得及修改的那一刻，两行的数据相同，违反了主键约束条件。但是，当事务提交结束，两条新数据又满足主键约束了，所以该事务满足执行前后的一致性。

12.2.3 隔离性

事务的隔离性是指当多个用户、多个会话同时访问 Oracle 数据库的时候，它们之间是未知的、不可见的、互不影响的。这样每一个会话中的事务都可以不受干扰地独立完成，而且在事务提交之前，该事务对数据库的影响不会体现在其他的会话中。正是由于事务具有隔离性，才能保证 Oracle 实现多用户多会话的并发处理。

事务的隔离性要求：访问同一个数据库的不同会话之间不能同时对相同记录进行修改，必须等待其中一个较早的会话提交修改操作后，另一个会话中的事务才能执行修改命令，否则该事务会一直等待下去。这样才能保证数据库中数据的一致性和正确性。

例 12.7 打开两个 SQL * Plus 窗口模拟多用户的并发操作。使用例 12.6 中创建的 table1 表分别在两个窗口中执行插入操作和查询操作，在插入操作提交前，两个窗口中看到的数据不相同。

在窗口 1 中执行插入命令和查询命令，代码和执行结果如下：

```
INSERT INTO table1 VALUES(4);
SELECT * FROM table1;
   ID
----------
        2
        3
        4
```

在窗口 2 中执行查询命令，执行结果如下：

```
SELECT * FROM table1;
   ID
----------
        2
        3
```

在窗口 1 执行提交命令之前，两个窗口虽然查询同一个表中的数据，但查询结果不同，这说明两个窗口中的事务相互隔离、互不影响。

例 12.8 打开两个 SQL * Plus 窗口，同时修改 table1 表中的数据为 2 的那行记录，执行结果如图 12-2 和图 12-3 所示。

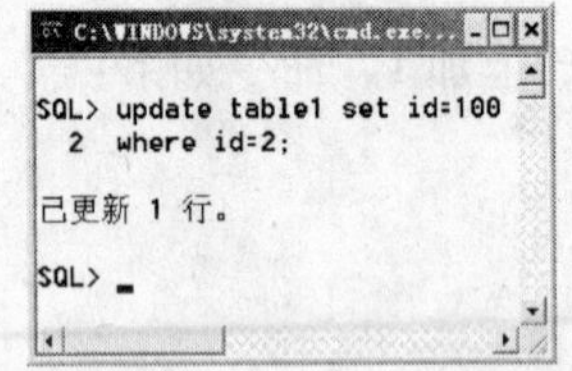

图 12-2　窗口 1 中执行修改命令

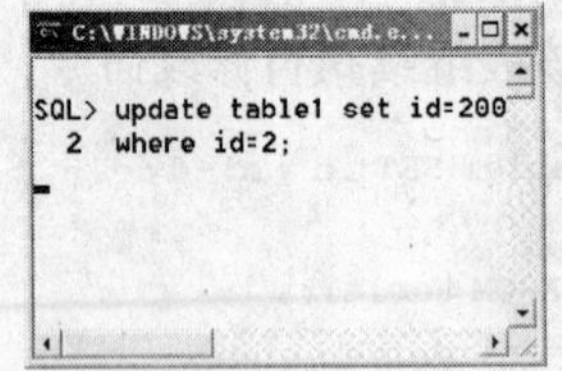

图 12-3　窗口 2 中执行修改命令

图中的执行结果表明，当窗口 1 执行了修改命令但未提交时，窗口 2 再修改相同的记录需要等待，这说明事务的隔离性不允许多个会话同时修改相同的数据，除非较早的修改命令提交结束，其他窗口才允许修改。

12.2.4 持久性

事务的持久性是数据库提供的重要特性之一，它可以确保事务一旦提交，其改变就会永久生效，不能再被撤销（回滚），即使出现系统故障或错误，改变也不会消失。

12.3 事务管理命令

12.3.1 COMMIT 命令

COMMIT 是事务提交命令，表明该事务对数据库所做的修改操作将永久记录到数据库中，不能被回滚。因此，数据库操作人员应该养成良好的习惯，在修改操作完成后应当显式地执行 COMMIT 命令或 ROLLBACK 命令结束事务，否则当会话结束时系统将选择某种默认方式结束当前事务，可能对数据库造成重大的损失。

用户执行修改数据库的操作但未提交时，Oracle 已经完成了对数据库的实际操作，主要包括：

- Oracle 生成了回滚信息，其中包含了事务中所有修改命令操作的数据原始值。
- Oracle 在 SGA 的重做日志缓冲区中生成了重做日志条目，它包含了对数据块和回滚块进行的修改操作。
- 修改后的新数据已经被写入 SGA 中的数据缓冲区。这些修改可能在事务提交之前被写入磁盘，也可能在事务提交一段时间以后再被写入磁盘。也就是说事务提交后并不立刻启动数据写进程（DBWn）将缓冲区中的新数据写入磁盘，而是选择适当的时机进行写操作以保证系统的效率。

从以上描述中可以看出，在事务提交之前修改操作已经基本完成，事务提交命令本身的操作很少，因此不论事务规模大小，提交操作都是很快的。不能错误地认为大规模的事务提交耗时长，小事务提交耗时短。

事务被提交时，Oracle 进行以下操作：

- 为此事务分配一个唯一的系统变化编号（SYSTEM CHANGE NUMBER，SCN），并将其记录在回滚表空间的事务表中。SCN 被称为 Oracle 的内部时钟，用来对事务处理进行排序或编号。
- 重做日志写进程（LGWR）将 SGA 内重做日志缓冲区中的重做日志条目写入重做日志文件中，同时还将此事务的 SCN 也写入重做日志文件。由以上两个操作构成的原子事件标志着一个事务成功地提交。
- 释放事务操作中占用的数据，即解除添加到表或数据行上的各种锁。
- 通知用户事务已经成功提交。

Oracle 中事务可以显式地用 COMMIT 命令提交，也可以隐式地提交。如执行 DDL 命令的前后或结束一个会话时都可以隐式提交。

例 12.9 首先向 scott 方案下的 emp 表中插入职工编号为 1110 和 1111 的两条记录，然后创建表 table2，接下来再向 scott 方案下的 emp 表中插入职工编号为 1112 的一条记录，最后执行 CONNECT 命令切换用户为 sys。

```
CONNECT system/abcdef        --以 system 用户登录
INSERT INTO scott.emp(empno) VALUES(1110);   --事务 1
COMMIT;   --用 COMMIT 命令显式提交事务 1
INSERT INTO scott.emp(empno) VALUES(1111); --事务 2
--执行 DDL 命令前先提交以前未提交的事务,隐式提交事务 2
CREATE TABLE table2(id INT PRIMARY KEY);   --DDL 命令作为单独的事务 3,执行后隐式提交
--以下开始一个新的事务
INSERT INTO scott.emp(empno) VALUES(1112);   --事务 4
```

```
--执行 CONNECT 命令时,首先断开当前的会话,并隐式提交事务 4
CONNECT sys/abcdef as sysdba;
--查询 emp 表中的数据
SELECT * FROM scott.emp;   --结果中包含 1110、1111 和 1112,事务 1、2、4 被提交
DESC system.table2;   --查看 table2 表结构成功,表明事务 3 被提交
```

12.3.2 ROLLBACK 命令

ROLLBACK 是事务回滚命令，表明撤销未提交的事务所做的各种修改操作。回滚事务的时间和事务中修改的数据量成正比，因为它要将所有添加、删除、修改操作所涉及的数据都恢复到初始状态，这一点和 COMMIT 命令不同。使用该命令可以回滚整个事务，也可以回滚部分事务，如回滚到保存点或当前语句。

当事务被回滚时，Oracle 将执行以下操作：

- 使用回滚表空间内存储的相关信息撤销事务中所有 SQL 语句对数据的修改。例如，若事务中删除了某些记录，那么需要将这些被删除的数据找回来并存回到数据库中；若事务中修改了某些数据，那么必须从回滚段中把原始数据找回来替换改后的新数据。
- 释放事务中占用的各种资源，即解除该事务对表或行施加的各种锁。
- 通知用户事务回滚操作已经完成。

例 12.10 向 scott 方案下的 emp 表中插入职工编号为 1113 的记录并用 UPDATE 命令将该记录的职工姓名修改为张三，然后用 ROLLBACK 命令回滚整个事务。

```
INSERT INTO scott.emp(empno) VALUES(1113);   --插入职工编号为 1113 的记录
SELECT * FROM scott.emp WHERE empno=1113;   --执行查询命令查看该员工的姓名为 null
UPDATE scott.emp SET ename='张三' WHERE empno=1113;   --修改姓名为张三
SELECT * FROM scott.emp WHERE empno=1113;   --该员工姓名从 null 改为张三
ROLLBACK;   --执行回滚操作,撤销整个事务
SELECT * FROM scott.emp WHERE empno=1113;   --找不到该记录
```

本例中，由于 ROLLBACK 命令回滚了整个事务，所以撤销了插入和修改两条操作。

12.3.3 SAVEPOINT 和 ROLLBACK TO SAVEPOINT 命令

SAVEPOINT 命令可以在事务中的某个地方设置保存点，将一个大的事务划分为几个片段。当某个保存点后面的命令出现错误需要回滚时，只需回滚到该保存点，而不影响保存点前面操作的执行，也不影响该回滚命令之后的操作。也就是说，被部分回滚的事务依然处于活动状态，可以继续执行。这样做可以提高系统性能，减少回滚操作的时间。

当事务被回滚到某个保存点时，Oracle 将执行以下操作：

- 回滚指定保存点之后的所有语句。
- 保留指定的保存点，但其后创建的保存点都将被清除。
- 释放此保存点后面获得的表级锁与行级锁，但它之前的数据锁依然保留。

使用 SAVEPOINT 命令定义保存点的格式为：

```
SAVEPOINT 保存点名称;
```

回滚到指定保存点的格式为：

```
ROLLBACK TO 保存点名称;
```

例 12.11 向 scott 方案下的 emp 表中插入职工编号为 1113 的记录，设置一个保存点，然后用 UPDATE 命令将该记录的职工姓名修改为张三，然后用 ROLLBACK 命令回滚到保存点。

```
INSERT INTO scott.emp(empno) VALUES(1113);
SELECT * FROM scott.emp WHERE empno =1113;   --姓名为 null
SAVEPOINT p1;   --定义保存点 p1
UPDATE scott.emp SET ename ='张三'  WHERE empno =1113;   --修改姓名为张三
SELECT * FROM scott.emp WHERE empno =1113;
ROLLBACK TO p1;   --回滚到保存点,撤销部分事务
SELECT * FROM scott.emp WHERE empno =1113;   --找到该记录,但姓名是 null
```

本例中，由于 ROLLBACK 命令只回滚到保存点 p1，所以只撤销了保存点 p1 之后和 ROLLBACK 命令之前的这部分操作，不影响保存点之前的插入命令。

12.3.4 SET TRANSACTION 命令

用户可以使用 SET TRANSACTION 命令设置当前事务的属性，如设置事务的隔离级别、设置事务回滚时用的存储空间以及为事务命名等操作。使用该命令时注意：SET TRANSACTION 命令必须是当前事务中的第一条语句，如果它前面有其他语句，必须先提交或回滚来结束上一个事务，才能以 SET TRANSACTION 开始一个新事务；SET TRANSACTION 命令设置的事务属性只对当前事务生效，当该事务结束后，设置的属性也将失效。

通常情况下，事务回滚时使用数据库默认的回滚表空间和回滚段，不需要单独指定。用 SET TRANSACTION 命令为事务命名主要用在分布式事务中，用来替代 COMMIT COMMENT（提交注释）命令。本节主要介绍使用 SET TRANSACTION 设置事务的隔离级别。

事务的隔离级别是指事务与事务之间的隔离程度，设置该属性能够有效解决并发事务之间的干扰。事务的隔离级别主要包括以下几种。

1. READ ONLY（只读）

隔离级别 READ ONLY 表示：当前事务只能对数据库执行 SELECT 操作，不能执行 INSERT、UPDATE、DELETE 操作，数据库被冻结为事务刚开始的状态，其他事务后来对数据库的修改操作在当前事务中不可见。

如下例中的两个会话分别代表两个事务，图 12-4 表示会话 1 中设置的事务隔离级别是 READ ONLY，然后查询 dept 表中的数据，得到 4 条记录。

图 12-5 表示会话 2 在会话 1 设置了 READ ONLY 隔离级别后向 dept 表中添加一行新记录并提交。

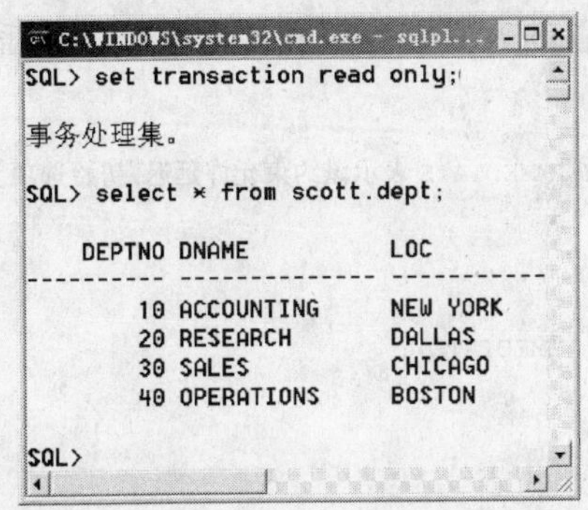

图 12-4 会话 1

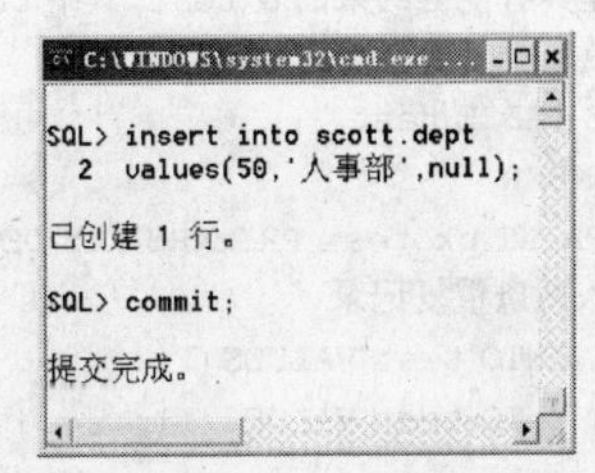

图 12-5 会话 2

图 12-6 表示会话 1 在会话 2 提交了新数据后再次查询 dept 表中的数据仍然看不到新记录，这是因为数据库已经被冻结为事务开始时的状态。

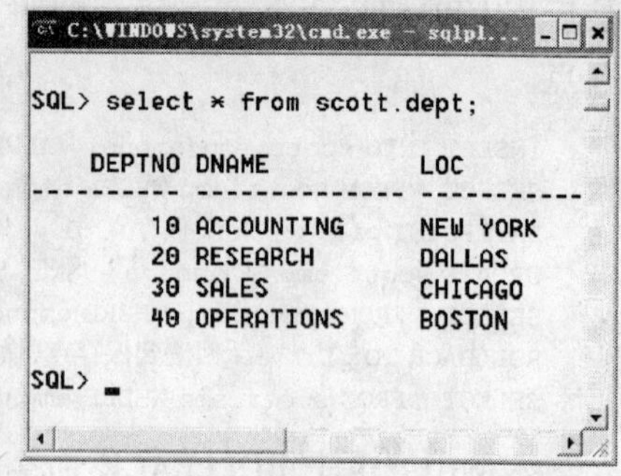

图 12-6 会话 1

2. READ WRITE（读写）

隔离级别 READ WRITE 表示：当前事务可以对数据库执行增、删、改、查的全部操作，并不冻结数据库状态，当前事务能够看到其他事务提交后的数据库修改操作。这是事务的默认隔离级别，一般不用单独设置。

3. ISOLATION LEVEL SERIALIZABLE（串行读）

隔离级别 SERIALIZABLE 表示：当前事务可以对数据库执行增、删、改、查的全部操作，并且冻结数据库的状态，该事务能够看到自己对数据库的修改操作，但是看不到其他事务对数据库的修改操作，即使其他事务提交完成，本事务中看到的数据也不受影响。

4. ISOLATION LEVEL READ COMMITTED（提交读）

该隔离级别的作用和 READ WRITE 一致，当前事务可以读取其他事务提交后的数据，看不到未提交的数据。这也是默认级别，不需单独设置。

12.3.5 SET CONSTRAINT 命令

SET CONSTRAINT 命令用来设置数据库中的约束在事务中是立即生效还是延迟到事务提交时再生效。如果选择立即生效，那么当操作违反约束时，当前操作立即被回滚，但是不回滚前面已成功执行的命令；如果选择延迟生效，当操作违反约束时也不会被回滚，而是等到提交事务时再回滚，并且回滚事务中的所有操作。另外，Oracle 只能延迟在创建约束时指定了可被延迟的约束，如果未指定该特性，那么约束不允许被延迟，参见例 12.12。

设置约束延迟的格式如下：

```
SET CONSTRAINT ALL | <constraint_name> DEFERRED | IMMEDIATE
```

其中各参数的意义如下：

- ALL：表示该设置对数据库中的所有约束起作用。
- constraint_name：表示该设置对数据库中指定的约束起作用。
- DEFERRED：表示约束延迟生效。
- IMMEDIATE：表示约束立即生效。

例 12.12 创建具有主键约束的表 test，分别设置约束立即生效和延迟生效，并插入两条重复的记录进行测试。

```
/* 创建具有主键约束的表 test,其中 DEFERRABLE INITIALLY IMMEDIATE 表示该约束允许延迟,初始选项为立即
   生效*/
CREATE TABLE test
(id NUMBER
CONSTRAINT pk_test PRIMARY KEY DEFERRABLE INITIALLY IMMEDIATE);
--插入两条重复记录
INSERT INTO test VALUES(1);
INSERT INTO test VALUES(1);
*
第 1 行出现错误:
```

```
ORA-00001:违反唯一约束条件(SYSTEM.SYS_C005545)
```

注意：约束立即生效，插入重复记录失败。

```
--设置约束延迟生效
SET CONSTRAINT pk_test deferred;
INSERT INTO test VALUES(1);
已创建 1 行。
```

注意：约束延迟后，插入重复记录暂时成功。

```
--提交事务
COMMIT;
*
第 1 行出现错误:
ORA-02091:事务处理已回退
ORA-00001:违反唯一约束条件(SYSTEM.PK_TEST)
```

注意：提交事务时检查约束，本例中违反主键约束，整个事务被回滚，两条看似成功的INSERT命令都失败。

12.4 并发控制与锁

12.4.1 并发问题

多个用户、多个事务同时访问同一数据库的行为被称为并发操作。这些并发操作如果得不到有效的控制和管理，就可能读取或写入不正确的数据，从而产生以下负面影响：

- 丢失更新。这发生在两个或多个事务修改同一行数据的时候。在这种情况下，每个事务都不知道其他事务的存在，最后的更新将覆盖由其他事务所做的更新，这将导致前面事务完成的更新丢失。
- 错读（脏读）。读取未提交事务中修改后的新数据被称为错读或脏读。当一个事务修改数据时，另一个事务读取了修改的数据，由于某种原因第一个事务取消了对数据的修改，数据回到原来的状态，这时第二个事务读取的数据与数据库中的数据不相符，即读到了错误的数据。
- 不一致的分析（不可重复读）。不一致的分析也被称为不可重复读，是指当一个事务读取数据库中的数据后，另一个事务更新了数据，当第一个事务再次读取其中的数据时，就会发现数据已经发生变化，即多次访问同一行但每次读取到的数据不相同，因此被称为“不可重复读”。
- 幻读。当一个事务对一个区域的数据执行插入或删除操作，而该区域的数据属于另一个事务正在读取的范围时，会发生幻读问题。由于其他事务的删除操作，显示事务第一次读取的范围有一行不再存在于第二次或后续读取的内容中。同样，由于其他事务的插入操作，显示事务第二次或后续读取的内容有一行并不存在于原始读取的内容中。

针对以上由数据库并发操作带来的问题，Oracle 将应用事务的隔离特性和数据库中的锁，有效地将事务相互隔离，让它们互不影响，从而实现了对数据库的并发操作。

12.4.2 锁

为了有效地管理和控制数据库操作时的并发性，避免以上问题的出现，Oracle 使用锁机制防止其他用户修改另一个未完成事务中的数据。Oracle 中的锁可以分为 DDL 锁、DML 锁、内部锁。基本上所有的锁都可以由 Oracle 内部自动创建和释放，而 DDL 锁和 DML 锁也可以通过命令进行直接或间接的管理，只有内部锁必须由 Oracle 自动管理。

内部锁（Latch）由 Oracle 自动管理，以保护内部数据库结构，例如数据文件等。比如 Oracle 要把用户更新的数据写入缓冲区，这时候 Oracle 就会在该缓冲区上加上 Latch，用来防止 DBWR 把它写入到磁盘，因为如果没有这个 Latch，DBWR 会把一半新一半旧的、没有用的数据写到磁盘上。DDL 锁在使用 CREATE、TRUNCATE、ALTER 时自动创建，以确保在执行过程中没有其他事务对资源进行访问。DML 锁在事务开始时创建，在事务提交或回滚后释放。

Oracle 中的锁可以分为以下几种模式：

- 共享锁（SHARE，S）：若某个事务用 S 锁锁定了表，则只允许其他事务使用 S 锁锁定这个表，但不允许对该表进行任何更新操作。
- 排他锁（EXCLUSIVE，X）：某个事务对表加 X 锁后，则只允许该事务对表进行读和写操作，而不允许其他事务锁定这个表。该锁又称写锁。
- 行级共享锁（ROW SHARE，RS）：如果某个事务为了更新表中的行，使用 RS 锁锁定相应的行后，除了该行外，另外的事务仍可以锁定表中其他未锁定的行。
- 行级排他锁（ROW EXCLUSIVE，RX）：如果某个事务为了更新表而使用了 RX 锁锁定相应的行，则它不允许其他事务再锁定该表。
- 共享行级排他锁（SHARE ROW EXCLUSIVE，SRX）：如果某个事务对表加 SRX 锁，则表示不允许其他事务对同一表的任何列加行排他锁，只能加行共享锁。锁的拥有事务对表有更新权，其他事务只有查询权。

上述几种模式中，RS 锁是限制最少的锁，而 X 锁是限制最多的锁。相应的操作自动产生的对应锁如下：INSERT、UPDATE、DELETE 命令自动使用 RX 锁；CREATE 命令自动使用 S 锁；ALTER 命令自动使用 X 锁。

用户可以使用 LOCK TABLE 命令在某个事务中为表加锁，格式如下：

```
LOCK TABLE TABLE_NAME IN SHARE MODE | EXCLUSIVE MODE | ROW SHARE MODE | ROW EXCLUSIVE MODE | SHARE
ROW EXCLUSIVE MODE
```

例 12.13 在会话 1 中为 test 表加上 EXCLUSIVE 排他锁，在会话 2 中尝试向该表添加一行新数据，执行结果如图 12-7 和图 12-8 所示。

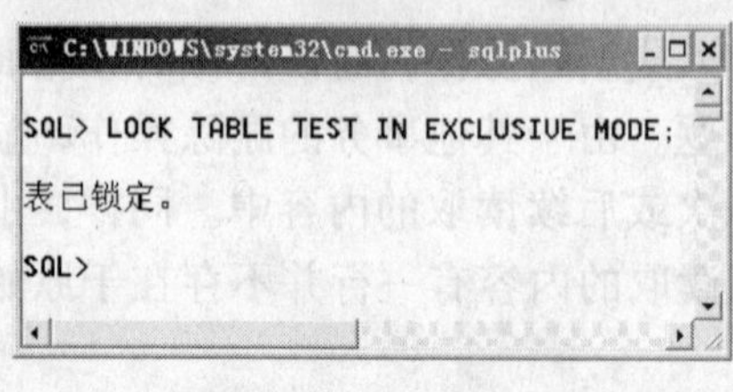

图 12-7 会话 1

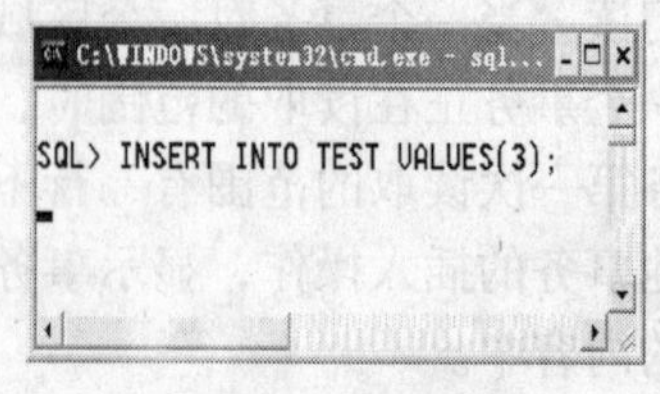

图 12-8 会话 2

当会话 1 以 EXCLUSIVE 锁锁定了 test 表后，会话 2 再申请执行 INSERT 操作需要等待，直到会话 1 结束当前事务并释放排他锁，会话 2 才能执行 INSERT 操作。

12.5 实验

【实验目的】

1. 理解事务的概念和几个特性。
2. 熟练掌握事务管理命令的使用。
3. 理解并发操作的概念和数据库锁的类型。

【实验内容】

1. 分析以下代码，说出代码中的哪些部分体现了事务的语句级原子性、过程级原子性和事务级原子性。

```
CREATE TABLE book
(bid NUMBER(4) CONSTRAINT pk_bid PRIMARY KEY DEFERRABLE INITIALLY IMMEDIATE,
bname VARCHAR2(30),
bprice NUMBER(4,1));
INSERT INTO book VALUES(1001,'Oracle 10g 数据库开发',35.4);
INSERT INTO book VALUES(1001,'Java 程序设计',40);
BEGIN
INSERT INTO book VALUES(1002,'Java 程序设计',40);
INSERT INTO book VALUES(1002,'计算机英语',28);
END;
INSERT INTO book VALUES(1003,'计算机英语',28);
COMMIT;
```

2. 数据库的 DDL 命令作为一个独立的事务执行，若以下代码在 SQL * Plus 的窗口 1 中执行，那么在 SQL * Plus 的窗口 2 中能够看到哪些新数据？

```
INSERT INTO scott.emp(empno,sal) VALUES(1001,3000);
INSERT INTO scott.emp(empno,sal) VALUES(1002,3000);
CREATE table t1(id NUMBER);
INSERT INTO scott.emp(empno,sal) VALUES(1003,3000);
```

3. 使用 ROLLBACK 命令可以将事务回滚到某个保存点，分析以下代码执行的结果。

```
INSERT INTO scott.emp(empno) VALUES(1011);
SAVEPOINT aa;
INSERT INTO scott.emp(empno) VALUES(1012);
ROLLBACK to aa;
INSERT INTO scott.emp(empno) VALUES(1013);
COMMIT;
```

4. 利用第 1 题中创建的 book 表，分析以下两段代码的执行结果有何不同？

代码段一：

```
INSERT INTO book VALUES(1011,null,null);
INSERT INTO book VALUES(1011,null,null);
COMMIT;
```

代码段二：

```
SET CONSTRAINT pk_bid deferred;
```

```
INSERT INTO book VALUES(1011,null,null);
INSERT INTO book VALUES(1011,null,null);
COMMIT;
```

5. 按照以下要求书写代码并执行，根据实验结果说明事务在不同隔离级别下的特点。

   打开 3 个 SQL *Plus 窗口，在窗口 1 中向 scott.emp 表中插入一行新数据，在窗口 2 中设置事务的隔离属性是 READ ONLY，在窗口 3 中设置事务的隔离属性是 READ WRITE。在窗口 1 提交插入命令的前、后，观察窗口 2 和窗口 3 中能否看到这条新数据。尝试在窗口 2 和窗口 3 中分别向 scott.emp 表中插入新数据，看看能否成功。

12.6 习题

一、填空题

1. 事务的 ACID 特性包括（　　）、（　　）、（　　）、（　　）。
2. 在设置事务隔离层时，需要使用关键字（　　）。
3. 在众多的事务控制语句中，用来撤销事务操作的语句是（　　），用来持久化事务对数据库操作的语句是（　　）。
4. 对表执行 INSERT 命令时系统自动加（　　）锁，执行 CREATE 命令时系统自动加（　　）锁，执行 ALTER 命令时系统自动加（　　）锁。

二、简答题

1. 哪些情况发生后事务将终止？
2. 数据库的并发操作会带来哪些问题？
3. 要建立一个名为 savepoint1 的保存点，应使用哪个语句？

第13章　数据库安全性管理

随着网络和信息化的飞速发展，企业对信息系统的依赖日益加深，对信息安全的重视程度也在日益增加。数据库是信息管理系统良好运行的基础，数据库的安全性管理是信息系统安全性防范的重中之重。本章将详细介绍在Oracle系统中如何进行数据库的安全性管理。

本章要点

- Oracle数据库安全性管理概述
- 系统权限和对象权限的应用
- 系统角色的应用
- 用户自定义角色的创建与应用
- 数据库概要文件的应用

13.1　Oracle数据库安全性管理概述

13.1.1　企业信息系统安全问题

现代企业的IT系统正处于信息深度应用阶段，大部分或全部业务都在IT系统上运作，因此信息系统一旦出现问题，组织的业务就难以开展。影响企业信息系统安全的因素很多，可能是有意的攻击，也可能是无意的误操作；可能是内部的破坏，也可能是外来攻击者对信息资源的非法使用。

数据库是电子商务、金融以及ERP系统的基础，通常都用于保存重要的商业伙伴和客户信息。随着越来越多的网络连接在一起，企业的资源需要保护，特别是包含了企业重要信息的数据库。

企业信息系统安全问题从IT体系架构来看，可以归纳为以下几个方面：

- 不合法用户的入侵。无论是外部用户的恶意攻击，还是内部用户操作的失误，或者用户密码的管理疏漏，都有可能导致非法用户对企业信息系统的破坏、信息窃取等安全问题。
- 对信息资源的不合法存取。不同的用户有不同的职责范围，相应地也就对不同的信息资源有访问和使用的权限。但如果职责划分不明确，就有可能导致某些用户对其职责范围外的资源进行非法访问和操作。
- 网络传输安全。随着信息系统的边界延伸，信息传播的范围越来越广，网络规模越来越大，信息在网络传输过程中被泄露的可能性也越来越大。

13.1.2　Oracle信息安全整体解决方案

1. 精细的访问控制

Oracle 10g数据库的标签安全组件（Label Security）是一个精细访问控制或行级别安全性的无限解决方案，它建立在Oracle虚拟个人数据库的工具包基础上，在数据库的行中追加了一个特别的标记——标签，从而让数据库可以达到行级别的安全性。例如，在线服务可以使用一个订阅标签，将存储于相同数据库服务器中的各企业的数据更安全有效地分离。

2. 加密系统

Oracle 10g 数据库的高级安全组件（Advanced Security）提供了网络中间层和数据库层的加密。为了强化性能，Oracle 通过与 RSA 的 BSAFE 库的集成，支持 BHAPI 的接口。Oracle 10g 也对存储于数据库内部的数据提供加密。对敏感数据进行加密可以有效控制对数据的非法访问，相当于在数据库中追加一个额外的保护层。

3. 内部控制

Oracle Database Vault 是 Oracle 10g R2 企业版的新增安全选件，它可以控制什么人、在什么时间、在什么地点或是什么样的应用程序来访问数据库，以避免数据库受到非法访问。Vault 是目前业内最早的与数据库安全相关的产品，它引入了几个新的、强大的安全特性（Realms 领域、Factor 代理、Rule 规则等）来限制对数据库的访问，应用该选件可以对职责进行严格划分，甚至可以应用到系统管理员上。

4. 备份安全

为了更好地管理备份数据的安全，Oracle 10g 通过最新选件 Secure Backup 来管理和控制备份介质尤其是磁带备份的安全。Secure Backup 为数据库备份提供了中央磁带备份管理平台，简化了 Oracle 数据库与文件系统的备份管理。当数据保存至磁带时，Secure Backup 将与安全策略平行工作，并提供了安全的 inter-domain 数据交换与控制消息机制，限制授权用户对备份数据的管理，并通过 RMAN 将数据加密写入备份磁带。

5. 安全性策略

Oracle 10g 中的安全性服务和安全性策略，应用了最安全的数据库专门技术，以便建立最安全的互联网基础结构。利用 Oracle，可以克服许多薄弱环节，将通过互联网从事商务活动的风险降低到最小程度。

6. Audit Vault

Oracle Audit Vault 是一个全新的安全产品，它将审计数据的收集和分析流程完全自动化。审计数据已成为一个关键的安全资源，它能帮助定位当前来自遵守规则和内部威胁的最高挑战。Oracle Audit Vault 帮助企业加强“信任 - 但 - 检验”的安全法则，并且成为 Oracle 公司全面深度防卫安全策略的一部分。

7. 防御侵害

Oracle 系统不仅在内部有一套完整有效的安全性保护措施，而且它的安全性服务在系统外部还有助于配置网络安全，可以与 ISS、Cisco 和 Checkpoint 等供应商的网络安全性产品相集成，使入侵威胁降到最小程度。Oracle 通常采用的安全保护措施包括：经常性的侵入力测试，网络中的入侵监测，安全的路由器和防火墙配置等。

13.1.3 Oracle 数据库安全策略

Oracle 是多用户数据库管理系统，它允许多个用户共享资源。为了保证数据库系统的安全，数据库管理系统配置了良好的安全机制。

1. 建立系统级的安全保证

系统级特权通过授予用户系统级的权利来实现。系统级的权利（系统特权）包括：建立表空间，建立用户，修改用户，删除用户等。系统特权可授予用户，也可以随时回收。

Oracle 系统特权有 80 多种。

2. 建立对象级的安全保证

对象级特权通过授予用户对数据库中特定的表、视图、序列等进行操作（查询、增、删改）的权利来实现。

3. 建立用户级的安全保证

用户级安全保证通过用户口令和角色机制（一组权利）来实现。引入角色机制的目的是简化对用户的授权与管理。具体做法是将用户按照职责分组，为每组用户建立角色，然后再为角色授予适当的权限，最后把角色分配给用户。具有同样角色的用户拥有相同的权限。

13.1.4 Oracle 数据库访问的身份验证

每个用户访问 Oracle 数据库之前，都必须经过两个安全性阶段。第一个阶段是身份验证，验证用户是否具有连接权，即用户是否能够访问 Oracle 服务器，身份验证成功，用户才可以连接到 Oracle 数据库，但此时用户还不能对数据库执行任何操作。第二个阶段是访问控制，即验证连接到服务器上的用户是否对数据库具有相应的操作权限，只有获得数据库的操作权限，该用户才能够对数据库执行操作。

在 Oracle 中有两种身份验证模式：

- 数据库身份验证。数据库身份验证是指在创建用户的时候为其指定相应的密码，密码以加密的方式存储在数据库中，用户可以在任意时候修改自己的密码。当连接数据库的时候要求用户输入用户名和密码，由 Oracle 验证账号的有效性。

为了加强数据库的安全性，Oracle 建议使用口令管理，如用户账户锁定、口令过期等方式来管理用户的密码。

采取这种验证方式，由数据库控制用户账号和所有验证，不涉及数据库以外的任何东西，并且 Oracle 自身提供强大的管理功能以加强安全性。

- 外部身份验证。外部身份验证是指由外部服务验证用户身份的有效性，而不使用 Oracle 系统进行验证。这些外部服务一般是指客户操作系统，这种身份验证模式允许用户通过操作系统账号直接连接数据库，也就是说 Oracle 完全信任操作系统，一旦用户通过了操作系统验证，Oracle 就允许该用户连接数据库。

13.2 权限概述

权限是用户对一项功能的执行权力。在 Oracle 中，根据权限影响的范围，将权限分为系统权限和对象权限两种。系统权限是指用户在整个数据库中执行某种操作时需要获得的权力，如连接数据库、创建用户、创建表等系统权限。可以在数据字典视图 SYSTEM_PRIVILEGE_MAP 上执行 SELECT 操作，查看完整的系统权限。而对象权限是指用户对数据库中某个对象操作时需要的权力，主要针对数据库中的表、视图和存储过程而言。Oracle 系统权限和对象权限都对用户的操作起到了限制作用，这也在很大程度上保护了数据库的安全性。

在 Oracle 中可以使用 GRANT 命令为用户授予一个或多个对象权限或系统权限，它们只是在语法上稍有不同，详见后面的章节；使用 REVOKE 命令可以为用户撤销对象权限或系统权限。

在 Oracle 中与权限有关的另一个概念就是角色，使用角色为用户分配权限比较简单、快捷。角色本质上就是一个或多个权限的集合体，将具有相同权限的用户归为同一个角色，这些用户就拥有了该角色中的所有权限，对角色的具体操作详见后面的章节。

13.3 系统权限管理

13.3.1 系统权限分类

系统权限是指对整个数据库进行操作时需要获得的权力，常见的系统权限如表13-1所示。

表13-1 Oracle中常见的系统权限

系统权限	说明	系统权限	说明
CREATE[ANY]CLUSTER	创建聚簇	GRANT ANY PRIVIEGE	授予任何系统权限
CREATE[ANY]TABLE	创建表	GRANT ANY ROLE	授予任何角色
CREATE[ANY]INDEX	创建索引	INSERT ANY TABLE	插入任何表
CREATE[ANY]PROCEDURE	创建过程	LOCK ANY TABLE	锁定任何表
CREATE[ANY]SEQUENCE	创建序列	RESTRICTED SESSION	限制会话
CREATE[ANY]SNAPSHOT	创建快照	SELECT ANY DICTIONARY	选择任何数据字典
CREATE[ANY]SYNONYM	创建同义词	SELECT ANY SEQUENCE	选择任何序列
CREATE[ANY]TRIGGER	创建触发器	SYSDBA	系统管理员权限
CREATE[ANY]TYPE	创建类型	SYSOPER	一般系统操作员权限
CREATE[ANY]VIEW	创建视图	UNLIMITED TABLESPACE	无限额的表空间
CREATE ROLE	创建角色	BACKUP ANY TABLE	备份任何表
CREATE SESSION	创建会话	ANALYZE ANY	分析任何数据库对象
CREATE TABLESPACE	创建表空间	ALTER ANY CLUSTER	修改任何聚簇
CREATE USER	创建用户	ALTER ANY INDEX	修改任何索引
DEBUG ANY PROCEDURE	调试任何过程	ALTER ANY PROCEDURE	修改任何过程
DELETE ANY TABLE	删除任何表	ALTER ANY ROLE	修改任何角色
DROP ANY CLUSTER	删除任何聚簇	ALTER ANY TYPE	修改任何类型
DROP ANY INDEX	删除任何索引	ALTER ANY TRIGGER	修改任何触发器
DROP ANY PROCEDURE	删除任何过程	ALTER ANY TABLE	修改任何表
DROP ANY ROLE	删除任何角色	ALTER ANY SNAPSHOT	修改任何快照
DROP ANY SEQUENCE	删除任何序列	ALTER ANY SEQUENCE	修改任何序列
DROP ANY SNAPSHOT	删除任何快照	ALTER RESOURCE COST	修改资源代价
DROP ANY SYNONYM	删除任何同义词	ALTER PROFILE	修改概要文件
DROP ANY TABLE	删除任何表	ALTER DATABASE	修改数据库
DROP ANY TRIGGER	删除任何触发器	ALTER SYSTEM	修改系统
DROP ANY TYPE	删除任何类型	ALTER USER	修改用户
DROP ANY VIEW	删除任何视图	ALTER TABLESPACE	修改表空间
DROP PROFILE	删除概要文件	ALTER SESSION	修改会话
DROP USER	删除用户	AUDIT ANY	审计任何数据库对象
EXECUTE ANY PROCEDURE	执行任何过程		

13.3.2 系统权限的授权

如果用户需要在数据库中执行某种操作，那么事先应具有该操作对应的系统权限。系统权限可以由具有 DBA 角色的用户授权，通常由 sys 或 system 用户执行授权操作；也可以由对该权限具有 WITH ADMIN OPTION 选项的用户授权。授权的命令格式如下：

```
GRANT system_privilege [,system_privilege] TO user_name [,user_name] [WITH ADMIN OPTION]
```

其中各参数的意义如下：

- system_privilege：表示要授予的系统权限的名称，该选项允许为用户同时授予多个系统权限，之间用逗号隔开。
- user_name：表示获得该系统权限的用户名称，该选项允许同时为多个用户授予相同的权限，之间用逗号隔开。
- WITH ADMIN OPTION：它是可选项，表示将系统权限授予某个用户后，该用户不仅获得该权限的使用权，还获得该权限的管理权，包括可以将该权限继续授予其他用户，或从其他用户处回收该权限。该选项的影响力较大，要慎重使用。

例 13.1 以 system 用户连接数据库后，创建新用户 zhangsan 和 lisi，并为他们授予 CREATE SESSION 的系统权限。

```
CONNECT system/abcdef;
--创建新用户 zhangsan 和 lisi
CREATE USER zhangsan IDENTIFIED BY abcdef;
CREATE USER lisi IDENTIFIED BY abcdef;
--为新用户 zhangsan 授予 CREATE SESSION 系统权限及管理该系统权限的权力
GRANT CREATE SESSION TO zhangsan WITH ADMIN OPTION;
--以新用户 zhangsan 连接数据库,并继续为 lisi 授予 CREATE SESSION 权限
CONNECT zhangsan/abcdef;
GRANT CREATE SESSION TO lisi; --由于 zhangsan 具有对该权限的管理权力,所以授权成功
--以 lisi 连接数据库
CONNECT lisi/abcdef;
```

以上语句验证了 GRANT 命令的使用过程和 WITH ADMIN OPTION 选项的作用，新用户 zhangsan 和 lisi 都获得了 CREATE SESSION 权限，都能够成功地连接到数据库。但是，连接到数据库后，两个用户是不是就可以对数据库执行任何操作呢？答案是否定的。因为，对数据库执行任何操作都必须事先获得相应的权限才可以。比如，让 lisi 执行 CREATE TABLE 命令将被拒绝，必须由具有 DBA 角色的用户或具有 WITH ADMIN OPTION 选项的用户事先为 lisi 分配系统权限 CREATE TABLE，操作才可以成功，关于这些读者可自行练习。

13.3.3 系统权限的回收

当某个用户不再需要系统权限时可以将该权限回收，而且回收系统权限的用户不一定是原来分配该权限的用户，只要他具有 DBA 的角色或对该系统权限具有 WITH ADMIN OPTION 选项的用户都可以执行回收该系统权限的操作。

另外，系统权限无级联关系。比如，用户 A 授予用户 B 权限，用户 B 授予用户 C 权限，如果 A 收回了 B 的权限，C 的权限不受影响。系统权限可以跨用户回收，即 A 可以直接收回 C 用户的权限。

回收系统权限的命令格式如下：

```
REVOKE system_privilege [,system_privilege] FROM user_name [,user_name]
```

该命令可以同时回收多个用户的多个系统权限。

例 13.2 以 system 用户连接数据库，回收 zhangsan 和 lisi 的 CREATE SESSION 系统权限。

```
CONNECT system/abcdef;
REVOKE CREATE SESSION FROM zhangsan,lisi;
```

13.4 对象权限管理

Oracle 对象权限是指用户在某个方案（schema）对象上进行操作的权力。比如对表或视图对象执行 INSERT、DELETE、UPDATE、SELECT 操作时，都需要获得相应的权限 Oracle 才允许用户执行。在数据库中，系统权限或对象权限的名称都与其对应的操作名称相同，只是在授权操作和回收操作时命令格式上稍有不同。

13.4.1 对象权限分类

相对于数量众多的系统权限而言，对象权限较少，而且容易理解。Oracle 中常见的对象权限如表 13-2 所示。

表 13-2 Oracle 中常见的对象权限

权限名称	适应的对象类型				
	表	视图	序列	进程	快照
SELECT	*	*	*		*
INSERT	*	*			
UPDATE	*	*			
DELETE	*	*		*	
EXECUTE				*	
ALTER	*		*		
INDEX	*				
REFERENCES	*				

13.4.2 对象权限的授权

如果用户需要对数据库中某个对象执行操作，那么事先应具有该操作对应的对象权限。对象权限可以由具有 DBA 角色的用户授权，通常由 sys 或 system 用户执行授权操作；也可以由对该权限具有 WITH GRANT OPTION 选项的用户授权；还可以由该对象的所有者授权。其命令格式如下：

```
GRANT object_privilege [,object_privilege] ON object_name TO user_name [,user_name]
[WITH GRANT OPTION]
```

其中各参数的意义如下：

- object_privilege：表示要授予的对象权限的名称，该选项允许授予一个对象的多项权限，之间用逗号隔开。
- object_name：表示权限操作的对象名称。
- user_name：表示获得对象权限的用户名称，该选项允许同时为多个用户授予相同的权限，之间用逗号隔开。
- WITH GRANT OPTION：它是可选项，表示将对象权限授予某个用户后，该用户不仅获得该权限的使用权，还获得该权限的管理权，包括可以将该权限继续授予其他用户，或从其他用户处回收该权限。该选项的影响力较大，要慎重使用。

例 13.3 将 scott.emp 表的 SELECT 权限和 UPDATE 权限授予新用户 zhangsan 和 lisi。

方式一：以 system 用户登录执行授权操作。

```
CONNECT system/abcdef;
GRANT SELECT,UPDATE ON scott.emp TO zhangsan,lisi;
```

方式二：以 scott 用户登录执行授权操作

```
CONNECT scott/tiger;
GRANT SELECT,UPDATE ON emp TO zhangsan,lisi;
```

方式三：先将权限授予 zhangsan，再由 zhangsan 继续授予 lisi

```
CONNECT scott/tiger;
GRANT SELECT,UPDATE ON emp TO zhangsan WITH GRANT OPTION;
CONNECT zhangsan/abcdef;
GRANT SELECT,UPDATE ON scott.emp TO lisi;
```

13.4.3 对象权限的回收

若不再允许用户操作某个数据库对象，那么应该将分配给该用户的权限回收，格式如下：

```
REVOKE object_privilege [,object_privilege] ON object_name FROM user_name [,user_name];
```

在使用 REVOKE 命令执行回收权限的操作时，需要注意两点：

- 回收权限的用户不一定必须是授予权限的用户，可以是任一个具有 DBA 角色的用户；也可以是该数据库对象的所有者；还可以是对该权限具有 WITH GRANT OPTION 选项的用户。
- 对象权限的回收具有级联的特性，也就是说如果取消了某个用户的对象权限，那么由该用户使用 WITH GRANT OPTION 选项授予其他用户的权限一同被回收。

例 13.4 如果按照例 13.3 中的第三种方式先给用户 zhangsan 授权，然后 zhangsan 再给 lisi 继续授权，那么如果将 zhangsan 的权限回收，根据对象权限的级联特性，lisi 的权限也应该被一同回收，如下所示：

```
CONNECT system/abcdef;
REVOKE select on scott.emp FROM zhangsan;
--以 lisi 连接数据库,检验 SELECT 权限是否被回收
CONNECT lisi/abcdef;
SELECT * FROM scott.emp;
第 1 行出现错误:
ORA-01031:权限不足
```

由以上执行结果可以看出，在回收了 zhangsan 的 SELECT 权限后，由他分配给 lisi 的 SELECT 权限也一并被回收，从而验证了对象权限在回收时的级联特性。

13.5 角色管理

13.5.1 角色概述

在日常工作中，经常会用到“角色”这个概念，实际上角色就是一组权力的集合，如果某个人充当了某种角色，那么这个人就能够行使该角色赋予他的权力。在数据库管理系统中也使用“角色”管理用户权限。角色能够为用户一次性分配一组权限，而这组权限就是

事先分配给该角色的。

角色通常授予一类具有相同权限的用户，当这些用户具有相同角色时，他们具有的权限就完全相同。通过角色来管理多个用户的多项权限的授予与回收工作，不仅操作简单，而且安全有效。另外，当这些用户的权限发生变化时，我们只需修改其角色具有的权限就可以了。

在Oracle中，角色分为两类：系统预定义角色和用户自定义角色。系统预定义角色是指Oracle系统事先创建好的角色，可以直接授予数据库用户。而用户自定义角色是由用户根据业务需要自己创建并授权的，然后再将角色授予数据库用户使用。

13.5.2 系统预定义角色

系统预定义角色是在数据库安装后系统自动创建的一些常用角色，如DBA、RESOURCE和CONNECT等。用户可以通过OEM工具查询或修改系统角色具有的权限。下面简单介绍一下这些系统预定义角色的功能。

1. DBA数据库管理员角色

该角色拥有全部特权，是系统拥有最高权限的角色，只有DBA才可以创建数据库结构，而且在数据库中拥有无限制的空间限额。DBA用户可以操作全体用户的任意基表而无须授权，包括删除权限，还具有对其他用户授权和取消权限的能力。经常使用的system用户就拥有DBA角色。DBA角色的用户权限很高，可以撤销任何其他用户甚至别的DBA的权限。当然，这样做很危险，一般不将DBA角色随便授予用户。

2. RESOURCE数据库资源角色

拥有该角色的用户只可以在自己的方案下创建各种数据库对象，如表、序列、存储过程、触发器等，但不可以在其他用户方案下创建这些对象，更不可以创建数据库结构。同时，该角色也没有与数据库创建会话的权限。一般情况下，可靠、正式的数据库用户可以授予RESOURCE角色。

3. CONNECT数据库连接角色

拥有该角色的用户具有连接数据库和在自己的方案下创建各种数据库对象的系统权限。对其他用户的数据库对象，默认没有任何操作权限。

一般情况下，普通用户应该授予CONNECT和RESOURCE角色。对于DBA管理用户应该授予CONNECT、RESOURCE和DBA角色。

13.5.3 用户自定义角色

当系统预定义角色不能满足要求时，用户可以根据业务需要自己创建具有某些权限的角色，然后为角色授权，最后再将角色分配给用户。

1. 创建角色

创建角色的命令比较简单，其格式如下：

```
CREATE ROLE role_name
```

其中，role_name表示新创建的角色名称。

例13.5 创建用户角色testrole。

```
CREATE ROLE testrole;
```

2. 为角色授予权限和回收权限

对于新创建的角色，如果不被授予任何权限，那么该角色即使分配给用户也不起作用，因此对于新建的角色首先应该为其授予权限。为角色授予权限和回收权限的命令与对用户的权限操作基本相同，格式如下：

（1）为角色授予系统权限

```
GRANT system_privilege [,system_privilege] TO role_name
```

（2）为角色授予对象权限

```
GRANT object_privilege [,object_privilege] ON object_name TO role_name
```

（3）回收角色的系统权限

```
REVOKE system_privilege [,system_privilege] FROM role_name
```

（4）回收角色的对象权限

```
REVOKE object_privilege [,object_privilege] ON object_name FROM role_name
```

例 13.6 为上例中创建的角色 testrole 分别授予 CREATE SESSION 系统权限和在 scott.emp 表中执行查询操作的对象权限。

```
GRANT CREATE SESSION TO testrole;
GRANT SELECT ON scott.emp TO testrole;
```

3. 将角色授予用户

将角色授予用户的命令与授予权限的命令基本相同，格式如下：

```
GRANT role_name TO user_name
```

例 13.7 在数据库中创建新用户 allen，并将系统角色 RESOURCE 和用户自定义角色 testrole 授予该用户。

```
CONNECT system/abcdef;
CREATE USER allen IDENTIFIED BY abcdef;
GRANT RESOURCE,testrole TO allen;
```

13.5.4 删除角色

在数据库中，如果不再需要某个用户自定义角色，那么可以通过 SQL 命令删除该角色，命令格式如下：

```
DROP ROLE role_name
```

角色删除后，原来拥有该角色的用户就不再拥有该角色了，相应的权限也就没有了。

例 13.8 删除上例中创建的角色 testrole，并以用户 allen 连接数据库，检验操作是否成功。

```
CONNECT system/abcdef;
DROP ROLE   testrole;
CONNECT allen/abcdef; --由于 testrole 角色已被删除,所以 allen 失去了创建会话的权限
```

13.6 数据库概要文件

13.6.1 数据库概要文件概述

概要文件（profile）是一种对用户能够使用的数据库和系统资源进行限制的文件。把概

要文件分配给用户，Oracle 就可以对该用户使用的资源进行限制。Oracle 中有一个默认的概要文件 DEFAULT，该概要文件对资源的使用进行了一定的限制，但限制比较少。如果创建新用户时没有分配概要文件，那么 Oracle 将自动把默认的概要文件分配给他。多数情况下，管理员需要建立一些专门的概要文件，以限制用户所使用的资源，使 Oracle 数据库更安全。

Oracle 可以在两个层次上限制用户对系统资源的使用，一种是在会话级上，另一种是在调用级上。在会话级上，如果用户在一个会话时间段内超过了资源限制参数的最大值，Oracle 将停止当前的操作，回退未提交的事务，并断开连接；在调用级上，如果用户在一条 SQL 语句执行中超过了资源参数的限制，Oracle 将终止并回退该语句的执行，但当前事务中已执行的所有语句不受影响，且用户会话仍然连接。

对数据库概要文件的使用主要包括三个阶段：

1）使用 ALTER SYSTEM 命令修改初始化参数 resource_limit，使资源限制生效。该改变对密码资源无效，密码资源总是可用。命令格式如下：

```
ALTER SYSTEM set resource_limit = true;
```

2）使用 CREATE PROFILE 命令创建一个对数据库资源进行限制的概要文件，详见 13.6.2 节。

3）使用 CREATE USER 命令或 ALTER USER 命令把概要文件分配给用户。

13.6.2 创建数据库概要文件

使用 CREATE PROFILE 命令在数据库中创建概要文件，其命令格式如下：

```
CREATE PROFILE profile_name
LIMIT
resource_parameters | password_parameters
```

其中各参数的意义如下：

- profile_name：概要文件的名称。
- resource_parameters：对一个用户指定资源限制的参数。
- password_parameters：口令参数。

1. resource_parameters 部分主要包括的参数

- session_per_user：指定限制用户的并发会话的数目。
- cpu_per_session：指定会话的 CPU 时间限制，单位为百分之一秒。
- cpu_per_call：指定一次调用（解析、执行和提取）的 CPU 时间限制，单位为百分之一秒。
- connect_time：指定会话的总的连接时间，以分钟为单位。
- idle_time：指定会话允许连续不活动的总时间，以分钟为单位，超过该时间，会话将断开。但是长时间运行查询和其他操作的会话不受此限制。
- logical_reads_per_session：指定一个会话允许读的数据块的数目，包括从内存和磁盘读的所有数据块。
- logical_read_per_call：指定一次执行 SQL（解析、执行和提取）调用所允许读的数据块的最大数目。
- private_sga：指定一个会话可以在共享池（SGA）中所允许分配的最大空间，以字节为单位。(该限制只在使用共享服务器结构时才有效，会话在 SGA 中的私有空间包括私有的 SQL 和 PL/SQL，但不包括共享的 SQL 和 PL/SQL。)

- composite_limit：指定一个会话的总资源消耗，以 service units 单位表示。Oracle 数据库以有利的方式计算 cpu_per_session、connect_time、logical_reads_per_session 和 private-sga 总的 service units。

2. password_parameters 部分主要包括的参数

- failed_login_attempts：指定在用户被锁定之前所允许尝试登录的最大次数。
- password_life_time：指定同一密码所允许使用的天数。
- password_reuse_time 和 password_reuse_max：这两个参数必须互相关联设置，password_reuse_time 指定了密码不能重用前的天数，而 password_reuse_max 则指定了当前密码被重用之前密码改变的次数。两个参数都必须被设置为整数。
- password_lock_time：指定登录尝试失败次数到达后用户的锁定时间，以天为单位。
- password_grace_time：指定宽限天数，数据库发出警告到登录失效前的天数。如果数据库密码在这中间没有被修改，则过期会失效。
- password_verify_function：该字段允许将复杂的 PL/SQL 密码验证脚本作为参数传递到 CREATE PROFILE 语句。Oracle 数据库提供了一个默认的脚本，但是用户可以创建自己的验证规则或使用第三方软件验证。

例 13.9 创建一个必须改变密码 10 次并于 30 天后才能重新使用该密码的概要文件 new_profile，并将其分配给用户 usera。

```
--创建概要文件
CREATE PROFILE new_profile
LIMIT
password_reuse_max 10
password_reuse_time 30;
--创建新用户 usera
CREATE USER usera IDENTIFIED BY usera;
--将概要文件 new_profile 分配给用户 usera
ALTER USER usera PROFILE new_profile;
```

例 13.10 创建概要文件 app_user，包括如下命令中的限制，并将该概要文件分配给用户 userb。

```
CREATE PROFILE app_user
LIMIT
sessions_per_user unlimited
cpu_per_session unlimited
cpu_per_call 3000
connect_time 45
logical_reads_per_session default
logical_reads_per_call 1000
private_sga 15k
composite_limit 5000000;
--创建新用户 userb,并将概要文件分配给他
CREATE USER userb
IDENTIFIED BY userb
PROFILE app_user;
```

例 13.11 创建概要文件以对用户的密码进行详细的限制，并将该概要文件分配给用户userc。

```
CREATE PROFILE app_user1
LIMIT
failed_login_attempts 3
password_life_time 60
password_reuse_time 60
password_reuse_max 5
password_lock_time 1/720   --为了测试方便设立了 2 分钟后的锁定时间
password_grace_time 10;
--创建新用户 userc,并将概要文件分配给他
CREATE USER userc
IDENTIFIED BY userc
PROFILE app_user1;
```

13.6.3 管理数据库概要文件

数据库概要文件创建完成后，可以将其分配给用户使用，也可以对其执行修改或删除操作。

1. 将概要文件分配给用户使用

将概要文件分配给用户使用的方法很简单，可以使用 CREATE USER 命令或 ALTER USER 命令中的 PROFILE 参数指定。

- 在创建用户时指定概要文件。

```
CREATE USER user_name IDENTIFIED BY user_password PROFILE profile_name;
```

- 在修改用户时指定概要文件。

```
ALTER USER user_name PROFILE profile_name;
```

2. 修改概要文件

修改概要文件的命令是 ALTER PROFILE profile_name LIMIT... 后面的参数与创建概要文件相同，若某个参数没有明确给出，系统将分配默认值 DEFAULT。

3. 删除概要文件

删除概要文件的命令是 DROP PROFILE profile_name[CASCADE]，其中，CASCADE 表示在删除该概要文件的同时从用户中回收该概要文件，并且 Oracle 会自动把默认的概要文件 DEFAULT 分配给该用户。如果已经将概要文件分配给用户，但在删除时没有使用 CASCADE 选项，则删除失败。

13.6.4 查看概要文件的信息

管理员可以从 OEM 图形化工具中查看概要文件的信息，也可以从以下视图中查看。

- dba_profiles：描述了所有概要文件的基本信息。
- user_password_limits：描述了概要文件中的口令管理策略，主要对分配该概要文件的用户而言。
- user_resource_limits：描述了资源限制参数信息。
- dba_users：描述了数据库中用户的信息，包括为用户分配的概要文件。

例 13.12 从 dba_profiles 视图中查看概要文件的信息。

```
SELECT * FROM dba_profiles;
```

例 13.13 按照条件查询概要文件的信息。

```
SELECT * FROM dba_profiles
WHERE profile = 'DEFAULT' AND resource_type = 'KERNEL';
```

例 13.14 查询当前用户的口令管理参数信息。

```
SELECT * FROM user_password_limits;
```

例 13.15 查询当前用户的资源限制参数信息。

```
SELECT * FROM user_resource_limits;
```

例 13.16 通过 dba_users 数据字典获取某个用户的概要文件。

```
SELECT profile FROM dba_users WHERE username = 'SCOTT';
```

13.7 实验

【实验目的】

1. 验证系统权限管理。
2. 验证角色管理。
3. 验证概要文件管理。

【实验内容】

1. 根据以下要求进行系统权限的授予与回收操作。
   (1) 创建用户 user1，并为它授予 CREATE TABLE、CREATE VIEW 的系统权限以及 CONNECT 的系统角色。
   (2) 以 user1 用户的身份登录系统。
   (3) 回收 user1 的 CREATE TABLE 和 CREATE VIEW 的系统权限。
2. 根据以下要求进行角色的创建与授予操作。
   (1) 创建用户角色 myrole。
   (2) 为角色 myrole 分别授予 CREATE TABLE 系统权限和在 student 表中执行更新、删除和修改操作的对象权限。
   (3) 将角色 myrole 授予用户 user1。
3. 根据以下要求进行概要文件的创建与分配操作。
   (1) 创建概要文件 myprofile，设置密码的有效天数为 100 天，尝试登录 3 次失败将锁定账户。
   (2) 把该概要文件 myprofile 分配给用户 user1。

13.8 习题

1. Oracle 数据库中安全性管理的策略有哪些？
2. GRANT 命令为用户授予系统权限和对象权限的区别是什么？
3. Oracle 数据库中几个常用的系统预定义角色是什么？它们分别具有什么样的权限？
4. 如何使用数据库概要文件设置系统的安全性？具体步骤有哪些？

第 14 章　数据库的备份与恢复

数据库的备份与恢复技术是指为防止数据库受损或在受损后进行数据重建的各种策略、步骤和方法。数据库备份几乎是任何计算机系统中必要的组成部分。意外断电、系统或服务器崩溃、用户操作失误、磁盘损坏等都有可能造成数据文件的丢失或破坏，而这些文件正是数据库的物理组成部分，包含着数据库中所有的数据。数据库的备份与恢复是减少数据损失的有效手段。备份是一个长期的过程，而恢复只在事故发生后进行。恢复可以看做是备份的逆过程，恢复程度的好坏很大程度上依赖备份的粒度。

本章要点

- 数据库备份与恢复的概念
- 数据库备份的种类与策略
- 数据库的脱机冷备份和联机热备份
- 数据库的导出/导入

14.1　Oracle 的备份与恢复机制

14.1.1　数据库备份的重要性

从计算机系统问世以来就有了备份这个概念。计算机以其强大的运算能力取代了许多人工操作。但是，计算机系统很脆弱，如主板上的芯片、主板电路、内存、电源等任何部件受到损坏时，都会导致计算机系统不能正常工作。这些部件的损坏可以修复，通常不会导致应用和数据受损。但是，如果计算机的存储设备受到损坏，将直接导致数据受损或丢失，因此对存储设备进行备份是人们一直以来非常重视的工作。

在计算机系统的日常应用中，已经出现了许多备份策略和备份技术，如 RAID 技术、双机热备、集群技术等。有时候，系统的硬件备份的确能解决数据库备份的问题，如磁盘介质的损坏，可以从镜像上做简单的恢复或切换机器。但是，对硬件的备份是需要付出昂贵代价的。通常，选择备份策略的依据是：丢失数据的代价与确保不丢失数据的代价之比。例如，在数据库中误删了一个表，但执行整个硬件设备的恢复又显得浪费，因此对数据库单独进行备份与恢复就显得尤为重要了。Oracle 数据库管理系统中提供了强大的备份与恢复策略。

所谓备份，就是把数据库复制到转储设备的过程。其中，转储设备是指用于放置数据库拷贝的磁带或磁盘。能够执行什么样的恢复依赖于已有的备份集，作为数据库管理员有责任从以下三个方面维护数据库的可恢复性：

- 使数据库的失效次数减到最少，从而使数据库保持最大的可用性。
- 当数据库不可避免地失效后，要使恢复时间减到最少，从而使恢复的效率达到最高。
- 当数据库失效后，要确保丢失的数据尽量少或不丢失，从而使数据具有最大的可恢复性。

14.1.2　数据库备份的内容

Oracle 备份数据库时，主要备份数据库中的各类物理文件，如数据文件、控制文件、服务器参数文件（SPFILES）和归档日志文件。数据文件中存放了系统和用户的数据，主要指表空间中包含的各个物理文件。控制文件中包含了维护和验证数据库完整性的必要信息，它向 Oracle 指明了数据文件和重做日志文件的列表，以及数据库名称、数据库创建的时间戳等。在数据库启动时，Oracle 会读取控制文件中的内容以验证数据库的状态和结构。控制文件在数据库使用过程中由 Oracle 自动维护，该类文件很重要，因此对它的备份一般要求在不同的物理磁盘上进行。如果丢失或损坏控制文件，用户也可以手工创建。参数文件中包含了对 Oracle 数据库及其实例的性能和功能的参数设置，另外还记录了控制文件和归档日志文件的一些信息，它是数据库启动时首先被读取的文件。归档日志文件是重做日志文件的备份，用于执行数据库的恢复。

14.1.3 数据库备份的种类

Oracle 提供了各种各样的备份方法，根据不同的需求可以选择不同的备份方法。下面介绍几种不同的备份方法。

1. 物理备份和逻辑备份

物理备份是指转储 Oracle 数据库中所有的物理文件（包括数据文件、控制文件、归档日志文件等），也就是将实际组成数据库的操作系统文件从一处拷贝到另一处的备份过程。一旦数据库存储介质发生故障，可以利用这些备份文件进行还原。物理备份方法实现数据库的完整恢复，但数据库必须运行在归档模式下（业务数据库在非归档模式下运行），而且需要极大的外部存储设备，例如磁带库。物理备份又可分为冷备份和热备份，也称低级备份，它只涉及组成数据库的文件，但不考虑逻辑内容。

逻辑备份是指利用 SQL 语言从数据库中抽取数据并存于二进制文件的过程，通常是指利用 EXPORT 和 IMPORT 命令对数据库对象（如用户、表、存储过程等）进行导出和导入的工作。业务数据库采用逻辑备份方式，此方法不需要数据库运行在归档模式下，操作简单，而且不需要额外的存储设备。

2. 全数据库备份和部分数据库备份

全数据库备份是将数据库内的控制文件和所有数据文件备份。全数据库备份不要求数据库必须工作在归档模式下，在归档和非归档模式下都可以进行全数据库备份，只是方法不同。而归档模式下的全数据库备份又分为两种：一致备份和不一致备份。

部分数据库备份是指备份数据库的一部分，如表空间、数据文件、控制文件等。其中对表空间的备份就是对其包含的数据文件的备份。

3. 一致备份和不一致备份

一致备份是指备份过程中没有数据被修改，一般先将数据库切换到脱机状态，然后进行一致备份。在该方式下，所有的数据文件和控制文件都是同一个系统改变号（SYSTEM CHANGE NUMBER，SCN）。如果数据库处于打开或异常关闭状态，数据库内部各文件的 SCN 是不一致的，所以不能进行一致备份。SCN 是 Oracle 数据库的内部时钟，它定义了数据库在某个确切时刻提交的版本，这对于数据库的恢复操作至关重要。

不一致备份是指备份过程中仍有数据被修改，并且保存在归档的重做日志文件中。在进行不一致备份时，数据库可以继续进行操作。数据库从不一致备份恢复后，应该置于脱机状态，再进行一致备份，因为此时不会有数据被更改。数据库使用不一致备份恢复的时候，由于备份的数据文件或控制文件的 SCN 号不一致，所以必须提供一个归档的重做日志文件。

从日志中恢复可以选择全部恢复，也可以只恢复到某时间点。

4. 联机和脱机备份

在数据库打开状态下进行的备份叫做联机备份。联机备份的数据库只能运行在归档模式下。使用联机备份时要避免出现数据裂块。数据裂块是指当联机备份数据库时，Oracle 可能正在更新某个数据块中的数据，这时有可能导致该数据块中一部分是旧数据，一部分是新数据。

脱机备份是指在数据文件或表空间脱机后进行的备份。使用 ALTER TABLESPACE OFFLINE 命令可以将表空间置于脱机状态。脱机备份能有效确保数据的一致性。

14.1.4 数据库备份中的保留策略

数据库备份中的保留策略（retention policy）包括基于备份冗余的策略和基于恢复时间窗的策略。

- 基于备份冗余的策略是指定一个要保留的备份文件个数，当备份达到一定个数的时候开始删除前面多余的备份。
- 基于恢复时间窗的策略是指保留的备份必须可以恢复到用户指定的一段时期内的任意时间点。如保留策略指定为 7 天，那么必须保留备份，使数据库可以恢复到从今天往前的 7 天内任何时间点。至于被保留的备份文件，这是和用户所选择的备份策略相关的。

14.2 冷备份

14.2.1 冷备份概述

物理备份有两类，分别是冷备份（cold backup）与热备份（hot backup）。物理备份与逻辑备份有本质的区别。逻辑备份是提取数据库中的数据进行备份，而物理备份是拷贝整个数据文件进行备份。

冷备份是将数据库关闭之后，备份数据库中所有的关键文件，包括数据文件、控制文件、联机重做日志文件，将它们拷贝到其他的位置。此外冷备份也可以包含对参数文件和口令文件的备份，但是这两种备份是可以根据需要进行选择的。

冷备份的优点：

- 只拷贝物理文件，备份速度快。
- 恢复操作简单，只需将文件再拷贝回数据库，就可以恢复到某一时间点。
- 与数据库归档模式相结合可以使数据库恢复得更好。
- 维护量较少，而且安全性相对较高。

冷备份的缺点：

- 数据库冷备份必须在数据库的关闭状态下进行，若处于打开状态冷备份无效。
- 单独使用冷备份，数据库只能完成基于某一时间点上的恢复。
- 若磁盘空间有限，冷备份只能将备份数据拷贝到磁带等其他外部存储设备上，速度会减慢。
- 冷备份不能按表或按用户进行恢复。

为了提高效率，可以在进行冷备份时先将数据备份到磁盘上，然后启动数据库使用户可以工作，再将备份的数据从磁盘拷贝到磁带上，这样既提高了备份效率，又减少了数据库关闭的时间。

14.2.2 冷备份操作步骤

根据备份的物理文件的多少，冷备份又可以分为全数据库冷备份和表空间冷备份两种。

1. 全数据库冷备份

全数据库备份是指将数据库内的所有数据文件、控制文件和日志文件等进行备份。冷备份前数据库管理员需要了解数据库中各物理文件的存储位置，并将整个数据库关闭。具体操作如下：

1）查看数据文件、控制文件和日志文件的物理位置。以 DBA 用户或特权用户登录，使用 OEM 或 SQL 查询语句可以查看物理文件的位置。图 14-1 是通过查询视图 v$datafile、v$controlfile和 v$logfile 来获取各类物理文件的位置。

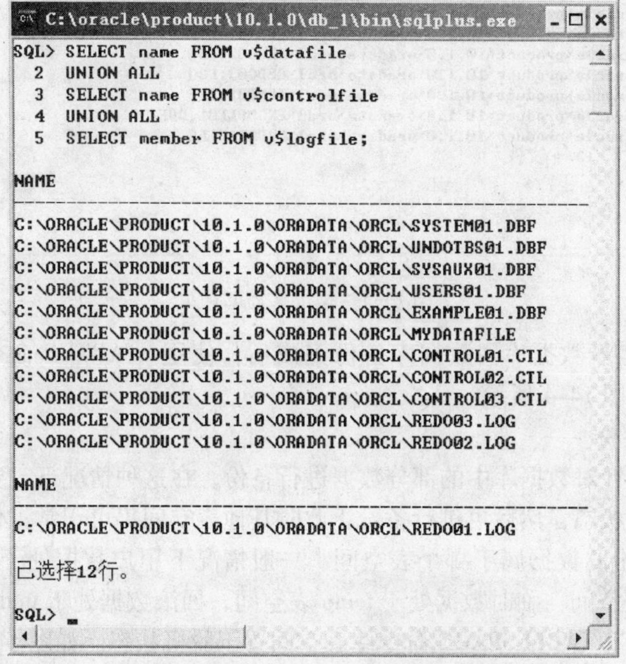

图 14-1　查看数据库中物理文件的位置

2）以 DBA 用户或特权用户关闭数据库。如果数据库是打开的，需要将数据库关闭后再备份。如图 14-2 所示使用 SHUTDOWN 命令关闭当前数据库。

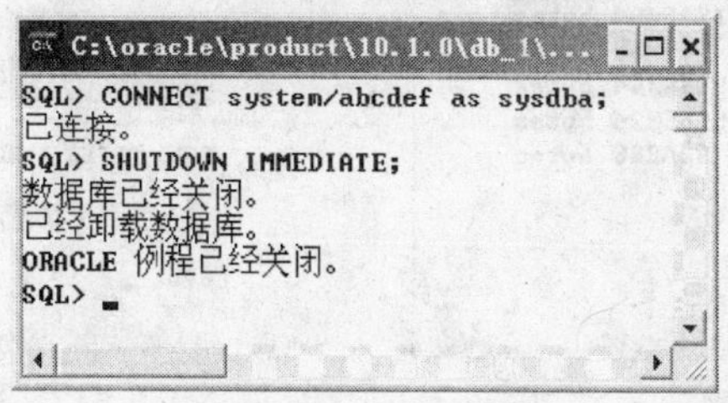

图 14-2　关闭数据库

3）拷贝数据文件和控制文件。可以根据文件的路径在操作系统环境下进行拷贝，也可以在 SQL＊Plus 环境下进行拷贝。拷贝时需要注意，最好将文件拷贝到单独的一个硬盘或者磁盘上。另外在进行备份时，也可以将安装目录下的“\NETWORK\ADMIN”目录中的 listener.ora、sqlnet.ora、tnsnames.ora 三个文件进行备份。

如图 14-3 所示，在 SQL＊Plus 环境下使用 HOST XCOPY 命令进行拷贝，格式如下：

```
HOST XCOPY source_file  destination_path;
```

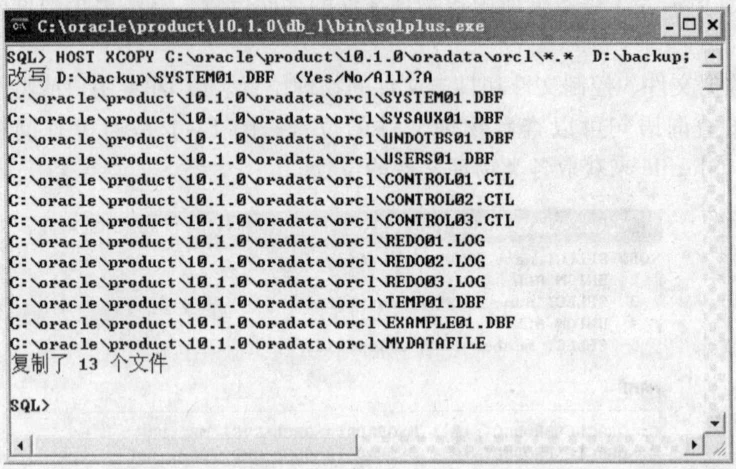

```
C:\oracle\product\10.1.0\db_1\bin\sqlplus.exe
SQL> HOST XCOPY C:\oracle\product\10.1.0\oradata\orcl\*.*  D:\backup;
改写 D:\backup\SYSTEM01.DBF  (Yes/No/All)?A
C:\oracle\product\10.1.0\oradata\orcl\SYSTEM01.DBF
C:\oracle\product\10.1.0\oradata\orcl\SYSAUX01.DBF
C:\oracle\product\10.1.0\oradata\orcl\UNDOTBS01.DBF
C:\oracle\product\10.1.0\oradata\orcl\USERS01.DBF
C:\oracle\product\10.1.0\oradata\orcl\CONTROL01.CTL
C:\oracle\product\10.1.0\oradata\orcl\CONTROL02.CTL
C:\oracle\product\10.1.0\oradata\orcl\CONTROL03.CTL
C:\oracle\product\10.1.0\oradata\orcl\REDO01.LOG
C:\oracle\product\10.1.0\oradata\orcl\REDO02.LOG
C:\oracle\product\10.1.0\oradata\orcl\REDO03.LOG
C:\oracle\product\10.1.0\oradata\orcl\TEMP01.DBF
C:\oracle\product\10.1.0\oradata\orcl\EXAMPLE01.DBF
C:\oracle\product\10.1.0\oradata\orcl\MYDATAFILE
复制了 13 个文件

SQL>
```

图 14-3　物理文件的拷贝

4）启动实例打开数据库。数据库备份完成后，使用 STARTUP 命令重新启动数据库，使之正常工作，如图 14-4 所示。

2. 表空间冷备份

冷备份还可以针对数据库中的部分数据进行备份，在这种情况下，要先将备份数据所在的表空间置于脱机状态，然后再进行备份，此时其他表空间仍可正常工作。具体步骤如下：

1）确定要备份的数据属于哪个表空间。一般情况下用户数据处于 users 表空间，系统数据处于 system 表空间，临时数据处于 temp 表空间，回滚数据处于 undotbs 表空间。

2）使用 ALTER TABLESPACE 命令使表空间置于脱机状态。如图 14-5 所示是将 users 表空间置于脱机状态。

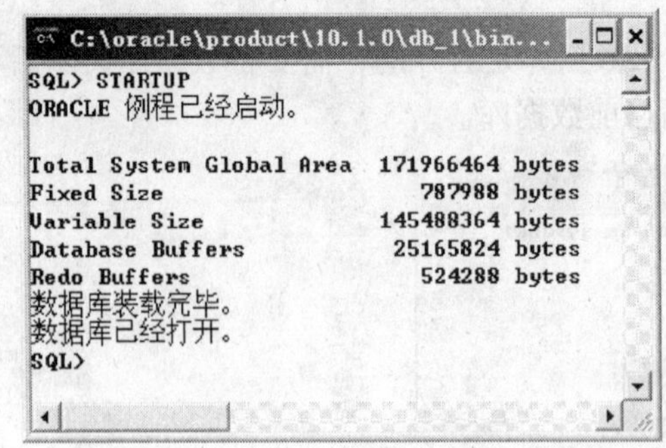

图 14-4　启动数据库

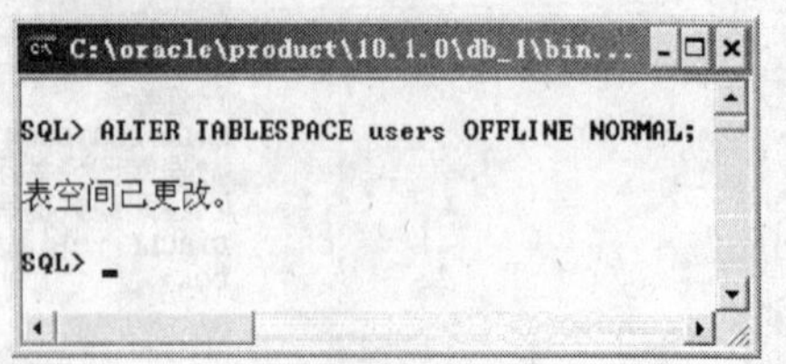

图 14-5　将 users 表空间置于脱机状态

3）查询要进行备份的表空间中包含哪些数据文件，然后使用 HOST XCOPY 命令进行备份，如 14-6 所示。

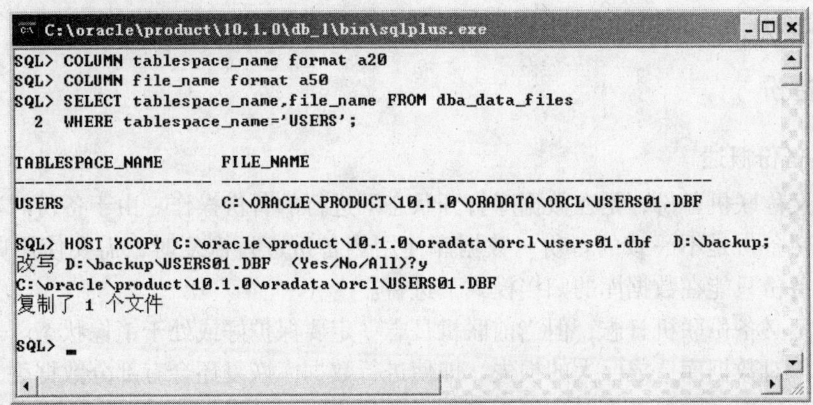

图 14-6　备份数据库中的部分文件

4）备份完成后，使用 ALTER TABLESPACE 命令将脱机的表空间置于联机状态，使之正常工作，如图 14-7 所示。

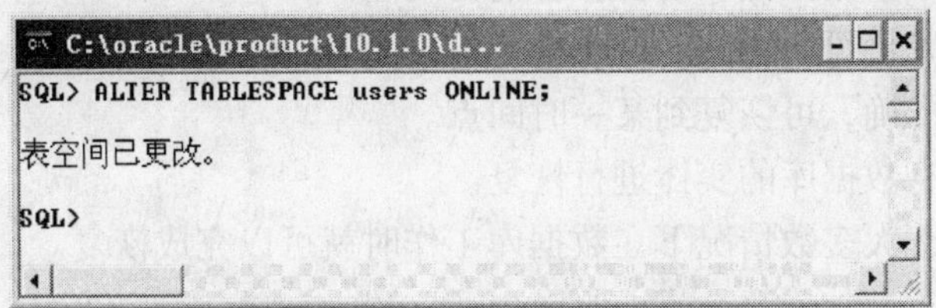

图 14-7　将 users 表空间置于联机状态

14.2.3　冷备份恢复步骤

当数据库被破坏或出现异常时，需要进行恢复。数据库冷备份的恢复过程和备份过程正好相逆，具体操作如下：

1）以 DBA 用户或特权用户的身份执行 SHUTDOWM 命令，关闭数据库。

2）使用 HOST XCOPY 命令执行逆向拷贝，用备份文件覆盖数据库原有的物理文件，如图 14-8 所示。

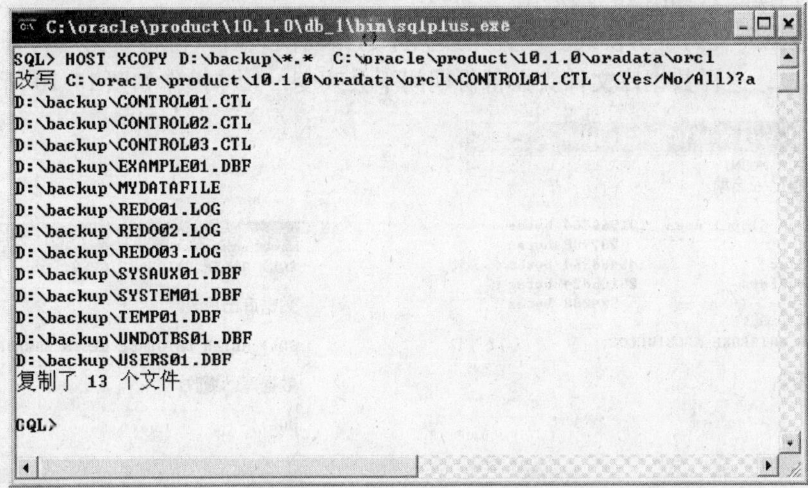

图 14-8　数据库冷备份的恢复

3）恢复完成后，再执行 STARTUP 命令重启数据库使其正常工作。

14.3 热备份

14.3.1 热备份概述

热备份又称联机备份，是在数据库打开状态下进行的备份操作。由于备份时数据库还在运行，所以热备份是不一致的备份。数据库使用热备份进行恢复时，需要使用归档日志文件，因此热备份只能在数据库的归档模式下进行。

热备份不必备份联机日志，但当前联机日志一定要保护好或处于镜像状态。若当前联机日志损坏，将对数据库造成巨大的损失，即使进行数据库恢复还会有部分数据丢失。对于临时表空间中的数据，在热备份时可以不考虑，即使临时文件发生故障，可以删除后重建临时表空间和临时文件。

热备份的优点：

- 可在表空间或数据文件级备份，备份时间短。
- 备份时数据库仍可使用。
- 数据恢复更准确，可恢复到某一时间点。
- 可对几乎所有数据库的实体进行恢复。
- 恢复速度快，大多数情况下在数据库工作时就可以完成恢复。

热备份的缺点：

- 不能出错，否则后果严重。
- 若热备份不成功，所得结果不可用于时间点的恢复。
- 因难于维护，所以要特别小心，不允许“以失败告终”。

14.3.2 热备份操作步骤

数据库热备份的操作步骤如下：

1）将数据库置为归档模式。在进行热备份之前，应将数据库设置为归档模式。该操作必须以 DBA 的角色重启数据库进入 MOUNT 状态，然后再执行 ALTER DATABASE 命令修改数据库的归档模式，如图 14-9 所示。

2）将数据库置为备份模式。设置完数据库的归档模式后，再将数据库打开，将数据库置为备份模式，这样数据库文件头在备份期间不会改变，具体操作如图 14-10 所示。

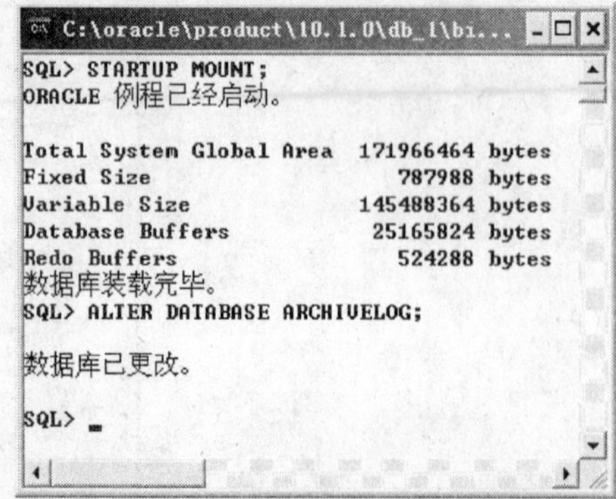

图 14-9　将数据库置为归档模式

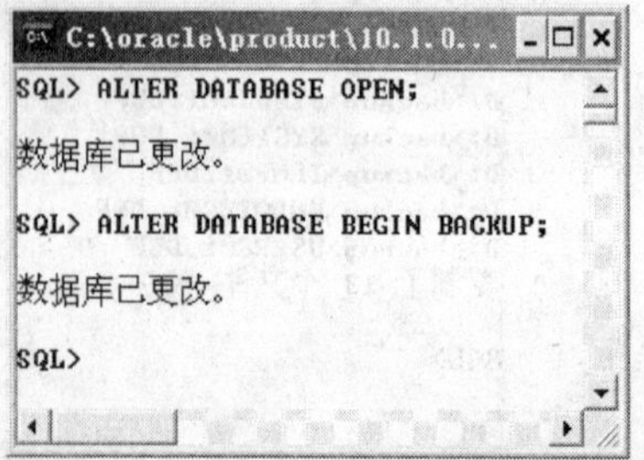

图 14-10　将数据库置为备份模式

3）将数据文件、控制文件等备份到目的地。对数据文件的备份仍使用在冷备份过程中介绍的 HOST XCOPY 命令，这里就不再重复讲解。而对于控制文件的备份有许多方式，这里介绍使用 ALTER DATABASE BACKUP CONTROLFILE TO destination_file 命令备份控制文件，如图 14-11 所示。

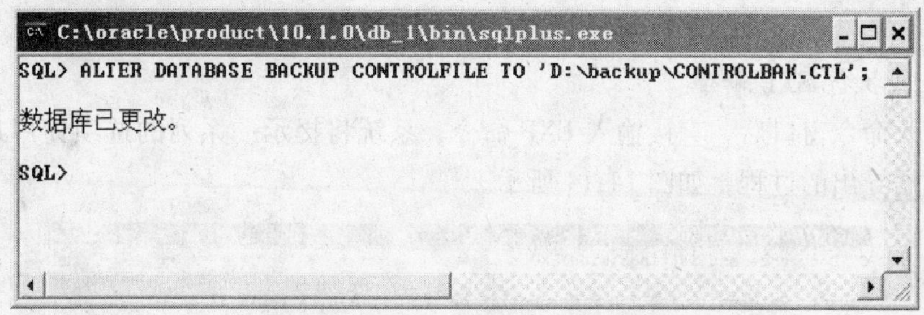

图 14-11　备份控制文件

4）备份完成后，结束数据库的备份状态，如图 14-12 所示。

5）对当前的日志文件组归档，如图 14-13 所示。

图 14-12　结束数据库的备份状态

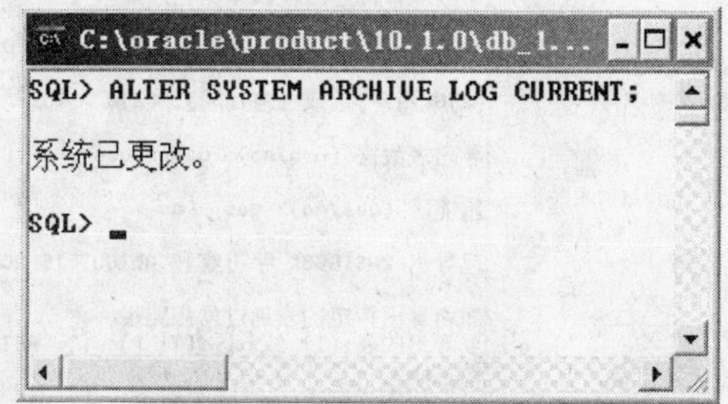

图 14-13　归档日志文件

14.4　EXP/IMP 逻辑备份

EXP/IMP（导出/导入）是 Oracle 较早出现的两个命令行工具，其实它们并不是一种好的备份方式，确切地说它们只是一种好的转储工具，特别适用于小型数据库转储、表空间的迁移、表的抽取、检测逻辑和物理冲突等。当然，我们也可以把它们作为小型数据库物理备份后的一个逻辑辅助备份。但对于大型数据库的备份，EXP/IMP 显得力不从心，通常都会使用 RMAN 或第三方工具来完成。

EXP 是 EXPORT 的缩写，表示从数据库中导出数据。IMP 是 IMPORT 的缩写，表示将数据导入到数据库中。Oracle 支持三种方式的导出/导入操作：

- 表方式（T 方式）：是指导出/导入一个指定的基本表，包括表的定义、表中的数据，以及在表上建立的索引、约束等。
- 用户方式（U 方式）：是指导出/导入属于一个用户的所有对象，包括表、视图、存储过程、序列等。
- 全库方式（Full 方式）：是指导出/导入数据库中的所有对象。

14.4.1 EXP 导出数据

使用 EXP 命令可以将数据库中的数据导出到文件中，从而实现数据库的备份或复制。用户可以在命令窗口中直接输入 EXP 命令，然后根据提示输入或选择参数值来完成导出操作；也可以在命令窗口中输入 EXP 命令以及它的各种参数，这样在导出过程中就不需要人为干预。

1. 交互式执行 EXP 命令

用户进入命令窗口后，直接输入 EXP 命令，系统将提示一系列的选项让用户输入或选择，完成数据导出的过程，如图 14-14 所示。

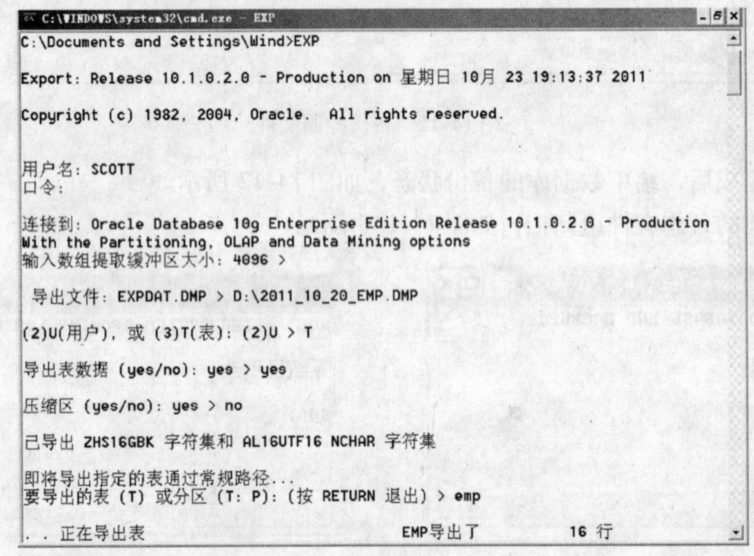

图 14-14　交互式执行 EXP 命令

用户在 DOS 窗口中输入 EXP 命令，系统首先提示输入执行导出操作的用户名和密码，验证成功后，系统再提示选择或输入各种导出时需要的参数值，其中包括缓冲区大小、导出文件名、导出类型、是否导出表中的数据、是否压缩、被导出的表名或用户名等信息。如果以上参数选择正确，系统将开始执行数据的导出过程。

注意：如果当前执行 EXP 命令的用户具有 DBA 角色，那么可以选择三种导出方式——完整的数据库、用户、表，而且可以导出任意用户的数据。但如果是普通用户执行导出操作，那么只可以选择后两种方式，而且只能导出自己的数据。如图 14-14 中的 scott 用户只是普通用户，所以只能选择用户方式和表方式。

---

2. 预先指定参数执行 EXP 命令

除了采用交互方式执行 EXP 命令外，还可以在 EXP 命令后面直接给各参数赋值，这样在执行导出操作时，就不需要人为干预了。EXP 命令包含的参数可以在命令窗口中执行 EXP HELP = YES 获取帮助信息，如图 14-15 所示。

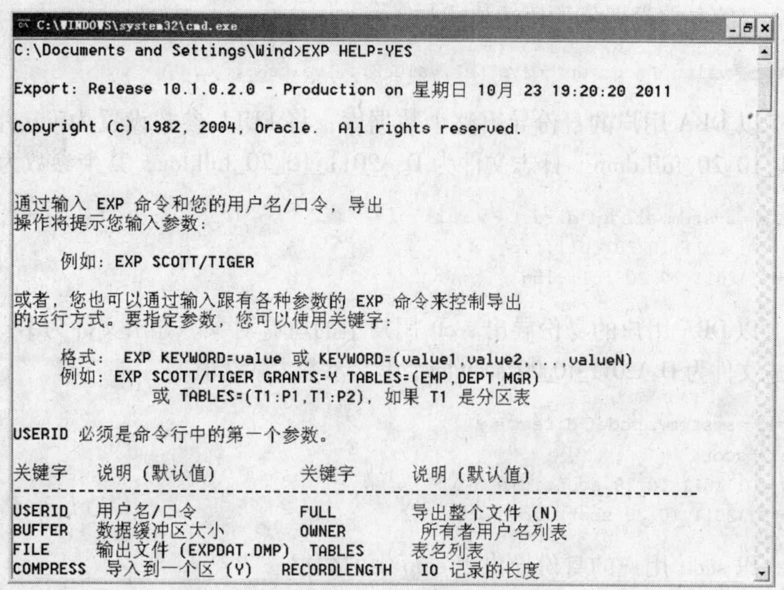

```
C:\WINDOWS\system32\cmd.exe
C:\Documents and Settings\Wind>EXP HELP=YES

Export: Release 10.1.0.2.0 - Production on 星期日 10月 23 19:20:20 2011

Copyright (c) 1982, 2004, Oracle.  All rights reserved.


通过输入 EXP 命令和您的用户名/口令，导出
操作将提示您输入参数:

     例如: EXP SCOTT/TIGER

或者，您也可以通过输入跟有各种参数的 EXP 命令来控制导出
的运行方式。要指定参数，您可以使用关键字:

     格式:  EXP KEYWORD=value 或 KEYWORD=(value1,value2,...,valueN)
     例如: EXP SCOTT/TIGER GRANTS=Y TABLES=(EMP,DEPT,MGR)
                或 TABLES=(T1:P1,T1:P2)，如果 T1 是分区表

USERID 必须是命令行中的第一个参数。

关键字   说明（默认值）           关键字       说明（默认值）
--------------------------------------------------------------------------
USERID   用户名/口令              FULL         导出整个文件 (N)
BUFFER   数据缓冲区大小           OWNER        所有者用户名列表
FILE     输出文件 (EXPDAT.DMP)   TABLES        表名列表
COMPRESS  导入到一个区 (Y)    RECORDLENGTH   IO 记录的长度
```

图 14-15　EXP 命令中的参数描述

EXP 命令中包含的常用参数如表 14-1 所示。

表 14-1　EXP 命令的常用参数

参　数	描　述
USERID	执行导出操作的用户名及口令
FULL	导出整个数据库
BUFFER	导出数据时使用的数据缓冲区大小
OWNER	需要导出的用户名列表，当需要导出多个用户的对象时使用此参数
FILE	导出的文件名，默认为 EXPDAT.DMP
TABLES	要导出的表名列表
COMPRESS	导出数据时是否进行压缩，默认为压缩
RECORDLENGTH	IO 记录的长度，一般不需要指定
GRANTS	指定是否导出对象的授权信息
INCTYPE	增量导出类型，一般不采用增量导出
INDEXES	导出表时，是否一同导出基于该表的索引
RECORD	是否将导出信息记录到数据字典的日志导出表中
ROWS	是否导出数据行，Y 表示导出数据行，N 表示只导出表结构
PARFILE	参数文件名
CONSTRAINTS	是否导出该表的约束
CONSISTENT	保证表之间数据的一致性
LOG	导出信息是否写到日志文件
STATISTICS	是否导出对表的分析
DIRECT	是否按直接路径导出
TRIGGERS	是否导出表的触发器
FEEDBACK	显示导出进度
FILESIZE	指出每个导出文件的最大值
QUERY	指定 SELECT 语句的查询条件，以导出表中部分数据

为EXP命令的参数设置值的语法格式如下：

```
EXP argument = value | argument = (value1,value2,...valueN);
```

例14.1 以DBA用户的身份导出整个数据库，将FULL参数设置为y，并设置导出文件为D:\2011_10_20_full.dmp，日志文件为D:\2011_10_20_full.log，其余参数为默认值。

```
EXP  userid = system/abcdef direct = y full = y
     file = D:\2011_10_20_full.dmp
     log = D:\2011_10_20_full.log
```

例14.2 以DBA用户的身份导出scott用户中的所有对象。导出文件为D:\2011_10_20_scott.dmp，日志文件为D:\2011_10_20_scott.log，其余参数为默认值。

```
EXP  userid = system/abcdef direct = y
     owner = scott
     file = D:\2011_10_20_scott.dmp
     log = D:\2011_10_20_scott.log
```

例14.3 以scott用户的身份导出表emp中的数据。

```
EXP  userid = scott/tiger direct = y tables = emp
     file = D:\2011_10_20_emp.dmp
     log = D:\2011_10_20_emp.log
```

例14.4 以scott用户的身份导出表emp中工资大于3000的数据。

```
EXP  userid = scott/tiger tables = emp
     query = \"where sal > 3000\"
     file = D:\2011_10_20_emp1.dmp
     log = D:\2011_10_20_emp1.log
     statistics = none
```

14.4.2 IMP导入数据

用户可以使用IMP命令将EXP导出的数据再导入到数据库中。该命令的操作方式也分为交互式操作和命令式操作两种，其形式和EXP命令相同，在此就不重复介绍了。下面重点说明一下IMP命令的专用参数，如表14-2所示，而其他的多数参数与EXP的参数相同，如USERID表示用户名和密码。

表14-2 IMP命令的专用参数

参数	描述
FROMUSER	要导入的源用户名
TOUESR	要导入的目标用户名
SHOW	仅查看DMP文件里的表结构及存储参数，不导入数据
TABLES	导入的表名列表
IGNORE	导入数据时是否忽略遇到的错误
RECORDLENGTH	记录的长度
INDEXES	导入表时，是否导入表的索引
COMMIT	插入每组数据后是否提交
INDEXFILE	将创建表和索引的信息写到文件中

（续）

参　数	描　述
DESTORY	按表空间方式导入时，指定是否覆盖原来表空间与数据文件
SKIP_UNUSABLE_INDEXES	跳过不可用索引的维护
TOID_NOVALIDATE	跳过指定类型 ID 的校验
TTS_OWNERS	按表空间方式导入时，要导入表空间的用户名
COMPILE	导入时重新编译存储过程、函数和包

导入方式由导出方式决定，也就是说如果以表方式导出，则必须以表方式导入；如果以用户方式导出，则必须以用户方式导入，以此类推。

例 14.5　以 DBA 用户的身份导入整个数据库。

```
IMP  userid=system/abcdef  ignore=y full=y
     file=D:\2011_10_20_full.dmp
```

例 14.6　以 DBA 用户的身份将 scott 用户的 emp 表及其数据导入到 hr 用户中。

```
IMP  userid=system/abcdef  ignore=y  rows=y
     file= D:\2011_10_20_scott.dmp
     fromuser=scott
     touser=hr
     tables=emp
```

14.5　实验

【实验目的】

1. 理解 Oracle 备份和恢复的种类。
2. 熟练掌握使用 EXP/IMP 命令进行数据库的逻辑导出/导入操作。

【实验内容】

1. 以 system 用户的身份对数据库进行冷备份。
2. 以 scott 用户的身份对该方案下的所有表进行导出和导入操作。

14.6　习题

1. 简述数据库备份的重要性以及备份的种类。
2. Oracle 支持哪三种方式的导出/导入操作？

第15章 数据库综合实训

本章实现了一个基于Web的音乐网站管理系统。该系统使用Oracle数据库作为后台数据库，使用Java EE中的Servlet、JSP和Java Bean技术进行开发。Web应用程序通过JDBC（Java Database Connectivity，Java数据库连接）数据库访问技术实现对数据库的连接、数据查询、修改、更新等操作。开发工具选用最流行的Java开发平台MyEclipse 8.5。

MyEclipse企业级工作平台（MyEclipse Enterprise Workbench，简称MyEclipse）是对Eclipse IDE的扩展，是一款功能强大的Java EE集成开发环境，包括了完备的编码、调试、测试和发布功能，完整支持HTML、Struts、JSP、CSS、Javascript、SQL和Hibernate技术等。MyEclipse 8.5集成了Eclipse 3.5.2，提供了团队协作开发、开发周期管理等多项功能。

15.1 系统设计

15.1.1 系统功能概述

本系统开发的总体任务是建立一个基于Web的音乐网站，实现歌曲信息展示、对歌曲的常规操作以及网站的后台管理等功能。经过对该系统的总体任务进行分析、设计，确定该系统的具体功能如下：

用户注册、登录管理：主要包括新用户注册信息、已有用户登录系统，确保只有合法的用户才能使用本系统。

网站基本功能管理：主要包括歌曲的分类检索、投票、试听、下载等功能。

网站后台信息管理：主要包括管理员对歌曲、专辑、歌手等信息的上传、查询、修改和删除操作。

帮助信息：主要提供了本系统的信息说明。

15.1.2 系统功能模块设计

将上述功能进行细化，每个功能模块又可以分为如下子功能模块：

1. 用户注册、登录模块

1）用户注册模块。

2）用户登录模块。

3）管理员登录模块。

2. 网站基本功能模块

1）歌曲的分类检索。

- 按照歌曲名称检索。
- 按照专辑名称检索。
- 按照歌手名称检索。

2）歌曲投票管理模块。

3）歌曲试听管理模块。

4）歌曲下载管理模块。

3. 网站后台管理模块

1）管理员对歌曲的上传、修改和删除管理模块。

2）管理员对专辑的增加、修改和删除管理模块。

3）管理员对歌手的增加、修改和删除管理模块。

4. 帮助模块

1）本系统的使用说明。

2）版权信息。

15.2 数据库设计

数据库在一个信息管理系统中占有非常重要的地位，数据库结构设计的好坏直接影响系统执行的效率和系统的可维护性。合理的数据库结构可以提高数据存取的效率、有效降低数据冗余、增强数据的共享性和一致性。

设计数据库系统时应该首先了解用户各个方面的需求，包括现有的以及将来可能增加的需求。数据库设计一般包括如下步骤：

- 数据库需求分析。
- 数据字典设计。
- 数据库逻辑结构设计。

15.2.1 数据库需求分析

用户的数据处理需求主要体现在各种信息的提供、保存、更新和查询上，这就要求数据库结构能充分满足各种信息处理的需要。在系统调查阶段，应收集用户操作的原始数据和对数据的处理流程，组成一份详尽的数据字典，为后面的具体设计打下基础。

根据对一般网站的业务管理需求和音乐网站的独特业务管理需求进行分析，设计出如下的数据结构和数据项：

用户信息：包括的数据项有用户编号、姓名、密码和是否管理员。

专辑信息：包括的数据项有专辑编号、专辑名称、专辑简介、发行时间、歌手编号、语言编号和分类编号。

歌手信息：包括的数据项有歌手编号、姓名、是否组合和性别。

语言信息：包括的数据项有语言编号、语言名称。

专辑分类信息：包括的数据项有分类编号、分类名称。

歌曲信息：包括的数据项有歌曲编号、歌曲名称、歌手编号、人气值和歌曲文件。

有了上面的数据结构、数据项和对业务处理的了解，我们就可以把以上信息录入到数据字典中。

15.2.2 数据库逻辑结构设计

现在将上面的需求分析结果转化为 Oracle 数据库管理系统所支持的实际数据模型，也就是数据库的逻辑结构。

根据数据库的需求分析结果和数据库逻辑结构，设计名称为 musicSite 的用户方案，该用户方案下包含多个表，各个表的设计结果如表 15-1 至表 15-6 所示。

表15-1 用户信息表（siteUser）

字段名称	说明	字段类型	字段长度	是否允许空	约束
userID	编号	nvarchar2	4	否	主键
userName	姓名	nvarchar2	8	否	
password	密码	nvarchar2	8	是	
isAdmin	是否管理员	number	1	否	取值是1或0，默认0

表15-2 专辑表（album）

字段名称	说明	字段类型	字段长度	是否允许空	约束
albumID	专辑编号	nvarchar2	4	否	主键
albumName	专辑名称	nvarchar2	20	否	
albumIntro	专辑简介	nvarchar2	2000	是	
issueDate	发行时间	date		是	
singerID	歌手编号	nvarchar2	4	否	
languageID	语言编号	nvarchar2	4	否	
classifyID	分类编号	nvarchar2	4	否	

表15-3 歌手表（singer）

字段名称	说明	字段类型	字段长度	是否允许空	约束
singerID	歌手编号	nvarchar2	4	否	主键
singerName	姓名	nvarchar2	20	否	
isGroup	是否组合	number	1	否	取值是1或0，默认0
sex	性别	nvarchar2	1	是	检查约束（男，女）

表15-4 语言表（language）

字段名称	说明	字段类型	字段长度	是否允许空	约束
languageID	语言编号	nvarchar2	4	否	主键
languageName	语言名称	nvarchar2	20	否	

表15-5 专辑分类表（albumClassify）

字段名称	说明	字段类型	字段长度	是否允许空	约束
classifyID	分类编号	nvarchar2	4	否	主键
classifyName	分类名称	nvarchar2	20	否	

表15-6 歌曲表（song）

字段名称	说明	字段类型	字段长度	是否允许空	约束
songID	歌曲编号	nvarchar2	4	否	主键
songName	歌曲名称	nvarchar2	20	否	
singerID	歌手编号	nvarchar2	4	否	
votes	人气值	number	1	否	默认值0
songFile	歌曲文件	blob		否	

以上表结构中除了包括需要存储实体属性值的字段外，在一些表中还包括与其他表进行关联的字段，即该表的外键字段。具有外键关系的表如下：

1）专辑表（album）中的 singerID 字段引用歌手表（singer）的 singerID 字段，两表之间具有外键约束关系。

2）专辑表（album）中的 languageID 字段引用语言表（language）的 languageID 字段，两表之间具有外键约束关系。

3）专辑表（album）中的 classifyID 字段引用专辑分类表（albumClassify）的 classifyID 字段，两表之间具有外键约束关系。

4）歌曲表（song）中的 singerID 字段引用歌手表（singer）的 singerID 字段，两表之间具有外键约束关系。

15.3 数据库实现

经过前面的分析与设计，已经掌握了数据库中各表的结构，以及表之间的约束关系。接下来可以使用 Oracle 的 SQL * Plus 工具创建 musicSite 用户方案，并在该用户方案下创建表、约束以及其他的数据库对象，如视图、存储过程、触发器等。

15.3.1 创建 musicSite 用户

1）以系统用户 system 登录。

```
CONNECT system/abcdef;
```

2）创建 musicSite 用户。

```
CREATE USER musicSite IDENTIFIED BY musicSite;
```

3）为该用户授予相应的权限。

```
GRANT CREATE SESSION,RESOURCE,CREATE VIEW TO musicSite;
```

4）以新用户 musicSite 登录，连接数据库准备执行后面的操作。

```
CONNECT musicSite/musicSite;
```

如图 15-1 所示。

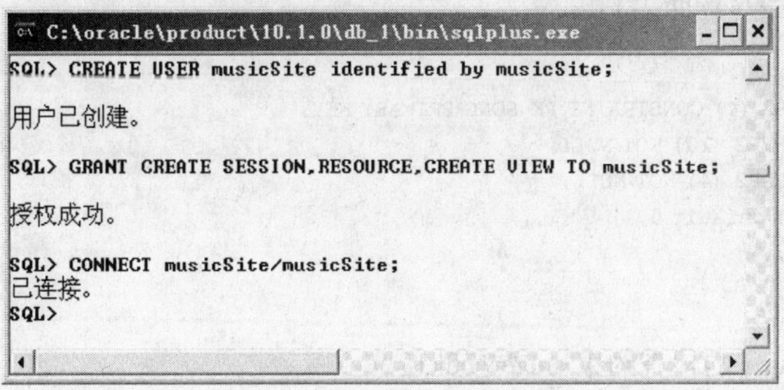

图 15-1 创建 musicSite 用户

15.3.2 创建表和约束

1. 创建数据库表

1）创建表 siteUser（用户信息表）：

```
CREATE TABLE siteUser(
userID NVARCHAR2(4) CONSTRAINT pk_siteuser PRIMARY KEY,
userName NVARCHAR2 (20) NOT NULL,
password NVARCHAR2 (8) ,
isAdmin   NUMBER(1) DEFAULT 0 CHECK(isAdmin in(0,1)));
```

2）创建表 singer（歌手表）：

```
CREATE TABLE singer(
singerID NVARCHAR2 (4) CONSTRAINT pk_singer PRIMARY KEY,
singerName NVARCHAR2 (20) NOT NULL,
isGroup NUMBER(1) DEFAULT 0 CHECK(isGroup in(0,1)),
sex NCHAR(1) );
```

3）创建表 language（语言表）：

```
CREATE TABLE language(
languageID NVARCHAR2 (4) CONSTRAINT pk_language PRIMARY KEY ,
languageName NVARCHAR2 (20)   NOT NULL);
```

4）创建表 albumClassify（专辑分类表）：

```
CREATE TABLE albumClassify(
classifyID NVARCHAR2 (4) CONSTRAINT pk_classify PRIMARY KEY ,
classifyName NVARCHAR2 (20) NOT NULL);
```

5）创建表 album（专辑表）：

```
Create Table album(
albumID NVARCHAR2 (4) CONSTRAINT pk_album PRIMARY KEY,
albumName NVARCHAR2 (20) NOT NULL,
albumIntro NVARCHAR2 (2000) ,
issueDate DATE ,
singerID NVARCHAR2 (4) NOT NULL,
languageID NVARCHAR2 (4) NOT NULL,
classifyID NVARCHAR2 (4) NOT NULL);
```

6）创建表 song（歌曲表）：

```
Create Table song(
songID NVARCHAR2 (4) CONSTRAINT PK_SONG PRIMARY KEY,
songName NVARCHAR2 (20) NOT NULL,
singerID NVARCHAR2 (4) NOT NULL,
votes NUMBER(1) default 0,
songFile BLOB);
```

2. 创建约束

1）创建表 singer 的检查约束 singer_chk1：

```
ALTER TABLE singer ADD CONSTRAINT singer_chk1 CHECK (sex IN ('男','女'));
```

2）创建表 album 的外键约束 album_singer_fk1：

```
ALTER TABLE album ADD CONSTRAINT album_singer_fk1 FOREIGN KEY (singerID) REFERENCES singer
(singerID);
```

3）创建表 album 的外键约束 album_language_fk1：

```
ALTER TABLE album ADD CONSTRAINT album_language_fk1 FOREIGN KEY (languageID) REFERENCES language (languageID);
```

4）创建表 album 的外键约束 album_classify_fk1：

```
ALTER TABLE album ADD CONSTRAINT album_classify_fk1 FOREIGN KEY (classifyID) REFERENCES albumclassify (classifyID);
```

5）创建表 song 的外键约束 song_singer_fk1：

```
ALTER TABLE song ADD CONSTRAINT song_singer_fk1 FOREIGN KEY (singerID) REFERENCES singer (singerID);
```

6）使用 OEM 工具查看表之间的外键约束关系。如图 15-2 显示的是 album（专辑表）与 singer（歌手表）、language（语言表）、albumClassify（专辑分类表）的外键关系。

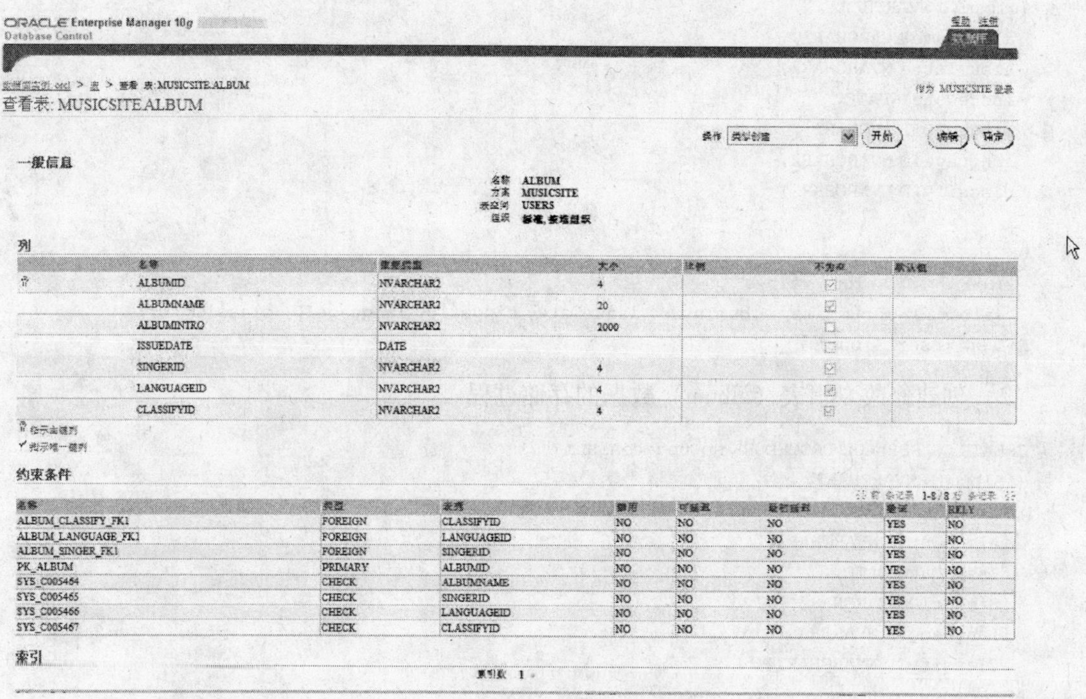

图 15-2 album 表的外键约束关系

3. 创建视图

1）创建视图 v_album 用以显示专辑信息：

```
CREATE OR REPLACE VIEW v_album
AS
SELECT t1.albumID, t1.albumName, t1.albumIntro,t1.issueDate,
       t4.singerName, t3.languageName, t2.classifyName
FROM  album t1 INNER JOIN  albumclassify t2 ON t1.classifyID = t2.classifyID
      INNER  JOIN  language t3 ON t1.languageID = t3.languageID
      INNER  JOIN  singer t4 ON t1.singerID = t4.singerID;
```

2）显示歌曲信息：

```
CREATE OR REPLACE VIEW v_song
AS
SELECT t1.songID, t1.songName, t2.singerName, t1.votes, t1.songFile
   FROM  song t1 INNER JOIN singer t2 ON t1.singerID = t2.singerID;
```

4. 创建存储过程

存储过程是数据库中的方案对象，它封装了对表中数据的一组操作。调用存储过程处理表中数据可以简化操作，提高数据安全性。下面通过对专辑表（album）创建完成插入、修改和删除操作的存储过程，说明存储过程的创建方式，其他表的存储过程可以参照以下代码编写。

（1）创建向专辑表（album）中插入数据的存储过程

```
CREATE OR REPLACE PROCEDURE sp_insertAlbum
(albumID NVARCHAR2,
 albumName NVARCHAR2,
 albumIntro NVARCHAR2,
 issueDate  DATE,
 singerID NVARCHAR2,
 languageID NVARCHAR2,
 classifyID NVARCHAR2)
AS
BEGIN
  INSERT INTO album values
  (albumID, albumName, albumIntro, issueDate, singerID, languageID, classifyID);
END sp_insertAlbum;
```

（2）创建修改专辑表（album）数据的存储过程

```
CREATE OR REPLACE PROCEDURE sp_updateAlbum
(fAlbumID NVARCHAR2,
 fAlbumName NVARCHAR2,
 fAlbumIntro NVARCHAR2,
 fIssueDate DATE,
 fSingerID NVARCHAR2,
 fLanguageID NVARCHAR2,
 fClassifyID NVARCHAR2)
AS
BEGIN
  UPDATE album SET albumName = fAlbumName,
      albumIntro = fAlbumIntro,
      issueDate = fIssueDate,
      singerID = fSingerID,
      languageID = fLanguageID,
      classifyID = fClassifyID
      WHERE albumID = fAlbumID;
END sp_updateAlbum;
```

（3）创建删除专辑表（album）数据的存储过程

```
CREATE OR REPLACE PROCEDURE sp_deleteAlbum
(fAlbumID NVARCHAR2)
AS
BEGIN
```

```
    DELETE FROM album WHERE  albumID = fAlbumID;
END sp_deleteAlbum;
```

以上命令创建了数据库的结构，接下来开始进行软件项目的实现。

15.4 项目实现

后台数据库的基本结构已经完成，下面将使用 MyEclipse 8.5 开发工具实现音乐网站 Web 应用程序的开发。

15.4.1 创建 Web 项目——musicSite

启动 MyEclipse 8.5 后，单击“File”→“New”→“Web Project”菜单，将该项目命名为 musicSite，如图 15-3 所示。

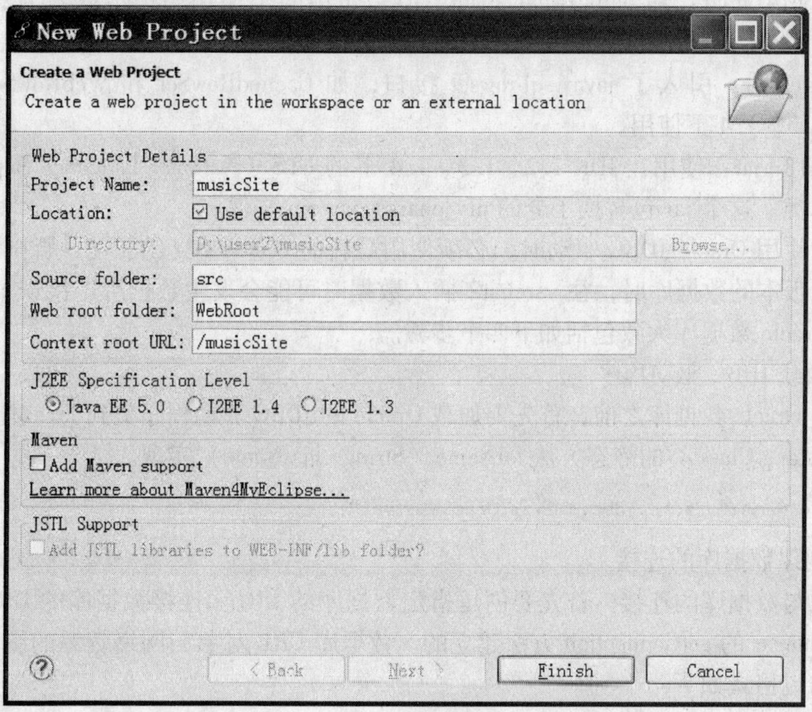

图 15-3 新建 Web 项目 musicSite

15.4.2 使用 JDBC 技术连接 Oracle 数据库

JDBC 是由 Sun 公司开发的针对数据库应用程序的 API，由于 JDBC 是用 Java 语言编写的，所以 JDBC 同样拥有 Java 语言与生俱来的跨平台性。JDBC 是一套面向对象的应用程序接口，可以执行 SQL 语句并返回结果。它由一组用 Java 编程语言编写的类和接口组成，制定了统一的访问各类关系数据库的标准接口，为各种常用数据库提供了标准接口的实现。

使用 JDBC 技术访问 Oracle 数据库非常方便，Oracle 数据库的 JDBC 驱动程序可以从 Oracle数据库公司的官方网站下载。如果我们的计算机安装了 Oracle 数据库系统，也可以从安装位置获得 JDBC 驱动程序。比如 Oracle 10g 数据库的 JDBC 驱动程序包默认在“X:\oraclc\product\10.2.0\db_1\jdbc\lib”位置（X 为安装数据库的盘符）。

从 Oracle 8 到 Oracle 10，JDBC 目录下的驱动包各有不同。JDBC 目录下的 readme.txt 文

件中有关于驱动包的详细说明。例如，以下是 Oracle 10g 的驱动包的名称和它们的作用，其他版本基本类似。

1.classes12.jar（JDK 1.2 和 JDK 1.3 下使用）

1）classes12_g.jar：和 classes12.jar 相同，但是包中的类使用"javac -g"命令编译，包含调试信息。

2）classes12dms.jar：和 classes12.jar 相同，但是包含一些附加的代码支持 Oracle Dynamic Monitoring Service。

3）classes12dms_g.jar：和 classes12dms.jar 相同，但是包中的类使用"javac-g"编译，包含调试信息。.

2.ojdbc14.jar（JDK 1.4 和 JDK 5.0 下使用）

1）ojdbc14_g.jar：和 ojdbc14.jar 相同，但是包中的类使用"javac-g"编译，包含调试信息。

2）ocrs12.jar：引入了 javax.sql.rowset 接口，如 CachedRowSet 和 WebRowSet，可以在 JDK 1.2、1.3、1.4 下使用。

3）orai18n.jar：使用在 JDK 1.2、1.3、1.4 下的 NLS（National Language Support，国家语言支持）类。这个 jar 包替换了老的 nls_charset jar/zip 文件。

我们在使用 Oracle JDBC 驱动时，必须使用最新的 Oracle 10g 的驱动，否则在连接数据库特别是低版本的数据库时，往 varchar2 插入数据时可能会发生数据绑定错误。使用 JDBC 技术连接 Oracle 数据库大致包括如下四个步骤。

（1）加载 JDBC 驱动程序

在连接 Oracle 数据库之前，首先要加载 Oracle 的 JDBC 驱动程序类到 Java 虚拟机，这通过调用 java.lang.Class 类的静态方法 forName（String className）实现。

```
Class.forName("oracle.jdbc.driver.OracleDriver");
```

（2）创建数据库的连接

要建立与数据库的连接，首先要创建指定数据库的 URL。连接数据库的 URL 对象是利用 DriverManager 的 getConnection 方法建立的。数据库 URL 对象与网络资源的统一资源定位类似，其构成格式如下：

```
jdbc:subProtocol:subName:// hostname:port;DatabaseName = XXX
```

其中各参数意义如下：

- jdbc：表示当前通过 Java 的数据库连接进行数据库访问。
- subProtocol：表示通过某种驱动程序支持的数据库连接机制。
- subName：表示在当前连接机制下的具体名称。
- hostname：表示主机名。
- port：表示相应的连接端口。
- DatabaseName：表示要连接的数据库名称。

连接 Oracle 数据库的 URL 如下：

```
url = jdbc:oracle:thin:@localhost:1521:orcl;
```

其中，orcl 指数据库的 SID。

综上所述，获得数据库连接对象的语句如下：

```
Connection con = java.sql.DriverManager.getConnection(url,user,password);
```

user 和 password 分别为连接数据库的用户名与密码。

（3）执行 SQL 语句并处理结果集

- Statement：用于执行静态 SQL 语句并返回它所生成结果的对象。
- PreparedStatement：用于执行动态 SQL 语句并返回它所生成结果的对象。
- CallableStatement：用于执行数据库的存储过程对象。
- ResultSet：表示通过执行查询数据库的语句生成的结果集。

例如，查询专辑表（album）中的记录，命令如下。

```
Statement stmt = con. createStatement();
String sql = "select albumID,albumName,albumIntro from album";
ResultSet rs = stmt.executeQuery(sql);
```

（4）关闭 JDBC 对象

将应用 JDBC 技术连接 Oracle 数据库过程中使用的 ResultSet、Statement、Connection 等对象全部关闭。

```
rs.close();
stmt.close();
con.close();
```

15.4.3 访问数据库的工具类的实现

由于项目开发中对数据库的访问比较频繁，为了提高开发效率，减少代码的重复率，需要对使用 JDBC 访问数据库的工具类进行封装。实现过程如下：

1）在项目中，创建名称为 jars 的文件夹，添加 Oracle 的 JDBC 驱动程序包 ojdbc14.jar，把该文件添加到 Build Path 中，如图 15-4 所示。

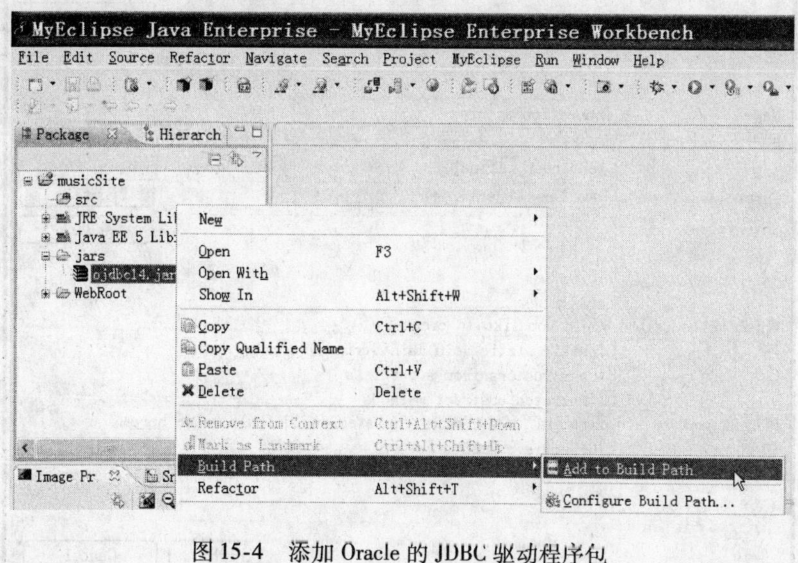

图 15-4 添加 Oracle 的 JDBC 驱动程序包

2）在项目的 src 选项下，创建名称为 cn.edu.hbsi.db 的包，如图 15-5 所示。

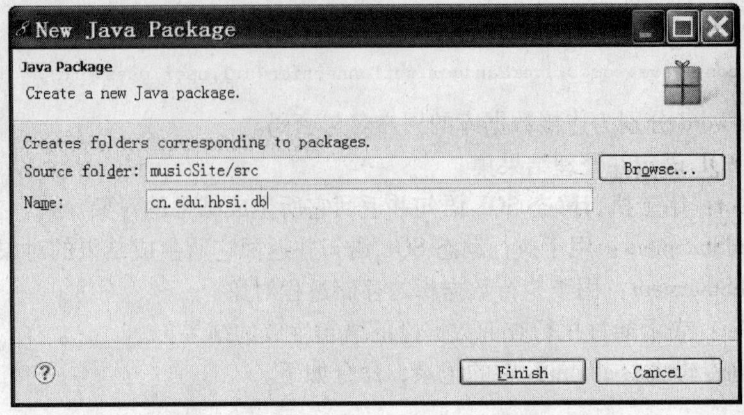

图 15-5 创建 cn.edu.hbsi.db 包

3）在项目的 src 选项下，创建名称为 jdbcCon.properties 的属性文件，在其中添加四个属性值对：

```
driver=oracle.jdbc.driver.OracleDriver
url= jdbc:oracle:thin:@localhost:1521:orcl
username=musicSite
password=musicSite
```

4）在 cn.edu.hbsi.db 包中，创建类文件 ConnectionFactory 和 DbClose，分别用来创建数据库连接和关闭数据库对象，如图 15-6 所示。

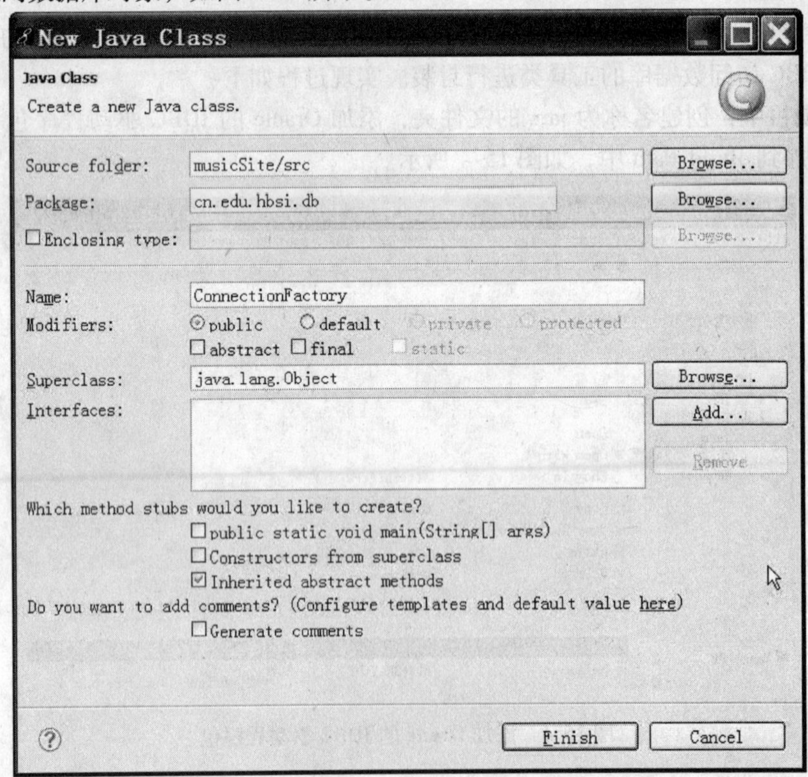

图 15-6 创建 ConnectionFactory 类

ConnectionFactory 类:

```
package cn.edu.hbsi.db;

import java.io.IOException;
import java.io.InputStream;
import java.sql.Connection;
import java.sql.DriverManager;
import java.sql.SQLException;
import java.util.Properties;

/**
 * 获得数据库连接
 */

public class ConnectionFactory {
    // 数据库驱动程序类名
    private static String DRIVER = "";
    // 连接数据库的 URL
    private static String URL = "";
    // 连接数据库的用户名
    private static String USERNAME = "";
    // 连接数据库的密码
    private static String PASSWORD = "";

    private ConnectionFactory() {
    }

    static {
        getPropertiesInfo();
    }

    /**
     * 该方法用来获得属性文件中的 driver、url、username、password
     */
    private static void getPropertiesInfo() {
        Properties prop = new Properties();
        InputStream inStream = Thread.currentThread().getContextClassLoader()
                .getResourceAsStream("jdbcCon.properties");
        try {
            // 获得相应的键值对
            prop.load(inStream);
        } catch (IOException e) {
            e.printStackTrace();
        }
        // 根据相应的键获得对应的值
        DRIVER = prop.getProperty("driver");
        URL = prop.getProperty("url");
        USERNAME = prop.getProperty("username");
        PASSWORD = prop.getProperty("password");
    }

    /**
     * 该方法用来加载驱动,并获得数据库的连接对象
```

```
     *
     *@return 数据库连接对象 conn
     */
    public static Connection getConnection() {
        Connection conn = null;
        try {
            // 加载驱动程序
            Class.forName(DRIVER);
        } catch (ClassNotFoundException e) {
            e.printStackTrace();
        }
        try {
            // 获得数据库连接的对象
            conn = DriverManager.getConnection(URL, USERNAME, PASSWORD);
        } catch (SQLException e) {
            e.printStackTrace();
        }
        return conn;
    }
}
```

DbClose 类：

```
package cn.edu.hbsi.db;

import java.sql.Connection;
import java.sql.ResultSet;
import java.sql.SQLException;
import java.sql.Statement;

public class DbClose {
    public static void close(Connection conn) {
        if (null != conn) {
            try {
                conn.close();
            } catch (SQLException e) {
                e.printStackTrace();
            }
        }
    }

    public static void close(Statement stmt) {
        if (null != stmt) {
            try {
                stmt.close();
            } catch (SQLException e) {
                e.printStackTrace();
            }
        }
    }

    public static void close(ResultSet rs) {
        if (null != rs) {
            try {
```

```
                rs.close();
            } catch (SQLException e) {
                e.printStackTrace();
            }
        }
    }

    public static void close(ResultSet rs, Statement stmt, Connection conn) {
        close(rs);
        close(stmt, conn);
    }

    public static void close(Statement stmt, Connection conn) {
        close(stmt);
        close(conn);
    }
}
```

15.4.4 核心模块的实现

在 Web 项目中，编写访问数据库的相关类以实现对数据库的访问操作。下面以对专辑表（album）的插入、修改和删除操作为例。

创建 cn.edu.hbsi.cuid 包，在该包中创建 Calbum 类。

1）在 Calbum 类中编写 insertAlbum 方法，调用 Oracle 数据库中的存储过程 SP_INSERTALBUM 实现插入数据操作：

```
public void insertAlbum(String ALBUMID, String ALBUMNAME,
            String ALBUMINTRO, Date ISSUEDATE, String SINGERID,
            String LANGUAGEID, String CLASSIFYID) {
    Connection con = null;
    CallableStatement cs = null;
    ResultSet rs = null;

    try {
        con = ConnectionFactory.getConnection();
        String sql = "{call  SP_INSERTALBUM(?,?,?,?,?,?,?)}";
        cs = con.prepareCall(sql);
        cs.setString(1, ALBUMID);
        cs.setString(2, ALBUMNAME);
        cs.setString(3, ALBUMINTRO);
        cs.setDate(4, ISSUEDATE);
        cs.setString(5, SINGERID);
        cs.setString(6, LANGUAGEID);
        cs.setString(7, CLASSIFYID);

        cs.execute();
    } catch (Exception e) {
        e.printStackTrace();
    } finally {
        DbClose.close(rs, cs, con);
    }
}
```

2）在 Calbum 类中编写 updateAlbum 方法，调用 Oracle 数据库中的存储过程 SP_UPDATEALBUM 实现更新数据操作：

```
public void updateAlbum(String ALBUMID, String ALBUMNAME,
          String ALBUMINTRO, Date ISSUEDATE, String SINGERID,
          String LANGUAGEID, String CLASSIFYID) {
      Connection con = null;
      CallableStatement cs = null;
      ResultSet rs = null;

      try {
          con = ConnectionFactory.getConnection();
          String sql = "{call  SP_UPDATEALBUM(?,?,?,?,?,?,?)}";
          cs = con.prepareCall(sql);
          cs.setString(1, ALBUMID);
          cs.setString(2, ALBUMNAME);
          cs.setString(3, ALBUMINTRO);
          cs.setDate(4, ISSUEDATE);
          cs.setString(5, SINGERID);
          cs.setString(6, LANGUAGEID);
          cs.setString(7, CLASSIFYID);

          cs.execute();
      } catch (Exception e) {
          e.printStackTrace();
      } finally {
          DbClose.close(rs, cs, con);
      }
}
```

3）在 Calbum 类中编写 deleteAlbum 方法，调用 Oracle 数据库中的存储过程 SP_DELETEALBUM 实现删除数据操作：

```
public void deleteAlbum(String ALBUMID) {
      Connection con = null;
      CallableStatement cs = null;
      ResultSet rs = null;

      try {
          con = ConnectionFactory.getConnection();
          String sql = "{call SP_DELETEALBUM(?)}";
          cs = con.prepareCall(sql);
          cs.setString(1, ALBUMID);
          cs.execute();
      } catch (Exception e) {
          e.printStackTrace();
      } finally {
          DbClose.close(rs, cs, con);
      }
}
```

其他类的插入、修改和删除操作读者可以参考上述代码实现。关于音乐网站 Web 应用程序的网站布局和页面实现，请参考 Java EE Web 开发的相关书籍。

15.4.5 帮助模块的实现

帮助信息是应用程序必不可少的部分，拥有友好的帮助系统是一个成熟软件产品的重要标志。由于这不是本章的重点内容，所以请读者根据本系统的功能模块说明使用相关的帮助系统制作软件自己完成。

15.5 系统的编译、打包和发行

完成了系统的编程和调试工作后，最后一步就是系统的编译、打包和发行，这涉及项目属性的设置、jar 包的生成。

在系统的编译和发行以前，需要设置项目的属性。选择“Project”→“Properties”（属性）菜单，在打开的窗口中进行属性的各项设置，如图 15-7 所示。

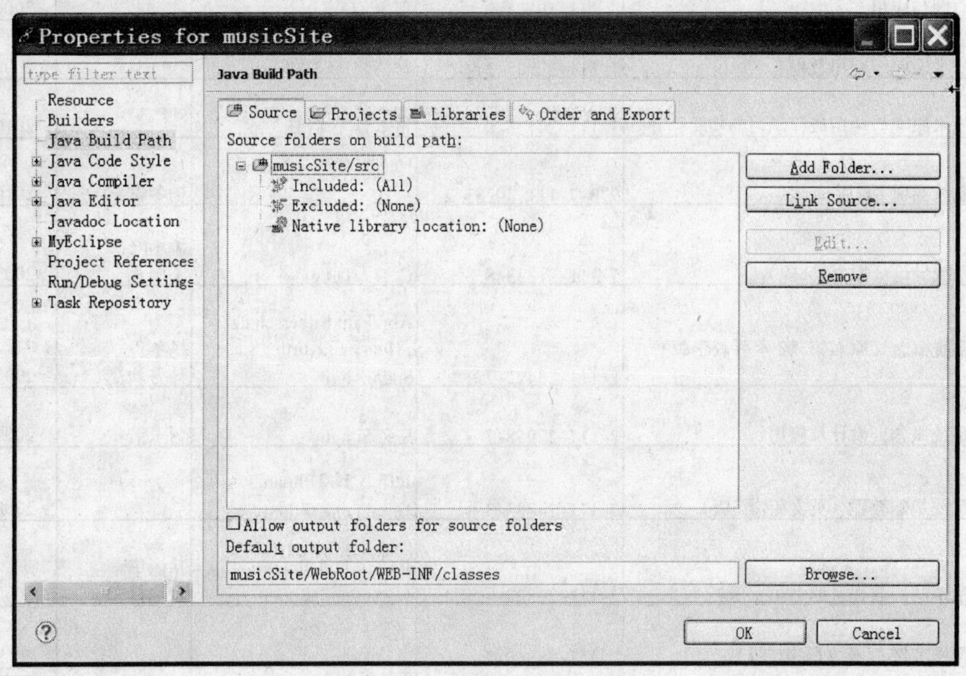

图 15-7 设置项目的属性

最后选择项目名进行项目编译、调试和打包。然后经过单元测试和整体测试无误后，就可以发行了。

到此为止，一个基于 Web 的音乐网站管理系统创建完成。本章详细叙述了该项目的系统设计、数据库设计、数据库实现、项目设计和实现等内容。系统设计为整个程序构建了框架，数据库设计理顺了程序的思路，项目设计和实现部分达到了对数据库的有效访问。本实例采用了大量的约束、视图、存储过程等对象实现了对 Oracle 数据库的快速高效访问，简化了程序代码，增强了程序的可读性和可维护性。

相关图书

	书号ISBN	作者	译者	出版时间	定价
分布式数据库系统原理与应用	978-7-111-34524-4	申德荣等		2011	35.00
数据库原理与应用教程 第3版	7-111-31204-8	何玉洁		2010	29.80
数据库原理与应用	7-111-19871-9	何玉洁		2006	32.00
数据库技术原理与应用教程	7-111-22945-2	徐洁磐 常本勤		2008	29.00
数据库技术原理与应用教程学习与实验指导	7-111-29126-8	常本勤 徐洁磐		2010	19.80
数据库系统实现 第2版	978-7-111-30287-2	Hector Garcia-Molina	杨冬青 等	2010	59.00
数据库系统导论（原书第8版）	7-111-21333-8	C. J. Date	孟小峰 王珊 等	2007	75.00
数据库系统概念（原书第5版·本科教学版）	7-111-23422-7	Abraham Silberschatz ; Henry F. Korth ; S. Sudarshan	杨冬青 马秀莉 等	2008	45.00
数据库系统概念、设计及应用	7-111-27958-7	S. K Singh	何玉洁	2009	89.00
数据库系统基础教程（英文版·第3版）	7-111-24733-3	Jeffrey D. Ullman; Jennifer Widom		2008	45.00
数据库系统基础教程（原书第三版）	7-111-26828-4	Jeffrey D. Ullman; Jennifer Widom	岳丽华 金培权 等	2009	45.00
数据库系统实现（英文版 第2版）	7-111-28860-2	（美） Jeffrey D.Ullman		2009	55.00
数据库应用技术 SQL Server 2005提高篇	7-111-23518-7	张蒲生		2008	29.00
数据库应用技术SQL Server 2005基础篇	7-111-22791-5	张蒲生		2008	26.00
网络数据库技术应用	7-111-24609-1	周玲艳 张希		2008	25.00
SQL Server2005数据库管理与开发实用教程	7-111-286684	李丹		2009	29.00
数据库技术应用教程	7-111-20741-2	何宁 黄文斌 熊建强		2007	29.00
数据库技术应用实验教程	7-111-20953-9	何宁 滕冲 熊素萍		2007	19.00
Visual FoxPro数据库管理系统教程	7-111-22967-4	程玮 陆晶		2008	26.00
Visual FoxPro数据库与程序设计教程	7-111-20561-6	张莹		2007	28.00

教师服务登记表

尊敬的老师：

您好！感谢您购买我们出版的____________________________________教材。

机械工业出版社华章公司为了进一步加强与高校教师的联系与沟通，更好地为高校教师服务，特制此表，请您填妥后发回给我们，我们将定期向您寄送华章公司最新的图书出版信息！感谢合作！

个人资料（请用正楷完整填写）

<table>
<tr><td>教师姓名</td><td></td><td>□先生
□女士</td><td>出生年月</td><td></td><td>职务</td><td></td><td colspan="2">职称：□教授 □副教授
□讲师 □助教 □其他</td></tr>
<tr><td>学校</td><td colspan="2"></td><td>学院</td><td colspan="3"></td><td>系别</td><td></td></tr>
<tr><td rowspan="2">联系
电话</td><td colspan="3" rowspan="2">办公：
宅电：
移动：</td><td>联系地址
及邮编</td><td colspan="4"></td></tr>
<tr><td>E-mail</td><td colspan="4"></td></tr>
<tr><td>学历</td><td></td><td>毕业院校</td><td></td><td colspan="2">国外进修及讲学经历</td><td colspan="3"></td></tr>
<tr><td>研究领域</td><td colspan="8"></td></tr>
<tr><td colspan="3">主讲课程</td><td colspan="2">现用教材名</td><td>作者及
出版社</td><td>共同授
课教师</td><td colspan="2">教材满意度</td></tr>
<tr><td colspan="3">课程：
□专 □本 □研
人数： 学期：□春□秋</td><td colspan="2"></td><td></td><td></td><td colspan="2">□满意 □一般
□不满意 □希望更换</td></tr>
<tr><td colspan="3">课程：
□专 □本 □研
人数： 学期：□春□秋</td><td colspan="2"></td><td></td><td></td><td colspan="2">□满意 □一般
□不满意 □希望更换</td></tr>
<tr><td>样书申请</td><td colspan="8"></td></tr>
<tr><td>已出版著作</td><td colspan="3"></td><td>已出版译作</td><td colspan="4"></td></tr>
<tr><td colspan="3">是否愿意从事翻译/著作工作 □是 □否</td><td>方向</td><td colspan="5"></td></tr>
<tr><td>意见和建议</td><td colspan="8"></td></tr>
</table>

填妥后请选择以下任何一种方式将此表返回：（如方便请赐名片）

地 址：北京市西城区百万庄南街1号 华章公司营销中心 邮编：100037

电 话：(010) 68353079 88378995 传真：(010)68995260

E-mail:hzedu@hzbook.com marketing@hzbook.com 图书详情可登录http://www.hzbook.com网站查询